Xinjiang Discovery Series

新疆探索发现系列丛书

总主编 / 李翠玲

主　编 / 巫新华

别夫佐夫探险记

［俄］米哈伊尔·瓦西里耶维奇·别夫佐夫 / 著

佟玉泉　佟松柏 / 译

新疆人民出版社

（新疆少数民族出版基地）

图书在版编目（C I P）数据

别夫佐夫探险记 /（俄罗斯）米哈伊尔·瓦西里耶维奇·别夫佐夫著；佟玉泉，佟松柏译. -- 乌鲁木齐：新疆人民出版社,2023.5

（新疆探索发现系列丛书）

ISBN 978-7-228-21124-1

Ⅰ.①别…　Ⅱ.①米…②佟…③佟…　Ⅲ.①科学考察－史料－新疆　Ⅳ.①N82

中国国家版本馆CIP数据核字（2023）第088215号

别夫佐夫探险记
BIEFUZUOFU TANXIANJI

总 策 划	李翠玲
执行策划	范聪卓　罗卫华
	邢建刚　高 珊
责任编辑	许维丽
封面绘画	张永和
设 计	张永和　赵 磊
	刘堪海
技术编辑	杨 爽

出 版	新疆人民出版社	
	（新疆少数民族出版基地）	
地 址	乌鲁木齐市解放南路348号　830001	
电 话	0991-2825887	
网 址	www.xjrmcbs.com	
购书服务热线	0991-2837939	
印 刷	上海雅昌艺术印刷有限公司	
开 本	710 mm × 1000 mm　1/16	
印 张	19.25	
字 数	330千字	
版 次	2023年5月第1版	
印 次	2023年5月第1次印刷	
定 价	136.00元	

如有印装质量问题,请与本社发行部(0991-2837939)联系调换

总　序

　　党的二十大报告指出，全面建设社会主义现代化国家，必须坚持中国特色社会主义文化发展道路，增强文化自信，增强中华文明传播力影响力。坚守中华文化立场，提炼展示中华文明的精神标识和文化精髓，加快构建中国话语和中国叙事体系，讲好中国故事、传播好中国声音，展现可信、可爱、可敬的中国形象。第三次中央新疆工作座谈会上，习近平总书记强调，要以铸牢中华民族共同体意识为主线，将中华民族共同体意识根植于心灵深处。

　　新疆地处亚欧大陆腹地，是东西方文化和世界文明的十字路口。清代、民国治西域史学者归纳西域历史地位就一句话——"总万国之要道"。

　　亚欧大陆的地理条件决定了帕米尔高原和昆仑山脉、喀喇昆仑山脉以南高原、激流、雨林等的天然险阻，制约了较大规模的东西方向人类迁徙与商贸活动。只有昆仑山、天山和阿尔泰山这三大东西向山脉地带，成为亚欧大陆中部可以进行大规模人力、畜力交通活动的唯一天然通道。

如此，古代亚欧大陆其他文明区域与东亚中国文明区域的文化交流必然要取道西域，因而形成了西域在中国乃至世界文明史上的显赫地位。中华文明优秀成果向世界其他地区传播，中国汲取其他文明成果的重要通道就是西域，这也是中国没有再出现"东域""北域""南域"等并列名称的原因。

新疆作为中华文明发展、繁荣、壮大历史过程中与外界文明交流的通道，很早就是中国核心文化要素的覆盖区域，并因此成为中国历史上令人瞩目的亮点。

新疆曾经发生过无数影响亚欧大陆文明进程和地缘政治格局的重大历史事件，曾经运输过各个文明区域的无数奇珍异宝。新疆沙漠、绿洲、草原上各类遗址中仍然保留有古代文明的印迹，仍然镌刻着无数改变世界的部族迁移、交流、交融的记忆。正是缘于丝绸之路重要的十字路口作用与地位，人类文明丰富且独一无二的文化遗产才得以保存于新疆的大漠、山川和草原。19世纪末20世纪初，中国西部地区历史文化、地理、自然宝藏引起世纪性的探险考察热潮，形成世界性的持续关注。

今日新疆作为"一带一路"关键核心区依然魅力无限。新疆人民出版社（新疆少数民族出版基地）策划出版"新疆探索发现系列丛书"，以新疆历史为背景，以丝绸之路上的沙漠戈壁和天山腹地路线为地理依托，以著名历史人物和重大历史事件为主线索，以世界级物质文化珍品和多元文化底蕴的古代遗址为内涵，用多学科协作的考古发掘、研究手段与方法，从厚重的历史尘埃中重新发掘出这些失落的丝绸之路文化内涵，向世界展示中国新疆作为世界文明十字路口的昨日精彩与今日辉煌。

丛书选收19世纪末至21世纪初中外探险家、学者在新疆探险考察的经历、考古成果、个人行记等经典著述，以及现当代中国学者经典的历史地理探险考察、历史考古探险著述等形成系列以飨读者，为读者了解新疆历史提供重要的参考依据；借鉴古今中外关于新疆考古探险与历史探察的重要成果，为研究新疆历史文化提供更加开阔的视野和翔实的基础资料。

丛书收录的探险家考古发掘、个人游记等著述，大多带有明显的时代印记与特定意识形态倾向，表现出多方面的时代局限性、政治局限性和社会局限性。对此，在出版过程中，我们按照"取其精华、去其糟粕"的原则，对某些内容做出必要的技术处理。

需要说明的是，"西域探险考察大系"曾由新疆人民出版社出版，杨镰先生为其出版倾注了辛劳与心血，"新疆探索发现系列丛书"沿用了其部分内容。本套丛书的付梓出版，得到了有关部门和专家学者的大力支持和帮助，在此一并致谢。

虽然全力以赴，但是挂一漏万、失于偏颇之处在所难免。希望图书梓行之后，广大读者多多批评指正。

2023 年 2 月

自序

1888年10月20日，俄国著名旅行家 H.M. 普尔热瓦尔斯基在谢米列契耶州喀喇库勒城病逝。离新的艰难的中亚考察只剩几天的时候，他却过世了。普尔热瓦尔斯基计划率领装备良好的庞大探险队经新疆到西藏，首先考察这一地区的根本无人知道的西北部，然后如果有可能，深入到拉萨，再从拉萨往东到达喀木，对其丰富的植物界尤其是使这位博物学家深深着迷的动物界，作新的考察。然而，这一向往已久的科学事业，注定是不能实现了——早在考察队出发地比什凯克郊区，感冒后的普尔热瓦尔斯基就患了伤寒。两周后，在这辽阔大地的边界线上，他永远安息了。

普尔热瓦尔斯基逝世后，领导这一成为"弃婴"的探险队的任务交给了我。在其成员中，除被选为他助手的 B.И. 罗博洛夫斯基和 П.K. 科兹洛夫中尉之外，还有俄国地理学会委派的地质学家——采矿工程师 K.И. 博戈达诺维奇。因原计划的压缩，护卫队减为12人。

于是，俄国地理学会与军事部协商后，交给改组后探险队的任务主要是研究考察昆仑山脉边缘区域——从玉龙喀什河上游到罗布泊和靠近其南部约北纬35°线的西藏高原地区。由于天山冬天从未有过的大雪灾,造成山路被大雪阻塞,探险队从普尔热瓦尔斯克的出发搁置到1889年的春季,境外工作时间计划为两年。

我被任命为探险队长之后,1888年12月开始着手准备。首先是熟悉我们即将要去的那些地方的现有资料,在这方面,著名的汉学博士Э.B.布列特什内得尔给了我很大帮助。他为我复制了1863年出版的26英寸❶比例尺的新疆、准噶尔和西藏西北部的汉文地图,并将所有地名翻译成俄文。除此之外,他从最新的汉文地理书《西域图志》中为我摘录了关于新疆山脉的资料,并编出了欧洲作者关于这一地区和西藏的著作目录。

在从彼得格勒出发之前三个月时间内,我还抽空稍许了解了有关描述新疆的著作者,其中有:伊阿金夫、里特、瓦里汉诺夫、P.沙乌、福赛斯、库罗帕特金、普尔热瓦尔斯基、戈罗木布切夫斯基、彼得罗夫斯基、泽兰得,以及1885年俄国驻喀什领事彼得罗夫斯基的总结报告(参见原书附注1)。

至于西藏的西北部地区不仅没有欧洲人写的资料,而且从俄国汉学家布列特什内得尔和B.П.瓦西里耶夫院士友善地允许让我看的根据西藏有关资料编写的手稿中,除概括地提到西藏西北部地势非常高、气候特别严寒之外,我同样仍未找到任何资料。

除熟悉上述地区之外,在这期间我还得了解研究用具,掌握星历表的计算方法,以及准备旅途必用品。

1889年3月21日,我和考察队的地质员博戈达诺维奇离开了彼得格勒。在莫斯科跟我们会合的,有早在2月就从普尔热瓦尔斯克赶来的罗博洛夫斯基和科兹洛夫。3月24日,

　　　　　❶　1英寸=2.54厘米。

我们一起向普尔热瓦尔斯克出发,途中要经过弗拉季高加索、第比利斯、巴库和里海到乌逊阿达,然后从这里乘外高加索铁路经阿什哈巴德、布哈拉,到撒马尔罕。从撒马尔罕我们骑驿马途经塔什干、奇姆肯特、阿乌里叶阿塔和比什凯克,于4月20日到达普尔热瓦尔斯克。

考察队的装备工作差不多在普尔热瓦尔斯基生前就已完成,经我查看,状况完好。经他本人挑选的护卫队员同样也都很称心。现在剩下的只是购置坐骑,制作帐篷,采购开始考察时所需要的食品——为此须花费三周时间。

5月10日,准备工作全部就绪。5月13日,探险队动身远行。我们的全体成员,除我本人和我的三位助手外,还有翻译、标本切片员、12名专职护卫、2名向导和几名哈萨克赶畜人。考察队另有骆驼88峰、马22匹、食用羊100只、警卫犬3条。

按照预先设定的行进路线,我决定经新疆到西藏时,要选择部分欧洲探险家从未考察过的地区。这条路线要经过别迭里山口往东南,到达叶尔羌河,沿其转向西南到叶尔羌。从这里我们顺着和阗大道向南,到达卡尔克里克(今新疆若羌),如果遇到酷暑,可转入西南边的昆仑山,并可在托合塔阿洪景区一直待到9月份。9月1日,探险队从这里出发直行,又回到和阗大道,到了皮山,继续行进直到和阗,再经策勒和于阗转到尼雅(今新疆民丰)镇,并在这里扎营过冬,同时完成昆仑山东南部前期考察,以期寻找去西藏高原的山区通道。

1890年春夏及秋季一段时间,我们考察了喀什噶尔盆地东南边缘地区、昆仑山及南部地区从克里雅河到罗布淖尔边缘的西藏高原。10月初,探险队下山到了罗布淖尔,然后经库尔勒、喀喇沙尔(今新疆焉耆)、托克逊、迪化(今新疆乌鲁木齐)、呼图壁,绕过铁里淖尔湖和玛特尼庙,于1891年1月3日回到斋桑。

我和我的同伴们在境外研究考察工作中取得了如下成果:

我本人用轻型平板仪和望远镜照准仪进行了比例尺为1英寸5俄里❶、约5500俄里长路线的目视测量。我的助手罗博洛夫斯基离开考察干线自己进行考察时,用罗盘仪做了同样的测量。一个比例尺为1英寸10俄里、约2500俄里,另一个是1英寸5俄里、约200俄里。我的另一位助手科兹洛夫也在进行考察时做了比例尺为1英寸10俄里、约300俄里,1英寸5俄里、约250俄里的测量。另外,考察队的地质员博戈达诺维奇进行单独考察时用罗盘仪做了比例尺为1英寸10俄里、约1500俄里的测量。探险队员们总共进行了约10250俄里的目视测量,用水银气压表、沸点测高和无液气压表测量了335个高点。

我用中星仪、两架台式精密计时器和三个携带式天文表确定了考察路线34处的经纬度,对其中的10处还进行了磁性观测。罗博洛夫斯基进行独立考察时使用小型万能仪器和两个袖珍气压表确立了13处地理位置。

我特别重视收集有关地理和民俗方面的资料,为完成此目的,我随处争取多采访几个当地居民,用交叉提问的办法检验他们所提供的资料并马上记录到日记本上。

探险队的地质员博戈达诺维奇除在跟队伍一起经过的约4000俄里的旷野进行观测以外,还单独进行了约2000俄里路程的地质探测,而且重点放在山区。他所收集到的丰富矿样和土壤标本已送到地质博物馆,估计在不久的将来即可整理完毕。

考察队转交给科学院博物馆的动物标本中有60种哺乳动物(其中200套带皮颅骨)、220种鸟类(约1200份)、11种鱼类(100份)、20种两栖类和爬行类(约80份),约200种昆虫,差不多全部是硬翅类。编写这方面著作的任务由俄国地理学会副主席谢苗诺夫·天山斯基承担。

---

　　　　　　❶　1俄里=1.0668千米。

探险队收集的植物标本有700种（约7000份），交给了植物园。

探险队之所以能够取得这些成果，完全是我的同伴——罗博洛夫斯基、科兹洛夫和博戈达诺维奇竭诚努力完成肩负任务的结果。

将这本记载着我们旅行概况的书付诸读者的时候，应该衷心感谢：俄国驻喀什噶尔领事彼得罗夫斯基和领事秘书柳特什对考察队到达新疆时给予的关心和支持；科学院动物博物馆馆长Ф.Ц.普列斯克帮助分类了鸟类标本，也感谢同一博物馆的学者C.M.戈尔茨内什铁侬内和E.A.布赫尼尔帮助分类了探险队收集的鱼类和哺乳动物标本；我们的汉学家瓦西里耶夫院士和布列特什内得尔博士协助我们预先熟悉新疆以及他们的建议；天文馆天文学家Ф.Ф.维特拉木——他观察了我们为取得支撑点绝对经度追踪的星体的位置。

米哈伊尔·瓦西里耶维奇·别夫佐夫
1894年4月12日于圣彼得堡

目 录

第
一
章

从普尔热瓦尔斯克到叶尔羌

　　1889年5月13日,我和罗博洛夫斯基、科兹洛夫在亲人们的"一路顺风""平安归来"的祝福声中坐上了马车,离开普尔热瓦尔斯克西行,向最近的斯里夫基纳村行进。我们的驮运队有12名专职护卫、22匹马、88峰未受孕的骆驼和50名雇佣牧人。他们在我们出发前夕也顺着这条路起程。我们应在斯里夫基纳村赶上他们。

　　从普尔热瓦尔斯克到斯里夫基纳村的路,是一条在铁列斯克依阿拉套山和伊塞克湖之间宽为15~20俄里的草原谷地铺开的路。离普尔热瓦尔斯克以西约20俄里,有个叫克依萨勒的地方,这便是靠近伊塞克湖南岸附近深约5英尺[1]处的古代小城遗址的所在地。至今保存完好的只有建筑体基础的尺寸不大的优质砖和部分装饰用瓷砖。尽管长期处在水中且受到波涛毁灭性冲洗,当地吉尔吉斯人仍能从废墟中拣回完好的砖头,来为自己的亲人建造墓碑。我仔细观察了路边的这个陵墓,惊奇地发现从湖底拣来的这些砖都异常坚硬,其尺寸、形状及

---

[1]　1英尺=0.3048米。

坚实度,与中国名牌烧砖十分相似。

据我采访的许多吉尔吉斯人说,在这座废墟中常常能拣到陶器残片、铜锅及钱币,还有保存完好的人的颅骨和骨骼。在采访中,一个名叫杰拉曼的十分好学且实在的吉尔吉斯人送给我两枚在废墟中找到的特别古老的钱币留作纪念。

斯里夫基纳村30年前由俄国欧洲部分来的移民建造,有140家住户约500人。这里的土地丰饶肥沃,村民生活得很富足,他们给我们让出了又干净又舒适的房子,每顿饭都吃得很饱。驮运队在村外野地宿营。

清晨我们步行到驮运队住地去时,村外集结了许多前来送行的群众。

起程之前,我们与最后一站的俄国人告别,他们热诚地祝福我们平安回归。有些人将我们送出村外3俄里远才依依惜别。

我们离开斯里夫基纳村之后,仍沿着原先的草原谷地行进,路上不时能看到吉尔吉斯人的庄稼地和膘肥体壮的畜群。离村约16俄里,我们在泉水边停下过夜,半夜刮起的大风一直持续到天亮。离宿营地3俄里处,湖水的波涛狂吼了一夜,到天亮时,平坦的湖边堆起了高高的泡沫白墙,直到下午湖面平静下来后才消失。

这条路经过的山间和湖间的草原谷地,到下一站时开始变得狭窄,并常常通过有着巨大漂石的深山谷。路开始越来越难走,最后到站时才出现了到处都是大圆石的平坦湖岸。

第三夜我们是在伊塞克湖边一条小河口附近过的。伊塞克湖水稍带咸苦味,不能饮用,但饮畜可以。万不得已需要食用的话,那也只能应急而已。

我们离开湖边宿营地沿着谷地又走了12俄里,越过到处都是乱石的山沟转向南边,朝从铁列斯克依阿拉套山流入伊塞克湖的巴尔斯克翁河上游行进。我们很快到了这条河的峡谷风景区,前行约10俄里到达松林下线交界处停下来过夜。这是一块水源充沛的非常美丽的草地。

宿营地向南是松树林带,不过只是北坡有树,而南坡却是秃山坡。北坡有许多死树,其中部分连根枯死,部分已经倒在地上。到处布满大顽石的峡谷底部的松树,长势茂密。在这幽静的森林中,巴尔斯克翁河在有着落差的河床中哗哗流着,并且在深山密林中远远回荡。

第二天,我们沿着峡谷小道慢慢绕过挡路的大顽石前进。突然,前面出现了一条深约2俄尺、宽约4俄尺的横沟。视其开口痕迹,可以断定为是几天前由邻近高山拦河坝中的积水大力冲击所致。这一障碍迫使我们不得不停下来,用铁锨铲平峭壁,疏通道路。

就在这里,我们目睹了一处从峡谷的左侧15俄丈❶高的悬崖上完全是垂直倾泻下来的奇妙瀑布。它正以一泻千里的气势从悬崖上方注入河中。

巴尔斯克翁峡谷在其全程内,直到河口处也没有一个旁系的峡谷,所以也没有什么较大的水流与其汇合。

这一昏暗峡谷的两侧为又高又陡的峭壁,茂密的森林笼罩着谷地,使峡谷变得黑暗且更为阴森。

巴尔斯克翁峡谷到河流的上游时,便成了没有树林的长条狭窄谷地。森林只是覆盖着邻近10000英尺高的山坡。鉴于我们即将要通过艰难的铁列斯克依阿拉套山,所以在这个谷地停下来休整一天。一早,我派向导和两名哥萨克❷前去察看巴尔斯克翁山隘,与我们随行的吉尔吉斯人说,那里肯定会有雪。结果证实该山口确实有雪,足有1俄尺❸之厚。于是我当天即派出9个人带着闲散的25峰骆驼前去修路。他们好不容易把路修好回到营地时,天已很晚。

5月21日早上,10个人带着88峰骆驼先行去疏通山隘后面的路,一个小时以后探险队全体出发。

我们从狭窄的谷地沿着陡峭的山坡往上攀登,过了几里路后,考察队就开始经过我们的人在雪地开通的山路。上坡,尽管坡度不大,但非常难走,驮着装备的骆驼不时陷入雪中并摔倒,要将其扶起时必须先把装备卸下,然后将轻装的骆驼赶到地面较硬实的地方,再把装备重新驮上。这样折磨人的路程使我们花了5个小时才走了2俄里路。

---

❶　1俄丈＝2.134米。

❷　哥萨克是一群生活在东欧大草原的游牧社群,哥萨克士兵骁勇善战,忠于沙皇。

❸　1俄尺＝0.711米。

从山隘高坡下来后,探险队便停下宿营。这里的雪跟前面的一样厚。根据我的测量,巴尔斯克翁山口的制高点为海拔12220俄尺。我们的先遣部队晚上才回来,这一天他们从山口的高处往前只修了2俄里的路。夜晚的严寒使雪冻结之后,我们从山口开始行进了3俄里路,在宽敞的山路上未遇到阻力,但是天气暖和之后驮运的骆驼开始在雪中陷落,又遭受了先前的折腾。在这高山谷地,当太阳不时从云中照射到大地时,天气变得很暖和;当天阴下来时又变得很冷,且常常下雪糁。

　　天快黑时,我们转向东边没有雪的山,完全黑时,才好不容易到达山脚下。在这值得纪念的一天,我们从早8时到晚8时才行进了9俄里路。所幸的是,我们饿了两昼夜肚子的驮畜在山坡上找到了去年残留下来的牧草。芒芒雪海的强烈反射,差不多每个人的眼睛都开始痛。

　　晚上我们讨论了下一步考察路线,向导的意见是还得顺着这条山路往南走,然后再沿着苏耶克山隘翻山。因为在这个谷地以及在南边连接着直路经过的山上到处都是雪,所以在预先侦察前我未敢同意向导的意见。

　　早上,从山顶上我们在东南方向看到了完全没有雪的谷地。用望远镜仔细观察之后,我马上决定让探险队沿着这个谷地绕道行进。跟着一列备用骆驼的驮运队来到了上述谷地。这谷地便是我们先前所经过的宽阔高山地向东南延伸的地区。灌溉这个谷地的是起源于山口附近并汇集许多上游支流的阿拉别尔河。在阿拉别尔峡谷地,我们遇到的只是一块块分散的小块雪地,就这也都是在前半段。到后来,谷地的坡度小了许多,雪也完全没有了,驮队常常得经过泥泞的洼地。

　　我们宿营地的地势比先前低了许多。这里有够饿瘦的驮畜吃的去年剩下的牧草,而在地势较低的地方已经能看到绿草了。我们离开阿拉别尔河,从其稍北处沿着凹凸不平的地段行进,在路上还经过了几处冰面发蓝色的小湖泊地带。走到山隘末端,探险队便走上了从普尔热瓦尔斯克经扎乌克或者是喀什卡苏和别迭里山到喀什噶尔的大商道,沿着这条路我们重新又到了阿拉别尔河谷地。在这鲜花盛开的地方,我们搭帐篷过了夜。

　　沿着阿拉别尔河谷的商路长不过10俄里。阿拉别尔河在这里从东绕山然后往西南流去,而商路穿越一座与阿拉别尔河同一方向的平坦的山脉之后,向南延伸。

经过阿拉别尔谷地前半段和后半段起伏不平的路程之后,我们在上面提及的平坦山地的北部山脚下扎营过夜。

从北边沿着阿拉别尔山隘上这座山的是一条慢坡路,且很远。上到山隘顶峰的最后4俄里时我们走的是雪路,但雪不厚。从山顶往南下的路上当时根本没有雪,而且与北边上山路相比相当陡。

从上述平坦山地往南,是地势高且十分凹凸不平的地带。当地人称其为斯尔特(意为"脊背")。其上面交错布满的便是天山的缓坡,其间都是碱化谷地和洼地。但总的来说,这一高地仍属平原地形,在这里,木本植物除极少的矮小灌木丛之外别无其他。其平坦的山地大多是荒漠空地,但在山间谷洼地和部分峡谷沟中长有非常丰美的牧草,这些牧草到夏季招引不少牧民赶着畜群到斯尔特来,一方面是山脚的饲草充足,另一方面是这里凉爽没有蚊虫,是牲畜长膘的好去处。

在斯尔特东南边的天山主峰——科克沙尔上,有很多盘羊(参见原书附注2)。在路边,我们每天都能看到盘羊又重又大的角与保存完好的颅骨。主峰上同样栖息有众多属于雪鸡类的硕大的山鹑,其大小与小火鸡差不多,肉味尚佳,是当地人上等的美味佳肴。

在三天的路程中,除从普尔热瓦尔斯克到阿克苏的小商队之外,根本没有碰到过什么人。第三天,探险队到达主峰科克沙尔山的北麓,就停在别迭里山口附近一块狭窄的谷地扎营住宿。这一高山谷地当时显得单调凄惨,既不见哺乳动物也不见鸟类,连昆虫都没有——四周充满死一般的寂静,打破死寂的只有山溪的潺潺流水声。

探险队来到科克沙尔山脚下后,当天我就派出两个哥萨克和向导去察看别迭里山口。结果被告知在其北坡约2俄里的路程仍有积雪。第二天早上,我又向那里派出4个人和备用骆驼开路,他们到晚上才返回。天亮时下起了又湿又大的雪,一直下到中午,考察队在谷地又耽搁了一天。

5月30日早上,我同另一个哥萨克人前去山隘测量其高度。考察队晚一个小时起程。前5俄里路慢慢沿着狭窄的谷地往上延伸,接着是有着几处陡山坡道的斜坡路,最后才沿着陡坡到达隘口顶峰。夜晚的严寒使山口北坡的积雪坚实了许多,所以我们毫不费力地登上了海拔13860英尺的高峰(参见原书附注3)。这个高地在灿烂阳光的照耀下,万里无云的天空显得格外蔚蓝。测完山口的高度之后,我们没有等待驼队的到来,而是接着前进。山口南边的下坡路要比北边的上坡路陡峭得多,驼队只能沿着蜿蜒小道慢慢地行进。

从山口到谷地继续行进2俄里之后,到别迭里河口仍然是弯弯曲曲的峭壁山路。路经这个高山谷地时我们欣赏到了雄伟壮观的景象:别迭里河浑浊的支流从南坡上沿着险峻的山沟倾泻而下。这些支流远远望去好似一条条黄色长带,沿着陡坡弯弯曲曲流入别迭里河的深谷中,与喀什噶尔斯尔特末端相连的天山主脉科克沙尔的东南坡非常陡峭,与西北坡无可比较。

到中午太阳照得很热的时候,驼队才到达山口,所以也遇到了很大的麻烦。骆驼不断地陷入疏松的雪中,我们只得将装备一一卸下,费了很大的劲,只有小部分骆驼通过山口,其余都留在别迭里山附近一块无雪之地过夜,我们的人差不多也都留在那里过夜。落伍的驼队通过别迭里山用去了第二天一整天,直到晚上很晚,最后的骆驼才到了山后的营地。我的同伴们这两天疲惫不堪,但都毫无怨言。

完成艰难的科克沙尔山的翻越路程之后,我决定在山后别迭里河谷休整一天。在这个谷地离我们的营地不远处还住着从乌什来的商队。他们是到普尔热瓦尔斯克做布匹买卖的,在这里等待别迭里山的雪化完再动身。

下山时,我们走的是一条沿着别迭里河的狭窄谷地路。这是个前半段倾斜度很大的谷地。谷地在河流上游地区的有些地方变得非常狭窄,并且与巴尔斯克翁山谷相反,其有着许多旁系山间峡谷。离山20俄里处过第一道坂时,我们便开始遇到在山谷前面所没有的灌木丛——黄檗、忍冬、柳树……河中的水每天下午从3时到8时由科克沙尔高山的融雪水补充,并变为黄色。随着谷地坡度的下降,主峰东南面的气温急剧上升,随处都能看到生机勃勃的植物群了。

到第二站时,谷地开始变化:开始时很宽广,到后来变成两边是砾岩峭壁的狭窄走廊。现在流在这长廊中的别迭里河到下游就变成了乌依塔尔河,而且河水也不像上游那么湍急了。河流流入峡谷之后,山路脱离河道沿着十分陡峭的山坡直上到平坦的山梁。这里正好就在路口设有不大的带围墙的院子,这便是任何人都逃不过的检查过往商队的中国检查哨所。

我们从高山上看到了南边子午线上由险峻高山镶嵌的弥漫着蔚蓝云烟的辽阔谷地,而在东边和西边看到的是将其平坦的高坡挖掘成一道道垄沟的科克沙尔山支脉。

沿着高地行进约10俄里之后,我们转向乌依塔尔小河,然后再沿着条状的窄小山沟到了河谷地带。这谷地到中国哨所下面约8俄里处变得相当宽广且植物生长丰茂,我们就在这里搭起帐篷宿营。

傍晚,俄国在阿克苏和乌什的商人代表来到住地,表示对考察队的欢迎。按习惯,他们给我们送来了丰盛的食物,有煮鸡蛋、面饼、水萝卜和新鲜杏子。我将客人引进帐篷,请他们喝茶并询问阿克苏和周围绿洲的情况。据他们说,在阿克苏绿洲的居民约为14万人,其中在阿克苏的人口不超过6000人。绿洲的土壤非常肥沃,粮食作物、蔬菜和水果都长得很好。阿克苏城里的俄国商人约有200人。他们都是费尔干纳地区的萨尔特人(参见原书附注4)。他们主要销售的产品是印花布,而出口的是俄国中亚地区居民所需要的棉织品。

乌什绿洲连同城镇居民总共约有8000人。这里的土壤同样很肥沃,大部分种植物是小麦和水稻,棉花也同阿克苏一样,种得少。乌什绿洲几乎没有歉收年份,这里的小麦和水稻总能支援其他缺粮地区。乌什绿洲的地势比阿克苏的地势高得多,这里的夏天也没有阿克苏热,冬季雪少且时间短。

乌什城内约有100名俄国人。他们都是经营俄国商品的费尔干纳萨尔特人。他们经营的主要产品和出口货物也同阿克苏一样。据当地的阿克萨卡尔(意为"长老")说,从这里到普尔热瓦尔斯克有一条经过古古特里克山口的直路。现在已完全废弃,但不难修复。如果是这样,那么这条路当然就会比经过难以通过的别迭里山口的绕道路方便得多。喀什噶尔人称这山口为巴德尔,而俄国边区吉尔吉斯人称其别迭里,在地图上就采用了俄国人的称谓。

我们离开乌依塔尔河边的最后一个宿营地,沿着谷地往下只走了1俄里,然后顺着科克沙尔南边平坦山脚前行,接着又转向西南。这一带到处都是碎石,干涸小河床将其冲成了一条条网状凹地,然后到下面又相连成较大的河床,而发山洪时便流入塔乌什干河中。

在南边,我们很清晰地看到了环抱着塔乌什干河谷地高高的山峰。我们的队伍向南从山前地带下到了这个谷地,并走向这里的毡房。毡房的主人是中国的柯尔克孜族人。他们热情地接待了我们,并领我们在塔乌什干河的引水渠边上找到了一块很好的宿营地。

第二天,等待我们的是要涉水通过水量大、水流又急的塔乌什干河。柯尔克孜向导把我们领到了河水分为七条支流处。我们毫无阻力地通过了其中的四条,另外三条特别难过。河水深到成年骆驼的腹下,在急流中马匹勉强能站住脚,有时还漂浮到水面上。所幸的是,我们总算顺利通过。接下来,我们就在山脚下的塔乌什干河右岸扎营休整一天。

过完河没有多久,中国使者代表乌什地区长官前来看望我们,并对考察队的到来表示热烈欢迎。他们送来了2只鸡、2只鸭和2袋喂马的大麦。在款待客人的同时,我请他向边区长官转告我的感谢并转赠手表以示对他的回礼。

广阔的塔乌什干河谷处于天山山脉主峰科克沙尔和其东支脉卡拉铁克之间。我们去叶尔羌河的路就要经过这个支脉。我们推测在喀什河口附近能到达这条河。

我们在一个叫萨普尔拜的地方扎营住宿,这里的牧草长得很茂盛。为了在翻山之前让我们的役畜吃好,我决定在这里休息两天。从这里起,我们减少了50峰从普尔热瓦尔斯克就雇用的骆驼,往后只好将那些卸下来的行李由年幼的骆驼驮上。

6月6日,我们起程后沿着塔乌什干河右岸和有着陡坡的卡拉铁克山脚向上行进了约15俄里。然后我们到达此山山顶并越过了山间辽阔的平地。到这里,路转向东南并变成谷地的荒漠狭窄道路。路边都是光秃秃的小山,也没有水。天很热,人畜都渴得要命,但却离水源很远。在长长通道末段的南边我们看到了高高的山峰,其北坡有绿绿的林间小树和草皮。这些长有木本植物和草皮的高山与下面荒秃秃的山腰高地构成了反差明显的对比。在太阳落山之前,我们到达了一个小水源地。因为找到水大家都很高兴,晚上就在一个有灌溉小渠的农田附近过夜。

从水源地出发，探险队朝南仍沿着这个谷地继续前进。路面越来越高。我们经过的路段有由山脉相互交错而构成的石门。在这好似敞开着的深远大长廊的高壁上随处可见像是深深嵌进的壁龛的凹处。接近山峰时，我们已经走完了雄伟的顿嘎列特梅阿嘎孜峡谷。这是个长约120俄丈、宽3～5俄丈、高100俄丈的狭窄的悬崖峭壁。峭壁上有一条下山台阶，这些石阶一个挨一个相互在上面悬挂着，把头顶的天空完全遮挡住。尽管这个阴暗长廊的光线十分微弱——阳光只是到中午才能照射很短时间，但我们还是采集到了14种开花植物的标本：白蔷薇、忍冬、黑茶藨子、三种锦鸡儿、三种黄檗、黄堇菜、毋忘我花和两种铁线莲等。经过这一峡谷时，大家的喧哗声传为响亮的回声，枪声也在山中持续回响。

走在驮运队最前面的是我们的柯尔克孜族向导，进入峡谷之后他开始大声喊叫，要我们先行的人也学他。据他说，这里时有饿极的老虎出现，如果不提防，它静悄悄地就会对过往行人进攻；如果听到喊叫声，它就会跑掉。但是，我们并没有发现任何老虎光顾过的痕迹。

上述峡谷是个横穿一座依托着一条无法绕过的深山沟的大山的峡谷，所以这个峡谷也便成了唯一的通道。从这里伸出去的，是一条四周嵌有山丘的弯弯曲曲的路，到了山坡再沿着陡坡伸向顿嘎列特梅山口的顶峰。从其制高点海拔8670英尺处往前看，在眼前出现的是奇妙的景象：在其北坡快到顶峰处能看到不大的松树林，其下面是一片绿绿的草地，柯尔克孜族人的毡房和大批畜群。南边是在云雾中被一排排山遮挡着的辽阔空间。

顿嘎列特梅山口的下山路开始时很陡，然后是跌入峡谷中的一阶阶石路，从这里不久就下到了谷地。我们就在这里的一个小泉水边支开帐篷过了夜。

我从随队的当地柯尔克孜族人那里了解到，卡拉铁克山到乌什镇稍许往西就算完了。除顿嘎列特梅山口外，经过卡拉铁克山的还有两条通道：往东约40俄里处的克鲁克博古斯和往西约25俄里的萨勒别里。在北坡山脊上能见到小松树林和刺柏，南坡上几乎看不到树木。卡拉铁克山中有雪豹，有时还能碰到老虎。很有可能的是，老虎到这里是从南边的大森林和叶尔羌河芦苇丛中来的——这里是喀什噶尔地区

● 卡拉铁克山库兰布嘎斯峡谷

老虎栖息的基地。此外,在这山林中还有马鹿。在接近沙滩的地方有雪鸡,再往下多石的山腰地带附近山鹑很多。

在卡拉铁克山区居住的柯尔克孜族牧民约有14000人,3000多顶帐篷,分为三个部族:胡特奇、切列克和柯孜尔图克梅。夏季他们到饲草丰美的高山地区放牧,冬季到山下很少下雪的塔乌什干河谷过冬。

我们从卡拉铁克山的南坡沿着谷地下山时,经过了好几个由邻近支脉交错形成的宽30～40俄丈的石门。到这一段路的末尾时,探险队向东转弯,经过了很短但对驮畜来说很难行进的多石峡谷库兰布嘎斯。从这峡谷中流出一条咸水小河。我们就在峡谷出口的小河边过了夜。接下来经过一个不算很宽的谷地又转入另一个上述小河经过的峡谷。这个峡谷跟前面第一个一样,横穿一个相当平坦的山岭,其宽为20～30俄丈,周边都是约40俄丈均等的陡峭山壁。我们在山间的喧哗声就像在一个空旷的大厅中大声说话。常有小河流过的沙石谷底及裸露着的山体上,根本不长什么植物。

通道跟小河一起从峡谷中延伸到一个狭窄的谷地并继续延伸几里地,然后几乎直接转向南边丘陵,从这里再到辽阔的山间谷地。从此地前行约15俄里,我们走完令人又累又乏的35俄里路程后,在一条由山泉形成的水量充足的小河边搭起帐篷过了夜。

卡拉铁克山脉的南坡,尤其是受到强烈阳光照射的中间和下山腰一般都是不毛之地,很少能碰到山泉和河流,而植被,除少数有水的谷地之外,又单调又贫乏。同一座山脉的北坡,因很少受太阳的暴晒,上面的植物生长得相当茂盛。在其较高的地段常常能碰到在南坡几乎没有的松树林以及茂盛的草地和各种不同的灌木丛。这山北坡的动物种类跟南边的相比也明显更多。

傍晚时分,从东南边升起尘雾,并很快蒙上了周边的山脉。到7时,光线完全暗了下来,一下连最近的高山都看不见了。只有到很晚,四周完全平静下来之后,浮尘才开始慢慢散去,天空出现了很微弱的星光(参见原书附注5)。

第二天早上,我们沿着小河往下南行,经过宽大的山门来到了无边的平原地。这里距留在后面的卡拉铁克山,按经线算,宽约80俄里,并在南边与广阔的荒漠平原相连接。

在小河流过的这个山下平原的北部地区，我们来到了整个行程中的第一个村庄——柯坪。这个村庄由两个部分组成，两处都植有树木，远远望去在灰蒙蒙的荒漠平原上像是绿油油的大树林。这里有源于绿洲上方4俄里处两条主干渠的许多网络交错、水量充足的小渠。

这两处绿洲的当地人居住的都是黄土坯房屋，院内四周用墙围起来的独立建筑物同样也用黄土坯建造。与院墙连接的是果园的围墙，庭院四周是耕作精细的庄稼地，田间渠边布满错综交叉的林荫道，非常美丽。

村前众多当地居民热情欢迎了探险队的到来。我们停到村庄附近（在南边）住宿。很快，来看外国人的人群围住了考察队。他们待到很晚才散去。在这个人口众多的村庄，我们第一次见到的喀什噶尔当地人对我们都相当友好，给我们大家留下的印象也很好。有不少人给我们送来了酸奶、面饼、煮鸡蛋、杏子等食物，为此他们也收到了我们的礼品：刀子、剪刀、缝针、镜子等杂物。

6月10日，我们到达柯坪村的当天，中午2时，当地气温为35℃。热的时候不断有从东南方向吹来的阵阵小凉风，其持续时间不到2分钟，且能很快将温度下降2℃。这种微弱的空气对流，好像不是平行而来，而是来自上方——地平线约10°。

在今后的旅途中，尤其是沿叶尔羌河谷上行时，我们不止一次感受到了这种能够暂时缓解炎热的来自荒漠腹地可降温的凉气流。

快到傍晚时，从东南边升起了浮尘，弥漫于四周，到第二天中午才完全散去。

我们在柯坪村第一次看到了喀什噶尔周围分布的黄土地带。这种黄土地带大部分都有人住，只是不能人工灌溉的地方没有人住。众所周知，称之为黄土的是由极细黏土、石灰、沙子微粒而形成的呈黄褐色的亚黏土性泥灰岩。喀什噶尔和俄国中亚地区的黄土层的厚度不同于其他地区。这些黄土层是千年来大气沉积物和细微矿尘自身重力压缩而成的产物。由于大气流动，从地壳上升腾起来的矿尘微粒因其非常轻，像是水气泡一样在空中飞翔，然后降落于无风处，随着时间的流逝变成厚厚的一层。由此可见，黄土层也就是地质学家们称的大气形成物或者是风化物。黄土壤极为肥沃，植物生长极为稳定。所以凡有黄土壤和足够灌溉的国家,其农业自古便十分发达,并至今向其居民提供充足的农产品(参见原书附注6)。

显然,喀什噶尔地区定居人口的分布情况与土地的分布,和人工灌溉的水分布有着密切联系。在这干旱地区,没有水就根本无法种庄稼。

为便于讲述探险队今后在喀什噶尔地区的旅行,我认为有必要简单介绍下这一地区的地理概况。

"喀什噶利亚"或者"塔里木",这是欧洲人对此地命名的地理称谓。这里是个四周环绕山脉的辽阔盆地,其平均海拔高度为3500英尺;其北边由天山环抱,南边是西藏高原边缘的昆仑山,西边是帕米尔高原边缘的萨勒阔尔山(参见原书附注7),东北边连接的是天山的一条支脉库鲁克塔格山。

喀什噶尔的这种被四周山脉包围着的封闭状态,尤其是西边和西北边的山脉往往阻挡湿润气流通过,造成了这个地区气候十分干燥,也是造成其动植物特点的部分原因。一方面,在邻近中亚各地十分常见的许多动物尤其是植物的品种,在喀什噶尔地区却几乎没有;另一方面,在这里所有的动植物种类在邻近的地区同样也都没有。

由于气候的干燥,整个喀什噶尔盆地显得特别荒凉,只是其能够受到邻近山水灌溉的山麓边缘地区才变成了人们赖以定居、生存的黄土绿洲。

喀什噶尔地区西北部的塔克拉玛干大沙漠长800俄里、宽350俄里。除部分有小河的谷地外,根据当地人的说法,也根据我们自己的观察,很有可能沙漠中根本不存在有机生物。在这死亡大地上直到地平线都是一排排由肆虐的大风夯实的又高又长的沙丘。这些沙丘大都由广阔的碎砾石平原间隔着,沙带或沙冲积地带不多。所以,远不是全部布满沙漠的塔克拉玛干沙漠本应该称其为碎卵石沙漠才对。

同样值得一提的,还有从四面环绕着这个辽阔的大沙漠的连绵不断的胡杨树林带。这个林带在西北边、北边和东边长长地一直顺着叶尔羌河谷,在东南边沿着车尔臣河谷,在南边和西南边沿着与山下碎卵石荒漠平原连接的黄土丘陵地带延伸。这一带从山上渗下来的地下水位不太深,这便是在如此干旱地区植物能生存的生命线。也就是在这里,比起盆地的其他地方,能常常遇到向荒漠内陆下游小河流提供水源的泉水。

　　喀什噶尔地区的居民人口约为200万,分为定居、放牧和游牧人口。定居人口约为180万(参见原书附注8),分布于边缘地区的绿洲;放牧和游牧人口合起来不超过20万,分布于喀什噶尔边缘山脉的内侧山坡。

　　离开柯坪村之后,从喀什噶尔至阿克苏,考察队走的是一条沿着荒漠盐碱平原东南方向的路。这条路近山的前段尽是碎石和卵石,路的东北边是长长的卡拉铁克山的支脉,而西南边是卡勒斯塔格山的两条平行平原小山岭。据向导说,这里过去曾采过银和铅。小山岭后面便是植被十分贫乏又缺水的平原。

　　我们沿着平原西北部有条由山泉形成的带有咸味的小河奇兰苏行进。路的前两站是沿着上述小河在狭窄的峡谷中行进。在这条小河中我们捕到了不少鲑鱼,这里的鲑鱼有两种。到晚上,阿克苏道台的使者来看望我们,并表示对探险队的欢迎,也表示愿意将我们护送到本区的交界地。这个当地人出身的官吏去过喀什噶尔的不少地方。他向我介绍了不少本地区的有趣信息,同时也谈到了当地的风俗习惯和语言情况。

　　下一站我们仍沿着这条河前进,到晚上就在其岸边住宿。随行官吏指给我们看一处就在路边的古代小要塞的遗迹。这就是阿克苏和喀什噶尔之间的交界地。后来又看了一处上面有高约2俄丈圆锥形土塔楼的山冈。据他说,这种边界警卫岗在这里有很多。这就是古代战乱时前哨卫士用火把警告敌人到来的要塞。

　　到达第二个住宿地后,随行使者跟我们吃完饭后便告别上路了。午后刮起的沙尘暴遮盖了四周,只是到了太阳落山时才稍稍散去。

　　探险队走上喀什噶尔至阿克苏的邮路,在看不到奇兰苏河后,急转向东南,先沿着长有柽柳的盐土丘地走了5俄里路,然后走到了到处都是这种土丘、到处露出枯死柽柳根的悲凄地段。在这忧人路段,我们经过了两个很平坦、上面覆盖着一层薄薄的使人睁不开眼睛的白白盐屑开阔地。这里就像是初雪覆盖着的冻湖。

　　所述盐土荒漠地便是当地人认为全区最炎热的地方。有幸的是,6月13日,我们路过这里时是个阴天,不时从东边刮来降温的凉风。这一令人厌烦的长路快走完时,在东南边我们惊奇地发现远处有望不到边的森林。经过干河道分开的不十分宽的谷地之后,探险队便到了喀什噶尔至阿克苏的大路,并向前面的大片胡杨树林行进。到达林带不久,我们便到了牙卡库都克邮站,然后停下住宿。这天我们的行程为35俄里,其中荒漠路为32俄里。

牙卡库都克这一小小的邮站位于叶尔羌河岸边的普沙克逊德苏,再往上游称为乌古孜尔德。这条河从牙卡库都克向东南流过约150俄里之后到达阿瓦提并汇入河中。不过只在6月和7月,当叶尔羌河水大时才流到此处,平时在林中就渗完了。6月中旬这河的宽度约为10俄丈,平均水深为2英尺,流速每秒不超过2英尺。

叶尔羌河主流和上述支流之间约为6000平方俄里,整个辽阔的地段是一大片胡杨林带,西至东长150俄里,北至南宽70俄里。这里生长的大部分是沙漠杨树——胡杨与灰杨。个别地方是沙枣混合林。林中树木长得很稀疏,灌木丛不多,土壤表层到处是与黄土混合的落叶和残枝,使这里显得有点单调且死气沉沉。

据当地人说,在上述原始森林中生活有老虎、野猪和马鹿,在其边缘地区有成群的羚羊。这一带因缺水,没有多少居民点,而且人口稀少。在林带附近同时栖息有很多野鸡。

探险队沿着邮路行进约1俄里后便向南转弯顺着乡间路前进。不久,我们就到了上述叶尔羌河支流的右岸并穿过了林中流沙空地,再往前就到了小村庄——普沙克逊德苏的庄稼地。我们就停留在这个四周被原始森林包围着的僻静小村庄附近,距一处小湖不远的地方住宿。村民们开始害怕我们,都躲了起来。后来经过我们的牙卡库都克向导解释,我们是俄国人,是派来写这片地区、写这里人民的,不会欺负任何人之后,他们放心了,并毫无恐惧地在我们住地待到很晚才散去。这些当地人向我们讲述林区各种新闻的同时也在诉苦庄稼缺少灌溉水的难处。他们引挖灌溉渠的叶尔羌河支流的水量,只是到六七月份才有所增加,而到那时庄稼已经错过了生长期,因为庄稼在5月份时特别需要用水。

傍晚时分,在附近森林中我们欣喜地听到了让人想起远方故乡的布谷鸟叫声,再晚些时候,又听到了从已经有了很多游禽的湖边传来的野鸡的叫声。

离开普沙克逊德苏村之后,开始是林带路。路上常能碰到长满矮小的稀疏芦苇的盐土空地,而且能闻到从松软的盐碱土中散发出来的浓烈的硫化氢味。到后半段时,考察队走出森林来到了称为拉尔莫伊的宽阔沼泽地,并开始沿着其东南边缘顺着林地行进。这是椭圆形沼泽地,东北至西南长约60俄里、宽约12俄里,有茂密的芦苇,有些地方芦苇高达约3俄丈。上面提的叶尔羌河支流乌古孜尔德就从这个沼泽地中间流出,并分为许多弯弯曲曲的小河流,而这些小河又形成有着许多小湖和两个稍大湖泊的大迷宫。拉尔莫伊沼泽地又高又茂密的芦苇丛中栖息有老虎和野猪群,附近的小湖泊中有许多游禽和沼泽鸟类。

附近村民的羊群就牧放在长有矮小芦苇丛和多汁猪毛菜的沼泽地的边缘地带。有些地方还能看到牧人用芦苇打起的茅舍。牧民们突然看到考察队出现,同样感到恐惧,都到芦苇丛中躲了起来。我不得不派去一名向导向这些可怜的牧民们解释,我们完全是些友好和平的人,不会欺负任何人。被说服之后,牧民们纷纷离开芦苇地回到了自己的牧地。

这天,我们在沼泽地的东南边一条长着很高芦苇的河汊地扎营住宿。下午4时开始,尘雾慢慢蔓延开来,太阳在浮尘中显得像块暗紫色的圆盘,离太阳落山还有两个小时就像是到了黄昏,天黑了起来。到了晚上,尘雾慢慢散去,天空出现了星星。

还没有出现尘雾的时候,我们想从拉尔莫伊沼泽地的一棵不高的杨树上观看其全景,但是看起来除了长满芦苇丛以外,再没有看见什么别的东西。然而到了晚上,来我们住地的牧民们说,这里有许多小湖泊,就在离住地不远的地方,在芦苇丛中就有一个相当大的湖——阿克库里湖。

第二天早上,队伍出发之前来了一位在沼泽地边放牧的人,他同意了将我和另一个哥萨克人带到阿克库里湖去的请求。离开宿营地没走多远,我们转向沼泽地,把坐骑留在高大芦苇地边上,通过芦苇地到了湖边。有一条小路把我们引到了一条又深又窄的小河边,这里停靠着一只小船,我们坐上小船沿着这条河到了阿克库里湖。阿克库里湖长约4俄里、宽400俄丈,湖水很深,是个散发着芦苇清香味的淡水湖。湖中鱼很多,当地人冬季到这里来用鱼钩钓鱼(当地人称,这里的鱼与人差不多大。估计这些鱼同属于叶尔羌河流域的鲤鱼类)。阿克库里湖西边不远处,同样在芦苇塘中也有一个小湖——铁维孜里克湖,比阿克库里湖稍小。综观沼泽地全貌,尤其在其西南部有许多取源于叶尔羌河支流的小淡水湖泊。叶尔羌河支流在这里散流为无数条小溪流并与水体连接形成上述湖泊。当地人称,当叶尔羌河泛滥时,这些小湖泊的水位明显上升。

探险队在这一天的全部行程都沿着沼泽地的东南边缘行进。路过原始森林边缘时,经过了两个小村庄——斯格孜勒克和奇干琼。我们就停留在从小湖泊流出的小渠边过夜。拉尔莫伊沼泽地在这里变窄约5俄里,但星罗棋布地有许多小湖泊,其中东南边缘有些小湖从芦苇地中脱离出去后还有外露的湖岸。成群游禽以自己的存在为这个宁静单调的盆地带来了生活气息。

从营地能够清晰地看到远方沼泽地西北向南、东南延伸的零星的小山岭,及在远处约60俄里处西北边屹立着的奇里塔格峰。据当地人说,此峰的东北边与卡拉铁克山相连。

奇里塔格山东南麓称为海巴伦的地方有个古遗址。当地人在这里常能拾到家庭用品,有时还能拣到金银器。

我们住地东南边有一座很独特的小山岭,非常狭窄而陡峭,有着很尖的牙形山脊。

第二天,沿沼泽地的东南边约行6俄里后,我们转向西越过了7条又深又宽的水渠上的狭窄小桥。这些水渠是当地人从拉尔莫伊沼泽地中叶尔羌支流的蓄水地引出的灌溉渠。从小桥往南,当地人筑建了依托于上述支流的又长又高的土坝,并形成高于它的相当大的水库。这便成了从沼泽地东南部地势低的小湖中引流出来的取水于大渠的小型灌溉渠的蓄水池。

探险队离桥转向西北,横穿拉尔莫伊沼泽地,顺着不高的芦苇地行进。这里既未遇到泥泞易险地,也未碰到渗水河套地。离开宽约4俄里的沼泽地之后,我们走上了平坦的草原,没过多久就到了喀什噶尔至阿克苏的宽广大道。这是一条沿着奥库麻扎尔山南麓延伸的路。前行1俄里之后,我们转向南继续行进60俄里至宿营地。这是一段灌木丛覆盖着的干燥草原路程。

　　我们停下来在那个拉尔莫伊沼泽地西边的淡水小湖岸边过夜。营地往东是芦苇地，那里有无数个由小溪流相连的小湖泊，这些湖泊上空不断出现成群或单独盘旋的沼泽游禽。

　　根据地图推断，我们营地所处的位置应该是标明为叶尔羌河支流的喀什噶尔河。我对当地人的调查资料证明，喀什噶尔河实际上消失于距巴楚村往东30俄里的切尔瓦克邮站附近的广阔芦苇沼泽地中。这是一个从湿地东南部脱离出来的细长条沼泽地，并未与拉尔莫伊洼地连接，从中流出的一条小泉水汇入我们扎营的这个湖泊。由此可见，虽然流量不大，但喀什噶尔河的水还是流到了叶尔羌河。

　　我们从湖边宿营地沿着沼泽地的西边向孤立的小山岭奥库麻扎尔山一端行进。路上经过了这个沼泽地的三排不高的沙丘，然后转向西南越过孤岭古木巴斯山的小支脉。从山口的制高点看去，在我们面前东边和南边出现了振奋人心的画面：雄伟的叶尔羌河像一条黄绸带在绿油油的谷地潺潺流着，其左岸长满了不高的芦苇，右岸是宽约15俄里连成一片的胡杨林带。这个树林后面便是尽收眼底的塔克拉玛干沙漠平底沙丘的全景，其中明显不同的是一座相当高相当长的沙山鄂孜尔塔格。东边离山口约10俄里处在茂密的芦苇丛中有属于叶尔羌河支流的像一面闪闪发光镜子的小湖泊。再往后，还是在这个河谷中，几乎转向东方后，可以看到独立的土孜鲁克小山和宽广的沙丘查帕塔格；东北边是上面所提及的特别尖陡的喀拉甫塔格山岭，其锯齿形豁口从高处侧面看，要比从拉尔莫伊沼泽地东南面看显得更深。

　　从山隘下来，没有多久就转到叶尔羌河左岸，我们停下来休整一天。我们到来的前几天——6月18日河水泛滥，所以河水呈黄色，极为浑浊。此处的河宽约40俄丈，流速为每秒6英尺。当时叶尔羌河的平均深度约2俄丈，河底漩涡处的深度可达5俄丈。

　　河水非常浑浊，不仅不能饮用，连做饭也不能用，所以我们在河边的低处挖了个很大的坑后将其与小沟和河水相连，然后再把小沟用沙子覆盖，从沙层渗透到坑中的水经沉淀后便完全可以饮用和食用了。

　　探险队到叶尔羌河的那天，晚6时左右发生了一场悲剧，护送队的一名队员——上等兵戈里果里叶夫溺了水。他在浅滩正整理渔网，不小心失足落入河水漩涡中,根本不会游泳的他在水面上漂浮几秒钟后就消失得无影无踪了。现场水性好的人马上跳入水中营救,他们几次潜入水中,但是都没有找到人,直到很晚。第二天一整天,我们和向导一起在河中及其下游寻找罹难者的尸体,但很遗憾,在哪儿都没有找到。这一不幸事件使我们都很沮丧,更为难受的是我们未能将其尸体埋葬入土。伙伴们为我们的好朋友制作了一个木质十字架,将其高高地矗立于他不幸遇难的河流的对岸。

休息时,我仔细检查了哪些骆驼由于牛虻吸食而不能继续前进。的确,经检查,88峰骆驼中只有48峰能驮运行李,剩下的都太弱,而我们需要驮的货物是50件,从叶尔羌转向西南到昆仑山尚有约250俄里路。经简单商量之后,我们决定选一块气候凉爽饲草丰盛的地方放牧,等待炎热消退。后来的事实证明,我们的这一措施保护了一大批瘦弱骆驼,不然其大部分有可能在叶尔羌至和阗(今新疆和田)之间的戈壁沙漠路上因受不了七八月份的酷暑而倒毙。

休息那天下午3时,阴处的温度为37.5℃,而河岸黄土地带在同一个时间的温度却为63.0℃。我们可怜的役畜在叶尔羌河谷地深受随着天气炎热而增多的牛虻之害。除此之外,大批蚊蚋、苍蝇及傍晚时分增多的蚊子也使其不得安宁。

探险队随后的路程是沿着叶尔羌河谷地往上行进。离休息地不远的地方,我们绕过了小山岭古木巴斯的南端。此地三面河水环绕,在长满胡杨的风景区有一座古代墓地。经过墓地后,我们沿着谷地的开阔地行进。这里遍地是矮小芦苇丛,道路两边和附近能看到羊群和牧人的芦苇草房。据当地人称,鲜嫩的芦苇是一种很好的喂养羊的饲草。在喀什噶尔,夏初将芦苇收割后在太阳底下晒干绑成一捆一捆,到冬天作为一年四季以山下饲草为主的畜群的补充饲料。在河谷地带常能碰见当地人有意烧荒之后长出了又嫩又茂密的芦苇的地方。

叶尔羌河左岸谷地第一站路段到处长有芦苇,其右岸是沿着河流延伸的连绵不断的宽20～30俄里的胡杨林带。林带东南方向便是塔克拉玛干沙漠。据护送我们的当地人说,塔克拉玛干沙漠与叶尔羌河谷地毗连的边缘地区有野骆驼,常常来叶尔羌河饮水。他们同时还说,从古木巴斯塔格山往南走三天路程的地方,塔克拉玛干沙漠西北边缘地区便是米尔克特能沙里遗址。这里能看到泥土房屋遗址、残树根、各种工具的残片、陶器片和家畜的骨头等。这个遗址中,当地人有时还能挖出铜锅和生铁锅,偶尔还能找到金银器,尤其能吸引探宝人的是戒指、耳环和各种挂饰。到这里采掘只是冬季才能来,起码得备足三天的饮用水、食物和役畜的饲料。

探险队在一条淡水小湖边休整之后继续前进。这是一段芦苇丛生的谷地路,有时能看到小胡杨林,这些小树林到后来便变成小沙丘和沙梁相间的连片林带。

矮小芦草丛生的林中空地上常看到牧人的茅草屋,其附近有悠闲追逐觅食的鸡群,无忧无虑玩耍的儿童和游牧的羊群。叶尔羌河岸成片树林始于路程的第二段之后,离河床往西向大沙漠深处延伸约40俄里地。这块大沙漠几乎占据了喀什噶尔至叶尔羌和巴楚,以及巴楚至叶尔羌之间的整个大三角地带。这个无统称的无水大沙漠只是个别地方长有十分矮小的灌木丛,我们造访的许多当地人都异口同声称,这里根本不存在动物。

第三天,我们在叶尔羌河岸边停下来过夜。叶尔羌河的水位很明显地正在与日俱增。从激流冲刷的河流陡峭两岸不断地掉下大块泥土

　　　　　　　　　● 汛期时的叶尔羌河

发出巨大的响声,然后河中的洪流携带着树根、树枝和整棵大树以每秒4～5英尺的速度滚滚而下。

叶尔羌河谷的植被十分单调,在开阔地段到处长的是芦苇;同时,虽然少量,还有些其他植物:苔草、罗布麻、铁线莲、甘草、香蒲草、灯芯草,以及几种猪毛菜。这里根本没有长各种青草的草地,木本科植物的代表只有两种沙漠胡杨,灌木丛主要有沙棘柳、枸杞和怪柳。

谷地的动物同样也十分贫乏。在无人生活的右岸森林中有老虎、野猪、马鹿和草原羚羊。河中的鱼很多,有裂腹鱼、黄瓜鱼和鲑鱼。据当地人称,叶尔羌河有差不多相当于一个成年人个头大小的鱼,但我们并没有见到这样特大的鱼。

当地人一般都是冬季或春季用渔网捕鱼,此外,他们还会在夏季的后半期向河中撒放用粮食做成的毒药丸,以毒死部分鱼。这种毒品从印度运到喀什噶尔后在叶尔羌销售。

到夏季,叶尔羌河谷地繁殖出大量牛虻、蚊子、苍蝇,还有蝎、红带蛛、蔽日虫、蜈蚣及毒蜘蛛。旅行者在这个季节需谨慎选择宿营地,最好是选择潮湿的不泛盐的开阔草地,不要有任何垃圾、废弃物、树枝和残树叶。

在叶尔羌河谷地我们行进的第四站路,仍然沿着稀疏的胡杨林前进,不时得经过长满矮小芦苇丛的宽阔地带,并常见到牧人茅草屋及他们的羊群。我们在离河流约4俄里的一条又长又深的古河床地停下过夜。在此处,提前从喀什噶尔经过萨勒阔尔山到达其雪峰慕士塔格之后,从那里经叶尔羌到这里的考察队的地质员K.H.博戈达诺维奇迎接了我们(参见原书附注9)。在住地附近,岸坡的沙土上明显看到了来饮水的老虎新近的脚印。当天在这里,我们还看到了两条游蛇的搏斗。其中的一条嘴含着鱼在水面上飞速游动,另一条追随着用尾巴抽打着以图夺回猎物。我们的标本试验员射出的一枪细铅砂结束了蛇的搏斗。两条蛇一下消失在深水中。天虽然很热,而且向导也证明这些蛇是无毒的,但我们的人都害怕这些"水蛇"(他们这样称谓游蛇),谁都不敢下水游泳。

第二天,探险队急转向西,仍沿着稀疏的胡杨林完成全部路程,同样经过长满矮小芦苇草的林中阔地,也看到了牧人的小屋、他们的羊群及林中的细长条沙埂。这天我们停下来过夜的是一个名为阿克萨克玛拉尔的村子。这个村子地处一条流量大、出自叶尔羌河,被称为扎乌克苏或亚额乌斯唐河的岸边。据当地人称,此河形成于1886年。当时,他们将干枯的旧河道清理后,水便从河中流了出来。河水向西流去,长约50俄里,一路灌溉着阿克萨克玛拉尔和什玛尔村的庄稼,然后就湮没于巴楚村西南边广阔的沼泽地,形成几个小湖泊。

到阿克萨克玛拉尔村,我们上了从巴楚到叶尔羌的大路,并顺着此道到了目的地。阿克萨克玛拉尔村坐落于扎乌克苏河两岸,人口约200人。这里的房屋也和喀什噶尔的大多数村庄一样,都是一个个独家院落,墙里外都是用泥巴抹起来的,房顶是平的,用木杆架起后覆盖芦苇而成;院中的其他附加设施也用同样方法建造。庭院及与其相连的果园和菜园都是用带刺灌木植成的绿篱笆。在果园种植的是杏树、桃树和苹果树;而庄稼大都种的是小麦,也有部分玉米。

流经村庄的扎乌克苏河变窄为约2俄里,河上面架有木桥。这里的水流十分湍急,为了保护河岸不被冲垮,在此处造有木护板。

离开阿克萨克玛拉尔村到叶尔羌时,探险队走的是叶尔羌河左岸的大路。此路离河边不到5俄里,一路上相隔4俄里就有路标。这是一种用木桩做成的四角形锥体,约高20英尺。这些路标是由清政府指示建造的。

阿克萨克玛拉尔村地势低洼,为使其免受叶尔羌河洪水威胁,沿着大路向南延伸约15俄里处修筑了高大土堤。这条大路的西边是约20俄里宽的稀疏胡杨林,其后面便是与阿克萨克玛拉尔不同称谓的克孜尔库木死亡沙漠。

沿着大路行进,离开阿克萨克玛拉尔没多远,我们便停在由于叶尔羌河发洪水而形成的季节性湖边休整一天。这是个河水溢出两岸灌满广大洼地后形成的周长15俄里的季节性湖泊,其宽宽的湖峡与叶尔羌河相连着。

我们在叶尔羌河谷地行进期间,水位逐日在升高,但据当地人称,发大水应该不会早于6月初。当时的气温达到了38.0℃,炎热使人畜均感到十分难受。牲畜还受到使其整日不得安宁的牛虻、蚊子、苍蝇的严重骚扰。为避免遭受烦人的炎热,我们一般天亮就起床,早5时出发到10时,平均能行进20俄里路。

在叶尔羌河谷地的路上,我们不止一次观察到:中午从12时至下午4时,总有一股凉风从塔克拉玛干沙漠的东和东南方向吹过来。这只是一股阵风,其相隔时间不超过1分钟,我们觉得风向好像是从上面5°～10°的方向吹来,每次气温都能迅速下降2℃～3℃。

每天都阴沉沉,空中弥漫着的细小浮尘对降温很少起什么作用。一般到傍晚都会从西边升起一层薄薄的云雾并整夜悬挂于空中,却始终下不成雨。

离开季节性湖泊之后,我们一路走的全是胡杨林带。在路的前半段的有些地方,我们还碰到了为防备周围地区免受河水泛滥而在叶尔羌河两岸低洼处修筑的土堤。最后探险队到达了有着跟阿克萨克玛拉尔村一样木质建筑物的小村子阿拉艾戈尔,只是这里的房屋布局稍许稠密罢了。当时这里的小麦已收割完毕,正放在夯实的麦场上用调马索赶马,通过让马在麦捆上跑圆圈的方法来脱谷。我们进村之前,村里的老人们在阿克萨克勒的率领下以传统的酸奶、小麦烧饼、煮鸡蛋和杏子欢迎并接待了我们。

探险队在离阿拉艾戈尔村5俄里的渠边扎营过夜之后,继续沿着林带行进,其间我们经过了沿途长约6俄里的宽广的林中空地。

在这个有些地方长有胡杨树的空地上,到处竖立着枝条都落光的干枯的树干。据随队的当地人解释,上述树木和后来西南地段的树林之所以枯死是因为如今叶尔羌河地下渗水量要比先前少的缘故。这里凸起的黄土丘陵上长有柽柳和枸杞,而在凹地长的是矮小嫩绿的芦苇草,其间牧放着邻近村庄的羊群,并能看到牧人的小木屋。

经过林中空地之后,考察队又进入了胡杨林带,并在一个有着长长的河沿的小湖边过夜之后开始顺着新长起的稀疏树林前进。这里常常碰到黄土丘陵和枯死的胡杨,后半段我们便到了有着木屋的小村庄买纳特。

热情的村民们给我们送来了煮鸡蛋、烧饼和酸奶。前来护送考察队到住地的头人在路上告诉我说,这个稀疏的胡杨林带从叶尔羌河向西延伸约5俄里,直到买纳特村对面称为苏古恰克库木的沙漠戈壁。这是一个完全无水的沙漠,只是个别地方有非常贫乏的植被,而根本没

● 胡杨枯树和长有红柳的黄土丘陵地带

有动物。叶尔羌河右岸是连绵不断的宽20～50俄里、在东南边与塔克拉玛干沙漠相接壤的胡杨林。

　　离买纳特村往南的道路还要通过一站沿着稀疏胡杨林的路段,一路上同样能碰到许多长有柽柳和死树的黄土丘陵;叶尔羌河四周的低洼地有绿油油的芦苇丛。

　　我们离开买纳特村20俄里后,在叶尔羌河一条大支流岸边的阿瓦提"腰站"(当地人称"亮噶尔")扎营住宿。这个水渠的流程约20俄里,流向西边,并灌溉着苏古恰克库木沙漠东部边缘附近,离阿瓦提亮噶尔西北约50俄里是人口众多(约600人)的大村穆嘎拉的农田。因为缺水,村边缘地区的村民们只好到约20俄里处的东南部种地。农田灌溉水取源于上述河流,农耕期间大部分农民都搬到田间草棚生活。

　　我们从阿克萨克玛拉尔村开始所经过的路段主要是黄土地带,如果有充足的灌溉水,这种土壤原本完全可以养活这里的人民,但修筑从叶尔羌河的引流灌溉渠需要巨大的开支,而当地的劳动力也远远不够。在这同时,叶尔羌河泛水时间(6月15日至7月15日之间)也跟农田大量用水时间——5月份不一致。上述地区的降水量也很少,且不及时——一般在6月和7月间,而此期间大部分农作物已经成熟或正在成熟。冬季降雪量同样也很少,且下完即融化,但冬季却持续达4个月。

叶尔羌河封冻期为三个月——1月、2月和3月,冰层厚度为15~18英寸,重货车辆完全可以放心地从上面通过。

我们在叶尔羌河右岸的谷地林带地区碰到的第一个村庄位于阿瓦提站平行线以南,分散地分布于沿河岸的原始森林一带。在这个林中有很多野猪、马鹿和羚羊。北边无人烟的大森林中常能见到的老虎,很少到南边有人的地方来,只是偶尔出现而已。

据我们所采访的当地人称,到了冬季,这一带人口比较稠密的麦盖提的居民,会到塔克拉玛干沙漠的旧遗址挖掘各种古物,从他们手中可以购得不少古玩。

遗憾的是,因叶尔羌河发洪水,交通中断,我未能去麦盖提村,也未能收集有关沙漠遗址及文物较为可靠的资料。

从巴楚至叶尔羌大路两边的村庄中设有房屋宽大的独立邮站。站上备有一些邮马,但没有邮车。在喀什噶尔地区很少有人坐车。这里的大部分道路经过的都是疏松的黄土或流沙地带,所以带轮子的交通工具行进非常困难,因此这里的车辆便由坐骑或骡马代替。只有政府官员和商人才乘坐阿尔巴车❶。阿尔巴车一般套用4~6匹马或骡,即使这样也才勉强能行进。货物基本上完全用骡子来驮运,只是偶尔使用马匹和骆驼。

走出阿瓦提营地几里之后,林带留在了身后,我们也就到达了叶尔羌河左岸的开阔地带。大路两边能见的空间散布着无数个黄土小丘陵,其间零星长有枯萎的胡杨树、柽柳丛,孤立着死树的枯干。叶尔羌人把南部市郊附近的死树干拣完之后又到这里来捡拾这些柴火。

第二天早上,我们走出林带到达开阔地之后,在遥远的西边看到了萨勒阔尔山系的最高雪峰慕士塔格阿塔,然而这个雄伟的景象只是在眼前展现片刻后即消失在轻薄的尘雾中了。

---

❶　阿尔巴车是一种铺有草席的木轴两轮大车。——原注

在这个开阔地,我们经过了一处建有木屋的小村庄莱勒克。随后向南行进,在其他地方再没有见到这种木屋。我们就住宿在叶尔羌河离莱勒克村上方泛滥成宽约2俄里的陡峭岸边。离开这里仍沿着开阔平原行进,这时大路两边开始出现叶尔羌农民的庄稼和他们的临时住所。人口稠密的叶尔羌绿洲缺少耕地,所以部分人开春时到这里来从事田间劳动。

这些人的住所是由芦苇搭起来的茅屋,四周有着用树条围起来的小院子。在这临时住地到处呈现一片生气勃勃的繁忙景象:有的人正在收割庄稼,有的人在场上用长绳驱牛跑圆圈打谷,有的人正在扬打好的谷子。在路上更是一片繁忙,一排排向村子拉运粮食、麦草及从北部地区砍伐的枯树干的驮驴长队,迎着长队而来的又是去拉粮草的空驴队。

这个平原开阔地离西边的沙漠戈壁不远,我们走的大路就要经过这个沙漠边缘的楔形地段。离大路约5俄里处仍是叶尔羌河右岸宽约20俄里连绵不断的胡杨林。

考察队最后到达了铁列克亮噶尔村。这里都是土房院落,相隔很远。房屋连同所有附属建筑物均由四方形土墙围着,与其相连的同样还是果园。较为富裕的村民用土墙不仅圈围房院果园,而且还环围附近的农田。根据拥有这种圈地围墙的数量便可以确定这里村民的生活状况。

每个村庄不论其人口多寡必有一座当地教民举行净洗仪式的礼拜寺。寺的附近都有水渠,水渠边种有树木。这种水渠随处可见,那些边缘村庄的路边也有,路上遭遇酷暑的人可以停下来休息。然而喀什噶尔当地人特别耐热,我们不止一次惊奇地观察发现,即使在6月底7月中旬,当路上的黄土被烤到65℃时,他们依然能够完全光着脚在如此炽热的地上休闲行走。

从铁列克村直到叶尔羌绿洲,一路都是人口稠密、经营良好的农田。在这段45俄里的路程中,我们共经过了三个人口众多的村庄:阿日克特、塔噶尔奇和阿卡塔。这里的居民区都是相互分散的独家院落,只是有市场的阿日克特村中心区有一条窄窄的商业街。

　　这段人口密居区的大路两边种植有在炎热的夏天路人可以纳凉的

塔形杨树。在田间,除玉米和小麦以外,大部分庄稼已收割完毕。可以看到耕作良好的亚麻地,在喀什噶尔地区种亚麻主要是为取其籽榨食用油和照明用油,其纤维用来做绳索,根本不用来织布。

　　7月3日午后,我们终于来到了其北部边缘距城墙约8俄里的广阔的叶尔羌绿洲。绿洲居民区分布得十分分散,只有在市场附近才稍许集中。但是随着城区的接近,其住户距离开始逐渐缩小。到城墙根时,有些地方已成为狭窄的街道。

　　俄国在叶尔羌的商人团队,到离城约2俄里的地方迎接了考察队。他们为我们在城外的一个独家院落准备了客房。这独家院落离城约1俄里,我们在这里住得很舒适。这里有可以纳凉的果园和可以洗澡的干净水渠。

第
二
章

从叶尔羌到和阗

叶尔羌绿洲,其占地面积约为600平方俄里,为优质黄土土壤,由水量充足的叶尔羌河水系灌溉,可以算作整个喀什噶尔最为富饶的地区。

叶尔羌河充足的灌溉水,使得这个绿洲有条件种植整个夏天都需要用水的大面积稻田。稻田从城区往东南差不多占地50平方俄里,生产出来的大量稻谷被运往喀什噶尔及和阗。

除此,叶尔羌绿洲还出产小麦、玉米、大麦和棉花;同时还种植高粱、亚麻、大麻、胡麻、罂粟和烟草。这里粮食作物的收成情况是:小麦平均能生产种子的14倍,玉米为39倍,水稻为17倍,大麦为15倍。

在叶尔羌绿洲一般夏季可收割两次,但不是所有耕地都收两季,而只是那些不需轮休的地块才可以。这种农田一般秋天就播种冬麦或者常常是在早春季节种大麦。喀什噶尔的冬麦和大麦在6月初就成熟,这些作物收割之后在空出来的地里要立即种上在10月份能成熟的玉米;而那些需要轮休的地只能种一次。每户都种有苜蓿,一个夏天可收割三次甚至四次。

也有收成不好的年份,这样的年份里二茬地很少能有收获。这种情况一般发生在周边山区,由于冬季降雪少,其必然结果是春季缺少灌溉水;另外就是春天来得特别晚的年份里。

正如常言所说,整个叶尔羌绿洲湮没于绿荫之中,河岸渠边、马路两边,以及所有未耕种的空地都栽种树木:塔形杨树、法国梧桐、桑树、沙枣树、洋槐或日本槐、"茹茹巴"和柳树。所以农村家庭和部分城镇居民都成功地栽有果园:园中有杏树,不同品种的桃子、白樱桃、石榴、核桃、苹果、梨子和葡萄;蔬菜有:葱、黄萝卜、青萝卜、蚕豆、香菜和茴香,这些菜种得很多。喀什噶尔当地人不种土豆、黄瓜和莲花白,但是在汉族人或东干人(参见原书附注10)居住的任何地方都能找到这些菜——他们是为自己食用而种。甜瓜和南瓜在叶尔羌种的也很多。在全叶尔羌绿洲,除城市外,据最近统计人口为15万人,每平方英里有12500人,而每平方俄里为250人。实际上,该绿洲人口的密度应该比这个大些,因为以50平方俄里稻田计,其固定人口的数量不是很多。

叶尔羌绿洲的东北部有两个紧挨着的城区:一个是旧城区,居民多数信教;另一个是新城区,居住的多为汉族官吏、各地商人等。旧城区筑有不规则的五角形土墙,每个角上方是有炮门的塔楼,但没有壕沟。城墙厚约2俄丈,差不多高4俄丈,四周长约4俄里。

● 从城堡上远眺叶尔羌绿洲

距旧城区西北方向150俄丈是新城区,同样筑有四方土坯墙,长约300俄丈、宽200俄丈。墙上每角有塔楼,每边正面当中是4个城门和炮门,其厚约为1俄丈,而高不过2俄丈;城墙周围是又深又宽的壕沟。

　　旧城居住区的人口约为3万人;而新城区只有1500余人,其中士兵500人,剩下的是:汉人官吏、商人、手工业者和侍从等。在新城区驻有地区管理机构、地区长官、当局官吏和军队。

　　旧城区的住房与农舍没有多大区别,都是不大的平顶土房,墙上留有窗孔,窗孔由两扇窗板合关。城里除了不多的清真寺外,根本没有什么大型建筑物。

　　旧城区的街道非常狭窄和阴暗,尤其是那些夏季为了遮挡炎热和阳光在上面盖有芦苇席的街道更是如此。城区的生活用水都从水池和水渠里取用,非常不干净。旧城区居民的居住卫生条件较差,尤其是一到夏季,叶尔羌城的发病率和死亡率都非常高。这种状况与和城区连着的传播折磨人的疟疾病的稻田有着密切关系。在叶尔羌甲状腺肿瘤也非常普遍,人们认为其病因是饮用了劣质河水。城里"大脖子"的男女很多,都是中年人,年轻人和儿童不得这种病。

　　旧城区里有两条狭窄的长约300俄丈的商业街。这里每家都把临

　　　　　　　　　　　　　　　　　　● 叶尔羌城景观

街的房屋当店铺,除此之外还有各种手工业作坊,以及类似于俄国农村小酒店的茶馆。集市的所有建筑物规模都不大,而且店铺、茶馆和作坊分布得极无序:比如紧挨馕房的是铁匠铺,与纺织品店紧邻的是理发店或是茶馆。店铺都从外面开放,正面只有不高的案子;茶馆和手工作坊前面是有土炕的外廊,挂着帘子,这便是店主们干活、来客吃东西或喝茶的地方。

这种集市的混杂以及五花八门真叫人吃惊,同样像万花筒一样变幻无常的稀奇古怪的日常生活场面也令人惊叹不已。譬如说,一群人规规矩矩地坐在茶馆的凉棚下津津有味地吃着喜爱的"普落"(抓饭),而在毗邻的亭子里理发师正为自己的顾客剃着头;从紧邻理发店的铁匠铺中却传出重重的铁锤声,并向四周迸溅着火花;铁匠铺旁边便是种子商,在他给顾客称量货物的同时,另一个店主——裁缝正在为顾客裁剪衣服。为了保证这幅画面的完整性,尚需补充的是穿梭于行人中的送货人。他们要么是头顶托盘,要么是手推独轮车在街上前后叫喊着招徕路人,还有就是不断游动着的人群和一排排的驮着货物或空着的驴群,而且不时传来狂暴的驴叫声和不停的喧闹声。然而这些嘈杂声绝不影响那些大白天安安静静地在自己的板炕上睡觉的劳动者。

这里的店铺每天都开门,但是每周都有固定两天是集市日。在这一天,每个商贾都会增加自己店铺中的商品,而工匠们也尽量多制作一些产品。这样的集市日,顾客的数量会比平常增加很多。

新城区只有一条街,宽敞且完全封闭式,这条街上的店铺都比较大,手工作坊同样也都宽敞和整洁。

除生活用品外,商人们对这里的一切商品都征收重税叫苦连天。清政府不久前开始执行的纳税制度极度束缚着商业的发展,这种税收方式虽然不是很麻烦,但由那些爱找碴儿的清政府官吏征收时在所有商品上都得加盖印章,这便成了商贾们十分讨厌的复杂手续。

在叶尔羌,粮食和生活第一必需品的价格一般都非常稳定。

叶尔羌绿洲的岩盐取自于萨勒阔尔山脉,而沉淀盐采自于从叶尔羌绿洲到喀什噶尔的大路附近的盐湖中。

夏季,叶尔羌西南昆仑山上每月开采铜矿约100普特❶,清政府地方金库在喀什噶尔用这些铜铸造相当于俄国0.3戈比❷的钱币(普尔)。

　　叶尔羌河每年汛期都会在叶尔羌绿洲东南部边缘地区冲积大量含金泥沙。当地人采用淘冲方法从中提取不少沙金。凡来淘金者均有无偿淘取金沙和将所得黄金自由买卖的权利。

　　在工业发展方面,和阗之后叶尔羌居第一位。在叶尔羌城生产大量鞋子,这些鞋除满足当地需求以外还运到其他城镇去销售。接下来其他产业的次序是:棉布业、制鞋业、地毯业、制毡业、玩具和少量的丝绸业。

　　此外,人们还利用从叶尔羌河上游昆仑山上采来的玉石制作各种玉器(参见原书附注11),而这些玉器几乎都被中国内地商人收购后运至北平。

　　每年从叶尔羌调出大量的大米和小麦。这些粮食的大部分被运到喀什噶尔,补充那里因大批清政府驻军而造成当地供应不足的缺口,剩余部分再调运到和阗。

　　叶尔羌和拉达克❸之间所进行的贸易额并不高。从这里向拉达克出口的只有山羊绒和纳沙❹(大麻膏)——一种从大麻中提取的麻醉品。

　　拉达克向叶尔羌提供的商品主要有:当缠头布用的白细纱、女用细纱头布、印度药品、走私劣质孟加拉茶叶和少量的孟买产的英国印花布及金属制品。与拉达克贸易的发展极受阻于昆仑山和喀喇昆仑山难行的商路。经这条商路的货物得用马驮(每匹马驮6普特),要过陡峭高山隘时得换用向山民租来的牦牛。

　　与拉达克的贸易交往只能在夏季——从5月到11月间进行。从叶

---

❶　1普特=16.38千克。

❷　100戈比=1卢布=0.3元人民币。

❸　拉达克位于克什米尔东南部,曾是古丝绸之路必经的重镇。

❹　纳沙从拉达克运到印度后供给那里的社会底层吸食,因价格的昂贵他们不可能购买鸦片享用。在叶尔羌,根据质量1俄磅纳沙值40戈比至1卢布,每年的出口量达60普特。而向拉达克出口的山羊绒数量约为2700普特,用这些在叶尔羌出售价为每俄磅32戈比的山羊绒在克什米尔加工成很有名的披肩,甚至可以远销至欧洲。——原注

尔羌到列城❶运送每普特货物得需货币4～5卢布,这两城之间的行程要走35天。在这种不利的条件下,发展喀什噶尔和印度之间的大规模贸易是很困难的;而要改善从叶尔羌到列城的山地商路设施,那么将会耗去大量无法收回的费用。

常驻叶尔羌的俄国商人约有100人,都是费尔干纳的萨尔特人,当地喀什噶尔人统称他们为安集延人。这些商人主要销售的是俄国生产的布匹,尤其是印花布和金属制品。除此之外,他们还卖食糖、硬脂蜡烛、火柴、各种小百货和少量的费尔干纳手工业产品。

俄国商人从叶尔羌给新疆当地居民带去的主要是粗大布——麻塔,再就是山羊绒、羊皮、地毯和毛毡。

叶尔羌约有30家商栈,从列城、喀什噶尔、和阗和其他地区来的商队就留驻于这些客栈。这些宽敞的客栈中不仅有提供住宿和存放货物的场地,而且也有圈养商队役畜的场所。

在叶尔羌停留期间,我还顺便了解到在这里住有几个去过西藏的从列城来的拉达克商人。为了能向这些人了解一些有关西藏地区的情况,我通过纳斯尔江和卓邀请他们到我的住地。经过邀请,他们很快前来见我。交谈中,证实这些拉达克人中确有3人到过西藏。问他们到过西藏的哪些地方时,回答说两年以前,也就是1887年夏,他们随同商队从列城经鲁多克到了离拉萨往西10天路程的托尔果寺庙。据他们称,每年6月份在这个寺庙都会举办大规模集市贸易,拉达克、拉萨以及西藏其他地区的商队都云集到那里。他们就作为这种商队的赶畜人于1887年夏天到了托尔果寺庙。

根据对拉达克人的咨询,从鲁多克到托尔果有一条平坦的商路。这是一条全程穿过相当宽阔的山间谷地的向东南延伸的路。这个谷地处于东北和西南走向的大山脉间,这些山上有些地方常年覆盖积雪。鲁多克到托尔果的路上他们未曾见到一个湖泊,而小河和小溪倒有不少。6月和7月那里的天气很凉爽,商队行进期间常常下雨。山脚下饲草的长势都很好,没有一个站是缺水的。其间,有些西藏人正在迁牧

---

❶　列城指南亚克什米尔东部城镇。

场。他们住地之间的草地上自由自在地游牧着成群的野牦牛、野驴和羚羊。

据拉达克人所接触过的西藏人证实，从谷地往北到山后的地区地势很高，空旷且无人居住。藏民很少到这一带放牧，因为这里基本上没有什么好草场。从这里到喀什噶尔根本没有通道，这里的居民只是从随商队到过托尔果的拉达克人口中知道了有关情况。

拉达克人从鲁多克到托尔果并返回总共在路上过了两个月，其中包括两周的集市交易时间。他们计算了一下，从鲁多克到托尔果有16个路站❶，总共算下来约650俄里。

调查结束之后，我们给拉达克人看了西藏人的脸型、头饰图案、家什和其他物品。一看那些人的脸型，他们便惊奇地叫了起来："昌坦！昌坦！（藏民！藏民！）这正是我们在托尔果路上见到的那些人，这正是他们的头饰！你们怎么能画得如此准确。"接着，他们指着有些物品叫出了藏语的名称并讲述了其用途。

我对拉达克人关于无人闻知地区的有趣讲述表示了感谢，给每人赠送了礼品，最后和这些淳朴的人们友好地告别。

在叶尔羌，我同样也努力试图打听关于塔克拉玛干沙漠遗址的信息。在这里生活了18年的纳斯尔江和卓告诉我，他们认识的许多人都证实，从叶尔羌往东约40俄里在戈壁边缘地区有被称为阔诺塔塔尔的遗址，且很宽阔。那里房屋的旧地基以及分布于居住区的大树墩均显而易见。当地人在那个遗址中有时能找到家庭用具、各种用品的残片，偶尔还能拣到银器和金器。而从叶尔羌往北延伸的沙漠中，起码是在叶尔羌绿洲附近，未听说过有什么旧遗址。

纳斯尔江和卓给我讲的这些情况，后来均被我在叶尔羌的调查中所证实。

7月8日，探险队离开叶尔羌沿着和阗大道一直南下。起初距城5俄里的行程，我们走的是水稻田间路，其路基由人工建造，高出地面约

---

❶　根据拉达克人的叙说记录，各站路段名称如下：鲁多克、连莫列布拉、罗克苏木、塔苏尔、祖林茨、罗班、雅赫斯托德、扎木顿、则玛尔、提普则、卡木根、特缺克、促鲁尔、查卡、托普切模和托尔果。——原注

34

3英尺。当时稻田的水深约4俄寸，稻田土壤呈腐殖质褐色，与叶尔羌绿洲其他高地淡黄色土质明显不同。水稻于4月底种，下种后即灌水并一直保持到9月底等庄稼成熟。稻田长期保持水的这一阶段会有很多水禽来栖息。炎热的夏天，水中滋生蚊虫接连不断地传播疟疾，不仅附近地区的居民患疟疾，城镇居民同样也被传染上这种疾病。

我们行路至距城6俄里时过了一座叶尔羌河支流上的苏古恰克桥。离桥3俄里处，路的右边还是稻田，而路的左边大都是戈壁沙漠，只有个别地方可见到当地人种有树木的独家小院落。随后的1俄里路直到叶尔羌河边，探险队经过的差不多都是人口稠密的沿河地带。当时正是大汛期，河水非常混浊，呈黄色；渡口处河宽130俄丈，据翻译说，平均水深约2俄丈，流速大约每秒6英尺。

我们大队人马渡河用了6条大船，凭借当地人机灵的翻译及努力，不到两个小时便顺利渡过河。

就在和阗大道跨过叶尔羌河在离夏季渡口上游约8俄里处，水势高时交通往往被中断，原因是这里没有适合当码头的地方。水势不大时，这里可以蹚水过河，冬天就从冰上过。

过渡口后，约16俄里的路是沿着叶尔羌河谷地的褐色腐殖质土壤地行进。路的两边偶尔能见到稻田。这些庄稼地由沿路的大水渠灌溉。这个谷地居民点不多，且人口也少。

从谷地我们向东南方向与其相连有着相当大坡度的平原进发。这个完全是淡黄色黄土高原的人口密度要比起褐色腐殖质土壤的叶尔羌河谷明显高得多。我们爬上这个高原之后沿着绿洲行进约20俄里，大路两边全是连绵不断、长势良好的玉米地。

在这片绿洲，我们经过了两个有集市的大村庄：帕什卡尔和叶什木巴扎。到第一个村庄，考察队走的是上面提到的叶尔羌河夏季渡口以西的和阗大道。村子的集市通常都在人口集聚的中心地带。这里房屋集中，店铺、馕房、茶馆及各种手工作坊互相紧挨着，形成细长条状的街道。

据我们的翻译介绍，道路西南直到山前约100俄里均为居民区，往东北约5俄里是庄稼地带，其后约30俄里便是黄土丘陵地带，再接着就是塔克拉玛干沙漠。这片丘陵地带，好像是作为塔克拉玛干沙漠的前

35

门,到处长满了柽柳,而在丘陵的凹地上稀稀拉拉长的是矮小的胡杨树;在其东部边缘地区有座麻扎(陵墓),并设有小寺院。去小寺院的路始于离叶什木巴扎村东北约40俄里的驿站。寺院位于塔克拉玛干沙漠西部边缘一条大水渠边上,这里布满高高的沙丘,没有任何植被覆盖。

我们在路上经过了帕什卡尔村以南离路边不远的赛达勒克麻扎。随后,我们的探险队过了取源于叶尔羌河远处的一条大水渠上的一座桥。这里有一条灌溉大路以西许多村庄的农田和果园的大水渠,而且横跨大路之后流向北边,继续灌溉这里的大片庄稼地。这个灌溉渠水深且河床也弯弯曲曲,很像一条自然河流。我们走过其上面架的桥梁时,完全确信过的确实是一条河,但是我们的向导却坚持说,这是一条很早以前他们的祖先挖的人工渠,现在经过长时期的冲刷,其河床已与河道无法分清了。

我们离开叶什木巴扎村,到了特斯纳普河的开阔谷地。在这里,考察队通过了特斯纳普河支流的5条虽细窄但很深的分汊,其上面都架有桥梁。这些分汊岸边小湖泊地带到处都有茂密的芦苇丛,当时这里有很多水禽。河边含盐腐殖质土壤,尤其是特斯纳普地带看来不太适宜于耕种,所以特斯纳普河谷地带人口稀少。

我们很轻松地徒步涉渡的特斯纳普河来源于昆仑山中的霍罗斯坦河,并在杨吉大坂山口附近向东北方向延伸。特斯纳普河从山中流到平原之后,在叶什木巴扎村和喀尔卡勒克小镇之间,越过和阗大道之后向东约15俄里处流入黄土丘陵中。特斯纳普河谷也像叶尔羌河谷地,其东南边是高坡平原地带。特斯纳普河谷有着上等黄土土壤,这里的村庄相隔不远连成一片,直到喀尔卡勒克。庄稼地的玉米长势很好,有些地方都长到了9英尺高。也碰到了不少与相邻的庄稼地由土墙围起来的庄园——这便是殷实之家的有力佐证。凡是这种大围墙院内都设有生活区和辅助设施区,生活区的房屋由两面或三面内墙与外墙相连,辅助设施与果园相连。围墙内的其他剩余空地均为庄稼地。当地人占有的土地面积实际并不大,富足人家每户不超过3俄亩,而贫困人家不足2俄亩,其中包括全部院落附加设施及果园。

　　7月11日,考察队经过了喀尔卡勒克小镇,然后就在其西南郊附近的绿洲停下来宿营。喀尔卡勒克绿洲面积约300平方俄里,由特斯纳普河引流的大渠灌溉。这里的黄土土壤肥力很强,我们看到了许多有土围墙的庭院和长势很好、高约10英尺的玉米地,瓜果和蔬菜也都长得很肥壮。

喀尔卡勒克小镇位于这个绿洲北部边缘,四周设有城墙,边区长官和为数不多的几个清政府官吏就住在此地,边区行署也在这里。镇上既有店铺又有各种手工业作坊的市场。

在这里,我最终决定考察队从和阗大道向昆仑山进发,并决定在那凉爽的地方住下直到平原的酷暑退下。我们的役畜受炎热和蚊子困扰已经非常虚弱,如果继续沿着这都是戈壁沙漠的路向和阗行进,必将要冒很大的危险。

我们的考察队离开大路,从喀尔卡勒克绿洲直接向南转弯,沿着经过克克雅尔镇和杨吉大坂至拉达克的绕道商路行进。这是一条经过绿洲之后,东边直到特斯纳普河两岸的戈壁平原上的碎砾石道路。沿着大路东边是逐渐向南滑坡的约15俄里的喀尔卡勒克绿洲地带。

离开绿洲20俄里,考察队来到了与昆仑山平行东南走向的沙丘平坦空旷的谷地。这一不算很宽的谷地,四周都是陡崖,由小河塔什布拉克灌溉;其北部完全不长植物,而南部的植物品种相当多,同时还有三个小村庄。我们在第一个小村庄——长有不高但十分茂密的草地上搭了住宿的帐篷。在喀什噶尔地区很少能碰到这样的草地,而且这还是个地势很低的地方。在塔什布拉克小河的深水处,我们还捕到了不少弓鱼和鲑鱼,同时还捉到了两条游蛇。

下午4时左右,东北方向的上空出现了来自塔克拉玛干沙漠的黑黑的尘雾,到6点多便完全没有太阳光了,黑得甚至无法辨清离我们营地不到200俄丈的高山崖了。

第二天,我们继续沿着这条逐渐向南方向变宽的谷地行进。在这里,塔什布拉克河两岸长满了芦苇、禾本科植物芨芨草和各种灌木丛。在谷地南部经过两个村庄之后,考察队来到了开阔的名为玉孜巴什阿亚格的碎砾石平原。这个位于昆仑山脚下和我们所越过的沙山之间的空旷平原,在离大路约100俄里处向西延伸到特斯纳普河;而在东南边它转到在西南边有着昆仑山支脉科什塔格的克里安苏河谷地。平原的西半部是不毛之地,而在其有小河流可以灌溉的东部地区有时能碰到人烟稀少的村庄。

　　从南往北横穿所述平原后嵌入该山岭的塔什布拉克河是一条一会儿淹没于本身河床中,一会儿又出现于平原表面的河流,只是到了在其起源地邻近山中下大雨的时候才能继续不断地畅流。

　　顺着广阔的平原行进约16俄里之后,我们的考察队到了玉孜巴什新村,并停下来在其附近住宿。距此村往东及往南方向能看到一些有村落的绿地,这些村落分布于灌溉渠的两边,呈现成一窄长地带。

　　我们仍沿着那个平原又行进了7俄里,在路上还碰到了几群草原羚羊,然后就来到了由昆仑山平坦空旷的沙石支脉所形成的谷地。灌溉谷地的是塔什布拉克河,在其两岸长有芦苇和灌木丛。这片谷地有一个人口不少的村庄克克雅尔,其人口约800人。因缺少土地,这里的庭院布局比起绿洲平原地区要紧凑得多。由于耕地不足,所以这里的居民大都从事养羊业。他们的牧群都在能碰到好草地的邻近昆仑山中放牧。因缺水少地,这里不少人甚至被迫弃农养羊。

　　我们在村南郊住宿后沿着沙地平原行进约7俄里之后,不得不停在普萨村宿营,因为前面20俄里的路上没有水,而天气很热。塔什布

● 托合塔阿洪以东南的昆仑山景观

● 托合塔阿洪的一处独家农庄

拉克河在克克雅尔村东南方向被称为亚斯波仑苏的谷地变得相当宽阔，而且到处布满了平坦的沙丘，但继续往南又开始变窄。亚斯波仑苏谷地的广阔地段是从南边昆仑山沙石支脉之间伸展出来的山间谷地。

我们住在普萨村的那天又出现了又黑又浓的尘雾。午后刮起了东北风，刮来的大量尘土很快便把太阳遮了起来，紧接着附近的高山便完全看不到了。

我趁着这次停留时间长的机会，抓紧向普萨村民了解有关邻近昆仑山的情况，打听哪里有适合大批人马暂住一个时期的地方。当地人建议我们仍沿着这条路到霍罗斯坦河（特斯纳普河上游）。据他们说，那里有很好的山脚草场。如果骆驼不能翻越路经的陡山托帕塔格山，就可以留住于其山峰以北的托合塔阿洪一地。

我们在克克雅尔找到向导之后，就沿着由昆仑山不高且光秃的支脉环抱着的空旷的谷地向南挺进。此地东西毗邻支脉之间仍是这种空旷的谷地，而且北坡的坡度相当大，同时也都纵横嵌入于深深的干沟中；在南边锁闭这些谷地的高山山区，下大雨的时候雨水就会流入干沟中。

走到路的尽头，谷地便成了陡峭峡谷，峭壁下有一眼深深的碗形清水山泉。我们准备在距泉水稍南的峡谷向谷地扩展处扎营住宿。

就在这一天，我叫一名哥萨克人同当地人一同去察看霍罗斯坦河通过托帕塔格山地隘口的路。结果我们瘦弱的骆驼根本不可能翻越过托帕塔格大坂的山口。我们就地继续留住了一天。我又派另一名哥萨克人和当地人去察看普萨村民提过的托合塔阿洪。去的人当天就回营告知，在那里有很好的牧放骆驼的山脚草场，还可以喂马，两个紧邻的山泉足够全队人马饮用。在这一带，再找不到比那里更合适留住一个时期的地方了，所以我决定考察队就住在托合塔阿洪了。

　　我们沿着狭窄的谷地向阿克梅切提走了约7俄里之后，转向东南继续顺着弯弯曲曲的细长谷地又行进了6俄里，直到抵达托合塔阿洪。哥萨克人了解到的情况完全无误：距深谷山泉约1俄里的山间空地，再没有比这更合适的地方了，我们就在这里扎营留住。

　　到达托合塔阿洪的第二天，我和考察队员在3名哥萨克人和2名当地人陪伴下去考察托帕塔格山口。我是想更准确地了解稍加修筑以后，我们的驼队能否顺利通过或者另找一条路把其难处绕过去。

　　到达阿克梅切提之后，我们转向西南，沿着到山口的峡谷行进约6俄里后到了托帕塔格山主峰的北麓。海拔高约10330英尺的托帕塔格山口的坡度很大，尽管有几个弯道可以缓解爬山难度，但也同样很陡峭。距顶峰约半俄里南边的下坡路同样也很陡，接下来是3俄里左右的慢坡路，然后是阿库兰大坂相当难行的山石台阶路，最后3俄里路才是顺着峡谷缓慢到达霍罗斯坦河边的巴兰斯景区。

　　好不容易到达河边之后，我们才完全相信，役驼的确是不可能越过托帕塔格大坂山口，而要绕开其上面艰难的地段也是绝对不可能的。我们在湍急的霍罗斯坦河岸稍许休息之后，骑着马仍沿老路回到了住地。

　　就这样，我们在托合塔阿洪一停下来就住了差不多一个半月——7月18日至9月1日。考察队的地质员博戈达诺维奇从这里往西，到昆仑山至叶尔羌河进行了相当长时间的调查（参见原书附注12）。我的另一位助手科兹洛夫同考察队的制备员一起到霍罗斯坦河上游谷地捕到了几份很有价值的鸟类标本。考察队的植物学家罗博洛夫斯基在周围山区收集植物标本，而我本人进行天文和磁力观察，并向当地人调查

周围有关地区的情况，同时还测量了邻近山区木本植物的最高生长线

和最低生长线。

我们所住的山区属于昆仑山系。昆仑山北部及西北,这一长长的支脉占据了喀什噶尔地区西南部的辽阔地域。其中托帕塔格支脉(参见原书附注13)从东南往西北沿着霍罗斯坦河右岸延伸,同时在北边直接与光秃秃的仅有沙漠植物的支脉相分隔。

托帕塔格山脉及已提到的托合塔阿洪边缘地区的北部山脉分岔特别多,而且山峰很尖,山坡很陡,到处都是被冲成又深又窄的弯弯曲曲的昏暗峡谷。这些山中,深谷峡谷到后来又被分为许多更窄更深的山沟、山壑和细谷。这些峡谷均非常陡峭,而谷壁几乎是垂直的,谷侧和谷壁的倾斜度也都非常大。因此每下一次大雨之后,震耳欲聋的湍急山水便从这些山中直泻而下,但大雨一停,不久后山水也即停止。这些峡谷中山泉不多,且水量也不大;尽管常常下雨,但基本没有常流山溪。其中的原因毫无疑问是因为山的坡度大,山中的雨雪水都集聚到了毗连的平原。从高山上倾泻而下的急流大部分在半途就渗没于下面谷地疏松的黄土中,并在表面形成不大的泉流。这些固定的水泉及取源于泉水的小溪便成了邻近山脚平原小绿洲得以存在的依托。

上述山脉因特别陡峭和分岔严重,交通十分困难。据当地人称,要过托帕塔格山除其山口以外,不要说骑着马,连牵着马走都不可能。他们一再声明,甚至有爬山经验的人都很难徒步翻过这个山口。我们计划骑马从托合塔阿洪经托帕塔格山到达托帕塔格山口以东不远的霍罗斯坦河,但是当地人坚决声称这种行程是绝对不可能的,而且他们谁也不愿意为我们带路。

托帕塔格山的北坡,大部分是由毗连高山遮住炎热太阳光的深暗峡谷地区。峡谷中有时能见到不大的云杉和松树林,其中长有黑茶藨子、花楸、蔷薇、忍冬和柳树灌木丛。[1]山谷和峡谷的开阔地带长有芨芨草、黄檗、铁线莲、米尔卡里亚。尽管这些山脉的植被很单调,但都是相当不错的牧草地,其中的大部分饲草是奇普茨和羊茅,山上还有很多牲畜不吃的鸢尾花。

---

[1]　这些云杉生长的高度上线为10830英尺,下线到9960英尺。——原注

● 考察队在昆仑山托合塔阿洪的营地

很遗憾的是,我们在托帕塔格期间,这里正闹干旱,整整45天内只下了两次不太大的雨和三次只能将地面稍许潮湿的小雨。当地人种的庄稼在好的年份除雨水外还可以用山里的季节水灌溉,但现在都枯死了。山脚下的牧草也因缺雨枯黄得很厉害,只是在个别地方有些骆驼能够吃的芨芨草;而喂马的饲草有所不足,只好每天补给一些大麦。

托帕塔格山中有很多灰盘羊和旱獭,而在霍罗斯坦河上游及其支流能够碰上藏熊。在这里栖息的鸟类有胡兀鹫、兀鹰、雪鸡、沙鸡、鸽、红嘴山鸦、雨燕、伯劳、白头鹊鸲、旋壁雀、鹟等。

托合塔阿洪及邻近山区常住的塔吉克族人约有100人。他们个儿不高,蓄浓浓的宽而密的大胡子、深棕色的眼睛,有着连在一起的弓形浓眉和隆起的鼻子。塔吉克族人都很精通当地语言,以性格温顺著称。

塔吉克族男女大都穿自织毛布长袍,自制靴子,戴从里往外翻出帽圈的圆顶羊皮帽子。他们主要从事畜牧业,尤其是养羊业。耕种业是他们的副业,只是在山谷中耕种小块土地,而且种的清一色是大麦。塔吉克族人过的是游牧生活:冬天住在峡谷山泉附近的石砌房或者小土屋中,夏天就住在这些房屋边上支起的毡房。他们的畜群全年都牧放在附近山上,而晚上差不多都要赶回住地。塔吉克族人很少带着毡房赶着畜群换牧场,只是在周围没有饲草的特殊情况下他们才这样做。

克克雅尔村居民众多的畜群也都牧放在昆仑山的这些山脉中,其中有些牧主的畜群有100只甚至更多。放牧人多为自己也有少许几个同村的穷人。牧民们也和塔吉克族人一样,跟着畜群一夏天都在高山中、在山泉附近的土房或石屋及毡房中过,每晚都把畜群赶回住地。到冬天,这些人都下到山脚土房或地窝子住。

根据当地人的叙说和科兹洛夫的勘察,霍罗斯坦河发源于距托合塔阿洪约120俄里处的杨吉大坂山口,并顺狭窄的山谷向东北流去。山谷有些地方很窄,变为峡谷。霍罗斯坦河距河源约90俄里处与大支流莫洪汇合,在其下面20俄里处从右边向其汇入的是更大更长的乌鲁克莱拉克河。从喀尔卡勒克经克克雅尔、阿克梅切提、托帕塔格山口及霍罗斯坦河上的巴兰斯到拉达克的商路,自巴兰斯往上沿着霍罗斯坦河经昆仑山到达杨吉大坂山口,这条商路有多处只有牦牛、马和驴才能通过的陡峭危险地段,驼驼是绝不可能翻越这段路的。

离巴兰斯往下约20俄里开始是称为特斯纳普的霍罗斯坦河谷地，其地势相当开阔，开始能看到村落，而且村落数目顺着河流的下游逐渐增多。地势低的地方，村民的庄稼都长得很好，羊也很多。他们的畜群都在霍罗斯坦山区牧放，那里有很好的草场，尤其是在乌鲁克莱拉克和莫洪河谷地有非常茂密的真正高山草场，霍罗斯坦河上游也有同样好的草场。

8月17日，三个欧洲人非常突然地来到我们在托合塔阿洪的营地。他们是法国人多维尔和两个英国军官——少校库木别尔连德和中尉鲍杰尔。他们是从拉达克到这里来的，现打算经塔什库尔干和坎巨提返回到列城。多维尔是一位相当有文化和进取心的批发商，他在克什米尔已经生活了20多年，而且多次周游过邻近地区。他给我们讲述了这些地区不少有趣的新闻，而且他还到过班公湖。据他说，这湖盐化严重到任何生命都不可能生存，而且这是个四周完全光秃秃的长湖。我问他，拉达克人有没有传递一些有关西藏西北地区的消息。他说他们不到那里去，也不知道那里的情况。拉达克和克什米尔的商队只是到拉萨和藏南的一些寺庙去做买卖，而不到其北部和东北地区去。

多维尔及他的伙伴们的来访给我们带来了很大的欢乐。他们在托合塔阿洪差不多待了一天，然后继续向霍罗斯坦河进发。

我们在托合塔阿洪持续长住期间，差不多每天早10时至下午5时，都有从塔克拉玛干沙漠东北刮来的阵阵凉风，并带来尘土。从高高的山顶望过去——我有时到这里来，眼下的整个东北空间好似弥漫着轻轻的尘雾，而霍罗斯坦河后面的高高的西山几乎始终能看得一清二楚。8月中旬，连续三天是大沙尘天气，其结果是营地附近的高山根本看不到了。晴天时，这里从早上10时至下午5时都有从西北谷地吹过来的东北风；而在阴天，天空布满云雾的时候（但这种情况很少），总是平静无风。

尽管干旱严重影响了周围地区植被的生长，但我们的骆驼在9290英尺的高山上，在既凉快又没有蚊虫的地方经过45天的休整，体力得到了明显的恢复。马匹每天多喂了少许大麦，同样也强壮了许多，而且到和阗的路上到处可以弄到饲料，在途中随时都可以调养。所以到8月底，当平原上的炎热开始明显减弱时，我们便着手准备继续开路。

为了感谢对我们一直很友好而且给予考察队许多帮助的塔吉克族人和邻近的牧民，我们于8月30日把他们都请到营地吃饭喝茶，用美味款待，到晚上还用我们的小炮发射焰火让他们观看。这种接待使我们朴实的客人都非常激动。放完焰火，当客人们准备离去时，我走过去向他们表示感谢，感谢他们对我们的友谊和所给予的一切帮助，祝他们生活幸福，牲畜兴旺，并希望保持对我们的美好怀念。他们对此回答说，不仅他们这辈会永记我们，而且还会将这些美好的回忆传给他们的子孙后代。然后我们就跟这些善良的穷人们一一告别，愿他们一生幸福。

9月1日，考察队离开托合塔阿洪，沿着老路向克克雅尔进发。从山上往平原走，比起先前好走得无法比较，尤其是第一站。我们在山泉附近的旧地住了一宿之后，第二天碰到了奉命到官方铜矿劳动的约200名克克雅尔的工人。这个铜矿位于霍罗斯坦河谷巴兰斯上面约18俄里处的克孜尔额吕尔。铜是用木炭和手工风箱在悬崖断头处挖出的小炉中炼出来的，所有炼出来的铜都运到喀什噶尔制造钱币。

随同工人一起的还有10名从喀尔卡勒克来的修理工具的匠人。他们都徒步行进，衣物、炊具、工具及食物等行李都驮在驴上。跟随在队伍最后走的是清朝官吏和几名警察。

我们第二站住宿在老地方——普萨村。亚斯波仑苏河中基本没有什么水，当地居民饮用的是河水泛滥时用水渠引储的池塘水。村子西边一俄里处有一口由邻近谷地泉水形成的常流小溪，水带咸味，硫化氢含量相当高，但是牲畜都喜欢喝。

第二天，考察队到了我们已经熟悉的克克雅尔村。这时庄稼已经收割完毕，地里有的只是部分晚播的玉米。在平坦的屋顶和草棚上，到处是高高堆起的玉米秆，其叶子冬天可以喂牲口，而秆子本身可以当柴火用。

从克克雅尔再过去约5俄里之后，我们便在塔什布拉克河边的托本村停下来住宿。塔什布拉克河在克克雅尔上面时叫亚斯波仑苏河。到了克克雅尔的南缘以后，它由许多山泉汇合之后形成邻近平原的整个夏季的常流河。考察队发现宿营地附近的小河中和积水坑中都有不少鲑鱼和水蛇。

据当地人称，从克克雅尔谷地往西到特斯纳普河约50俄里路段都

45

是起伏不平的空旷的不毛台地,而河谷地带倒是有许多灌溉渠,土地肥沃,并有不少居民点。

我们离开托本村沿着克克雅尔谷地又走了约8俄里,然后走上了空旷高原,之后从商道转过来顺着土路往东行进。沿着这条土路,我们应该走向路经人口稠密的皮山的和阗大道,并继续顺着行进直到和阗。

如同以上已提及,我们从托帕塔格山下来后到达一个平原。这个平原是一个空旷荒漠的碎石地区:在其缺水而无植被的西半部地区无人居住;其东部地区是平原地区,由于从邻近的山上能流下不少雪水到山脚下,所以偶尔能碰到由山泉形成的小河流。这些小河及从中引挖的灌溉渠两岸的黄土地带有看上去像是细长岛屿一样的小村庄和居民点。

在新村布纳克过了一宿之后,我们在空旷的平原上行进没有多久就停下来在肯特赛村休整了一天。这个小村位于小河的右岸上,其长约8俄里,宽不超过半俄里。这里的庄稼和果园均由大引水渠灌溉。这个广阔的山下平原的绿洲也跟整个喀什噶尔地区一样,大部分种的是玉米,然后是小麦以及部分大麦、高粱。听当地人说,这里的冬麦成熟期要比春麦早得多,所以在冬麦收割后的空地,可以立即种上到10月即能成熟的玉米。

肯特赛村北约5俄里处便是祖仑村。这个村庄仍然沿着那条小河延伸。

考察队离开肯特赛村后,走的是荒漠的博兰能赛砾石平原,其大部分地区根本没有植被。到最后,我们来到了已提及过的沙石丘陵地带,并到了博兰苏河穿过的谷地。博兰苏河由郭达木苏山泉从左边注入后形成了高3俄丈的非常漂亮的瀑布的河。我们的考察队就停留在瀑布边的小草地上过夜。瀑布下2俄里处——博兰苏河边便是博拉村。从叶尔羌到拉达克的商贾大道(参见原书附注14)也经过博拉村。

第二天,我们离开博拉村上了大商道,并沿着这条道从谷地爬上了沙石岭。这条路在石岭上延伸了整整一站路。波浪形起伏不平的石岭表面几乎到处都覆盖着薄薄的一层沙土,根本见不到任何植物。沿着这个死气沉沉的沙石岭走了约20俄里之后,我们顺着一个相当陡峭的山坡下到了克里安苏河谷地,并停到鄂依托格拉克村住宿。这个小村同已描述的其他戈壁地区的村庄一样,河流两岸占据着又长又细的广大地域,而其宽不超过半俄里。我们经过漫长的死气沉沉的山路之后,来到了这个大树成荫、居民友善的绿洲——这确实是个长途旅途中休整的绝好去处。

离开鄂依托格拉克村之后,我们重又爬上了沙石岭。这个沙石岭从其中段横穿过的克里安苏河开始,往东南方向滑坡,到后来就变成为慢坡高地。这一高原表面到处是碎砾石,完全没有任何植物。高原北边与邻近平原连接的是不高的悬崖,而西南边是克里安苏河谷地的陡峭山崖。这个河谷地在昆仑山麓和沙石高原之间,从东南往西北延伸,形成我们从克克雅尔到博拉村时斜插过来的路上的荒漠平原东南部的楔形延伸体。在克里安苏河谷地鄂依托格拉克村上面有三个小村庄。我们从高处往下看时,在昏暗的荒漠背景上,这些村庄像是很明显的绿色小孤岛。

沿着高原没走多久,我们的探险队便脱离了到拉达克的商业大道,转到乡间土路几乎直向东北方向进行。在高原路上,我们经过了三个低矮的典型的山体侵蚀而形成的小山岭,然后这段路结束时下到了普什纳苏谷地。从西边环绕这个谷地的是我们所经高原不高的悬崖,谷地东边是相当高而且非常陡峭的坡堤。普什纳村就位于谷地中,其灌溉河两岸呈约10俄里的细长条带。我们就停下来在这个村庄住宿。这里的村民也和喀什噶尔各地人一样,热情欢迎我们——送来了很多葡萄、桃子、西瓜、甜瓜,还有新鲜核桃。

早晨,我们顺着村边向北流的小河走了约2俄里之后,爬上了河谷坡度较大的右岸高原平地并继续往东北行进。这块高地跟已述山地高原一样,都是与昆仑山平行延伸的碎砾石高地总体的组成部分,也是从东北方向镶嵌我们已经过山脚荒漠平原的高原高地。

沿着道路右边延伸的是平坦宽阔的向东开小岔的小山岭。我们从其东北端通过之后,逐渐开始下坡。远远望去,北边空地全部布满了丘陵,而眼下展现的是荒漠平原。从高原下到平原之后,我们走上了和阗大道,不久便到达了有着不少人口的皮山村。我们在皮山村西郊扎营住宿。

到午后6时左右,东北方向天空中出现了从塔克拉玛干沙漠缓慢移动过来的浓黑的尘雾。从同一个方向吹过来的微风随着乌云的来临开始逐渐加强，到最后变成了暴风。从头顶上漂过去的乌云中降落下厚厚的沙土，天气一下子昏暗到了难以辨清邻近房屋的程度。随着尘云被风刮走，西南边的天空一下晴朗了，但东北风继续不停地刮，直到天亮。

皮山村位于从叶尔羌到和阗大道上的皮山河两岸地区，长约20俄里，宽2～5俄里；有7500户，人口约35000人。这片绿洲的土壤也和喀什噶尔西南及南部地区一样，大都为混有大量从邻近戈壁沙漠刮过来的沙土的黄土质土壤。这个绿洲不如纯黄土土壤的叶尔羌绿洲和喀尔卡勒克绿洲，但因其充足的灌溉水，庄稼收成都很好。皮山村的居民都有很多羊在邻近昆仑山中牧放，养的驴也不少，但马和牛不多。

据皮山人说，他们村东北是与和阗大道平行的连绵不断的宽30～100俄里的小丘陵地带。靠近道路两边的丘陵上长有柽柳，而在东北边缘，尤其是低凹处和干涸的河床上长的是稀疏的胡杨树。再远，丘陵地带后面便是塔克拉玛干沙漠。据当地人说，沙漠中既不长植物也没有任何动物。这一死亡之地有些地方分布着几乎与子午线平行的又高又长的沙漠丘陵，而这些山岭间是暗灰色的砾石平原，当地人称为萨依。村民一般都不到沙漠深处去，只是冬季有时到相邻的丘陵地带砍伐当柴火用的胡杨树。据他们讲，从那里的丘陵顶上能清楚地看到这个死亡之地昏暗的砾石平原，以及在那遥远的地平线上向不知去向的地方伸展的高高的沙山。

离开皮山之后，我们走上了空旷的砾石平原，并沿着宽阔大道直向东方行进。在遥远的南边能看到昆仑山高高的支脉科什塔格山，其顶峰刚下的雪，早上在阳光下闪闪发光。可好景不长，接着它就被升腾起来的雾遮了起来。听我们的向导说，在科什塔格山北坡偶尔能看到小松树，而其稍高的山坡便是道路两边村民牧放羊群的很好草场。这里山泉不多且不大，基本上没有什么常流溪水。

我们顺着皮山没有植被的碎砾石平原没走多远就到了穆克依拉村，并在那里停下休整一天。趁着这一短暂空闲时间，我向当地人调查了周围地区的情况，询问了风向、云雾以及降水量等情况。他们证实了在皮山得到的有关与和阗大道平行延伸的下坡丘陵荒漠地带以及塔克拉玛干沙漠的资料,同时他们还告诉我们,在这个地方刮的大都是西风和西北风,其次是西南风和东北风,而很少刮南风和东风。起云的方向是西南、西和西北,其他方向几乎从来就不起云雾。这里很少下雨,而且大都在六七月份下;冬季雪不多,保持时间也不长,有时能下1/4俄尺厚的雪,但能保持到一周时间的很少。

每有适当机会,我均加以仔细观察沙丘形状。它们的造型进一步证实了喀什噶尔人关于风向的说法(考察队植物学家B.H.罗博洛夫斯基对这一地区植物生长情况观察时所发现的其茎、枝条均倾向于东及东南,这一特点也与上述说法一致)。

穆克依拉村南郊附近有一座不大的旧遗址。在那里我们找到了不少现在喀什噶尔地区根本不制作也不使用的古代陶器碎片。在遗址附近,可见保持完好的大灌溉渠遗迹及古代麻扎的地基。遗憾的是,当地人关于这一遗址未能给我们提供任何具体情况。

从穆克依拉村起,道路仍然沿着碎砾石荒漠往南延伸到与道路平行的邻近平坦高坡。路边有些地方堆积着小沙丘,也有些不大的台型黄土高坡。这些高坡被风化之后大都变成高高的黄土锥体。道路东北是一条长有柽柳的小丘陵地带。经考察,这丘陵同样也都为黄土丘陵,很可能被风吹刮之后在塔克拉玛干沙漠边缘地区形成了宽广的黄土地带。这些丘陵陡峭的悬壁以及紧紧压缩的原始黄土层,完全可以证明这种构造的形成。丘陵表面及其沟梁之间堆满了从塔克拉玛干沙漠刮过来的细沙土。

这一段路最后的5俄里我们走的是黄土高坡路,到达确达村后便停下来住宿。到了午后2时,戈壁刮起了东北冷风。不久,周围地区便弥漫起浓浓的浮尘雾。

我们的考察队今后继续走的路跟已途经过地段的特点一样,沿着碎砾石荒漠平原往南延伸约15俄里之后到达山下的平坦山岭,路的东北边是长有柽柳的连绵不断的黄土丘陵地带。

我们离开确达村之后,路经莫贾村,到了滚杜鲁克村之后就停下来住宿。这是一个长有大量芦苇丛的开阔地。在它的东北黄土高坡上能找到许多古代陶器残片(根据分析,这些是高1.7英尺、两边有耳瓦盆和高约1英尺、颈下有把手的压花瓦罐的碎片。在喀什噶尔地区不制作任何陶器,除内地的瓷碗之外,从其他地方也不可能有类似器皿运来)。

离开滚杜鲁克之后,我们路过平坦的黄土高坡。由于风化,这里的高坡大都已分解为截角锥形大台地。接着走的是碎砾戈壁路,过了赞贵村,然后又来到了和从前一样的戈壁,偶尔能见到些小沙堆,最后我们停下来在萨依村住宿。这里一口深132俄丈的水井中硫化氢含量相当高,散发出阵阵像臭鸡蛋的浓味,为了减轻这种恶臭味必须在水桶中不断搅拌,并且要用勺子不停地斟水。

荒漠碎砾戈壁从萨依村往南到平坦的杜瓦岭与山路平行约延伸15俄里。北边镶嵌戈壁的是黄土小丘陵带,并与大路随同一直延伸到和阗。路西北边的这些丘陵上长满了柽柳,而东边则是稀疏矮小的胡杨树。在这一带能长木本科植物想必是因为邻近科什塔格山的水渗透到这里的水位不深。这里的降水量也和喀什噶尔平原的其他地区一样少,因缺少能通过地下渗水层到达地表的水,所以在这里甚至连十分耐旱的沙漠胡杨也无法生长。从整个西南边环绕着塔克拉玛干沙漠的黄土丘陵地带的不透水底层表面就能推测出可能有水源。这些便成了一旦从周围山中流出就消失于山下沙漠平原的许多小河流的源头,然后到了丘陵地带又聚集为水泉,最后流入塔克拉玛干沙漠深处之后完全消失。

天黑之前,我考察了萨依村周围的沙漠沉积堆。这一荒漠碎砾戈壁到处散落有镰刀型小沙丘。这些沙堆的凸面均朝西—北—西边,凹面朝其相反方向,同时其凸面或者背风一面的坡度不很大,而迎风凹面就陡得多了。这些沙丘的布局及其形状都证明这一地区西风偏多,同时这些情况也与我向当地人多次调查的风向、云雾走向以及降水量情况完全吻合。

离开萨依村之后,考察队在行进过一段毫无生机的戈壁路后便到达了人口不少的皮阿尔玛村,我们停在其南郊休整一天。皮阿尔玛村位于卡拉苏河两岸地区,有1500户6500人。这里的土壤也和喀什噶尔的西南和南部绿洲地区一样是黄土地带,而且含沙量相当高(为了方便起见,我们将喀什噶尔地区的西南部和南部绿洲的这种土壤统称为沙漠黄土土壤)。由于灌溉水量充足,这种地的收成很好,尤其是玉米。当地人养的羊很多,均在邻近的科什塔格山放牧。

皮阿尔玛村村长在跟我们的长谈中，讲述了不少邻近地区的情况。据他说，和阗大道东北是一个丘陵地带，宽约100俄里，其后面便是塔克拉玛干沙漠。塔克拉玛干是不毛之地，深色碎砾石平原——萨依，个别地方有高大子午线方向的沙梁。皮阿尔玛村的人只到沙丘胡杨很多的东北边去砍柴，但不去沙漠深处。然而从这些沙岗的高处可以观察很远并辨清覆盖戈壁的大片沙梁。

喀什噶尔西南地区的当地人受传统影响，认为在古代塔克拉玛干是一个人口众多、有着许许多多繁华城乡的地方，所以他们还称这戈壁为嘎列布沙尔（意为"死人或者被惩罚之城"）。此外，这些人无拘无束大胆的想象力为现今在塔克拉玛干仍能观察到的奇特现象创造出了神话般的故事。故事中讲到，曾经过戈壁的当地人听到了夜里有鸡叫，还看到了月夜有人从地里钻出来在沙丘之间游荡。另外，还有一些人又在那同一个地方看到了神秘的人，他们一旦发现有人立刻消失于沙漠中；还看到过完全野化的家畜，这些牲畜一看到有人，同样迅速地跑入戈壁深处。

当地人对邻近戈壁的迷信恐惧，他们头脑中关于过去神秘传说的存在以及荒漠现在的这种死气（参见原书附注15），都毫无疑问深深地渗透到了这些想象的故事内容中去。

我们离开皮阿尔玛村之后继续在碎砾石路上行进，路边没有任何植被，不久便进入了位于和阗范围的地区。往南约100俄里处清清楚楚地看到一座相当高的山脉向西北延伸，山顶有雪。我们的向导说，这座山叫奥斯曼克尔，是沿着喀拉喀什河中游右岸延伸的昆仑山的支脉。

路北和前面的路段一样全都是小黄土丘陵地带，而南边是由南北走向草原丘陵环抱的碎砾石戈壁。其以南便能看到从东南往西北延伸的一座高大山峰。

沿着这个荒漠戈壁行进约20俄里之后，我们中途停到有一口20俄丈深水井的阿克驿站住宿。尽管这里没有什么植被，也没有地面水，但跳鼠很多。这种跳鼠在这一死亡戈壁萨依村的郊区也有很多。在这两个村从水井中打水的时候，捞上来好几只死跳鼠。我们起先非常迷惑，在如此荒凉的不毛之地，这些小动物是怎么生存的。到后来得出的结论是，它们的食物毫无疑问都是到村子来的商队和过往商户遗留下的饲料,而饮用的是井水灌入器皿时洒流到地面的积水。

我们的考察队离开阿克村之后,先是沿着碎砾石荒漠戈壁前进,然后穿过了平坦的沙漠高地,沙地从北向南在道路南边不远处消失。这高地纵向都是槽沟,而且几乎都堆满了沙子。其中就在路边的一个槽沟中,有一座陵墓和一座小清真寺。陵墓的主人酷爱鸽子,为纪念这个喜爱鸽子的主人,礼拜寺中养有上万只鸽子。过往商队都把向寺院提供喂养鸽子的谷物视作是自己应尽的义务,如果没有谷物就用钱来代替。

经过沙漠高地之后,我们便来到了黄土丘陵地带,其地表是厚厚的一层沙子。我们从丘陵下到盐土平原,越过一个小湖泊后重又爬上了丘陵,然后就沿着这个丘陵行进到了过夜的村庄扎瓦库尔干。

在这个村西郊卡拉苏河左岸有一座要塞,其四周由土墙围起呈四方形,长约150俄丈、宽100俄丈,有两个大门。这里设有集市和客栈。

我们把晚上睡的帐篷就扎在这座要塞和扎瓦库尔干村之间的卡拉苏河岸边。在河中,我们捕到了不少鲑鱼。村子下面的这个河谷有茂密的芦苇丛,其中有不少野猪。据村民们说,卡拉苏河下游东北约40俄里处有个长条形湖泊长约40俄里,湖名叫叶斯库里。湖面差不多几乎都被芦苇覆盖着。到达和阗之后,我向不少当地人了解这座湖的情况,但没有一个人能够提供详细情况。然而其所处的地理位置却与1863年由中国出版,后又翻版到欧洲地图上的亚什尔库里湖一致。

后来我们走的约12俄里路都是行经在人口众多的扎瓦库尔干绿洲,其面积约为170平方俄里。这里的黄土土壤略含沙质,经当地人用喀拉喀什河的肥沃泥水灌溉之后可以收获很好的收成。我们在地里看到了已经开始收割的长势很好的晚播玉米。

我们走的大路在绿洲东边经过一个盐土空地。这里有喀拉喀什河三条细长而泥泞的支流,河上架有过路桥。我们走出村子之后,就在这条河的左岸扎营住宿。在丈把来宽的河谷地几乎到处散落着夏天发大水时带来的圆木和卵石,扎瓦库尔干村为了防洪,用鹅卵石在喀拉喀什河左岸上修筑了高高的堤坝。

喀拉喀什河到六七月汛期水量很大而且水流湍急,9月底我们到达时却成了一条小山河,在砾石河槽中潺潺而流。谷地南约30俄里可见一座相当高的山脉。早先离开皮阿尔玛村走在戈壁路上,后来是从卡拉苏河谷地扎瓦库尔干村的西边,我们都见到过这座山。它还有几条往北平行延伸的小山岭,远远望去就像是一个棋盘形大山。

傍晚,俄国在和阗的商人代表阿布萨塔尔来拜访我们。随他来的还有一名和阗长官派来的当地官吏,他是来表示迎接并将护送考察队前往和阗的。

9月22日上午,我们渡过已变浅的喀拉喀什河之后便走上了自古以来以其丰富的自然资源、物产和贸易闻名于西亚和印度的著名的中国和阗绿洲。从喀拉喀什河到和阗的全程是23俄里。我们通过绿洲时,在路上只碰到两个小空旷荒地。我们越过当地人的居住区后,就在附近的小河伊尔奇岸边扎营过夜。

在和阗所待的6天时间内,我收集到了有关该城及其周围绿洲地区的基本资料。对此,阿布萨塔尔给了我很大帮助。他在这里已经生活了18年,几乎从未离开过一次。

第

三

章

从和阗到民丰

　　喀拉喀什河和玉龙喀什河灌溉的和阗绿洲总面积约 1000 平方俄里,从西南到东北最长 70 俄里,从西北到东南最宽 30 俄里。

　　全绿洲除城镇外,共有 3 万户、13 万人口(邻近扎瓦库尔干和喀拉喀什绿洲 3 万人口除外)。可见和阗绿洲比起叶尔羌绿洲要大得多,而人口密度就小得多了:这里每平方俄里只有 130 人,也就是说比叶尔羌绿洲几乎少一半(参见原书附注 16)。从人口稠密的叶尔羌绿洲来到这里的游人一眼就能看出和阗绿洲人口稀少的情况。

　　这里村民的房屋分布要比叶尔羌地区稀疏,但他们的耕地要比那里大得多。和阗绿洲每户平均有宅基地约 3.5 俄亩(除城镇、住宅、道路、河道占地以及玉龙喀什河的不毛谷地和荒地外,每户耕地可能不超过 3 俄亩),而在叶尔羌只有约 1.7 俄亩。和阗绿洲的沙质土壤比起叶尔羌和喀尔卡勒克的纯黄土土壤的肥力明显差,然而其东部地区——沿玉龙喀什河右岸地带,据当地人说,比起喀拉喀什河和玉龙喀什河之间的西部地区要好得多。

　　在和阗地区也和喀什噶尔的其他地方一样,农田用的肥料都是畜
粪、灌溉渠清理出来的污泥、城市垃圾,近河地段还有喀拉喀什河和玉

龙喀什河每年发大水时淤积的河泥。

和阗绿洲种植的粮食作物首先是玉米，然后是小麦、水稻和大麦。高粱、豌豆、胡麻、大麻、粟、烟草种得都很少。粮食作物的平均收成是：玉米是种子的30倍，水稻为14倍，小麦为13倍，大麦为14倍。

和阗绿洲一般一块耕地一年可收获两次，这就是早播的大麦和玉米，有时是收割冬麦之后种玉米。但并不是所有耕地都可以两次播种，需要轮休的地方到夏天只种一次玉米、小麦或是大麦，等将其收割完之后在空出的地里再种萝卜或苜蓿。

只能收获一次庄稼的年份就算是灾年了。在这种不常有的年份——因冬季在昆仑山雪少或者下雪时间过长，到春天喀拉喀什河和玉龙喀什河的发水时间会比往年晚许多——第二次种粮食作物就不可能了，这时便会出现粮食严重短缺的情况。这些缺口便由从叶尔羌绿洲和阿克苏绿洲运来的粮食弥补，有时还从很少有歉收情况的乌什、库车等地运粮。

和阗地区手工业十分发达，需要很多从业人员，所以即使在收成好的年份粮食供应也不大充足，只好由叶尔羌、喀尔卡勒克和阿克苏的小麦、玉米来补充。阿克苏的粮食在秋冬两季经过塔克拉玛干沙漠沿着和阗河谷地的直路用骆驼运送。

和阗绿洲几乎所有不种庄稼的空闲地都植有树木，其中大都是钻天杨和桑树，然后是沙枣树、槐树和柳树，但在这里我们没有见到法国梧桐。果树有桃树、杏树、核桃树，还有梨树、苹果树和木瓜树。

专门从周围圈起来的单独果园，在和阗绿洲或者在喀什噶尔南部地区都不多。在这里，大部分果树都种在庄稼地和房院之间的田间。村民们的庄稼地一般都是种植带刺的灌木白蔷薇、醋柳树，还有菟丝子和茜草用来做篱笆。只有房院及院内的设施才用墙头砌有带刺干枝条的土墙从四周围起来。

瓜蔬类有葱、黄萝卜、青萝卜、豌豆、芸豆、茴香，再就是甜瓜、西瓜，这里的南瓜也很多。只有住在城里的汉族人才少量地种些土豆、卷心菜和黄瓜。

和阗绿洲以宽广的棉田著称，这里的棉花比起叶尔羌地区的产量高，质量也好。棉花的大部分用于当地廉价棉布的纺织，剩下部分才运到不生产棉花的北疆地区。

该地区自古以来以养蚕业闻名于世。这一行业的兴盛借助的是和阗绿洲大面积种植的桑树,这里非常适合种桑树。近年来因流行蚕病,养蚕业开始衰落,过去这里生产外销的生丝和绸缎,现在本地区都不够用。近十年,俄国土耳克斯坦地区已经开始向和阗地区销售少量丝绸。和阗人相信这种蚕病也像过去不止一次发生过的一样,不久即会过去,从而丝绸生产又可以恢复到原来的规模。

在和阗绿洲还大量种植各品种的葡萄,其大部分都用来酿造一种廉价果酒——穆赛莱斯,这种酒大都由当地人自己享用。在与喀拉喀什河相接的农田同样种有不少葡萄,也酿造同样的果酒。

和阗绿洲中央有相互连接的两个城区:一个是老城区,另一个是新城区。

老城区没有城墙,共有5000人。这里的主要街道为集市地段,长约一俄里半,其特点也和叶尔羌的街道一样花花绿绿很是鲜艳。这里的店铺茶馆、各种手工业作坊布局零乱毫无章法。人群不息的喧哗声、驴骡的狂叫声及扬起的尘土、小贩的叫卖声,加上茶馆做饭用的胡麻油的气味,均会给第一次造访的欧洲人带来一种不适的印象。和阗街上手工业作坊非常多,而且各行各业都有,现场可以参观怎样织布、织地毯、缲丝,怎样将棉花脱铃后纺线、裁缝衣服、制鞋子、做马具、铁匠活以及其他各种手艺,不胜枚举。

和阗集市每周举行两次交易,现场相当活跃。参加这种交易的人大都是棉布和地毯制造商、毛皮加工商以及销售农产品的村民。

除了集市,在老城区还有两个市场:一个是活畜市场,另一个是木材市场。

和阗的房屋也和叶尔羌的一样非常不起眼,也就是说都是矮小的平顶土房。

这个城区的街道都非常狭窄,有些地方甚至不能并排通过两个骑马人,然而这里倒没有叶尔羌那么脏,而且空气也干净得多。

在西边与老城区相连的是1883年建起的新城区。新城区四周有土围墙,有两个城门,城墙高约18英尺、宽7英尺,还有环绕它的深深的护城壕沟。边区长官及官吏就住在新城区,地区行署及一连官兵也驻守在这里。城区的市场不大,开设有店铺,手工作坊不多。新城区的人口约500人,其中官吏、商人、工匠和侍从约100人,士兵250余人,当地人150余人。新城区的房屋、店铺和手工业作坊都比老城区的好,街道也宽敞干净。

和阗地区的工业在喀什噶尔占首位。现在这里主要生产的是粗棉布——麻塔。用当地棉花生产的这种麻塔布基本销售到北疆地区以及俄国的土耳克斯坦地区——当地人喜欢用这种布。其次生产最多的是毡子和毛毯。和阗的白毛毡柔软、结实、精致,以其上乘的质量闻名于整个中亚地区。这里的地毯以结实、图案美丽、不易褪色和价格便宜出名。长约12英尺、宽6英尺的上等地毯的价格不超过25卢布。和阗地毯每周能上市100条。和阗的毛毯和地毯均由细毛绵羊的羊毛制作。本地富户养有大群这种羊,一年四季都在和阗南边的昆仑山区牧放。

和阗另外还盛产高级丝毯,其价格当然要比地毯贵,不过要跟欧洲同类产品价格相比那还是相当低的,一条长7英尺、宽4英尺的丝毯价格约50卢布。现因养蚕业不景气,丝毯产量很小。也因同样的原因,现在和阗也很少纺织丝绸,甚至不能满足当地需求。所以近十年来,不断有俄国土耳克斯坦地区的廉价丝绸运到和阗来销售。

和阗绿洲也大量加工皮毛,以白羊为主,也有部分黑的,原料还是制毡制毯的细毛绵羊羊皮。这些皮毛大部分出口到俄罗斯(在和阗一张白羊皮值10卢布,黑的15卢布;到了俄罗斯将卷曲的白毛稍许弄直搞干净之后当藏皮出售,价格在60~90卢布)。

在和阗有几家加工各种玉器的私人作坊和一家由内地人经营的官方大作坊。和阗的玉石是从和阗南部昆仑山喀兰古塔格的原生矿床以及玉龙喀什河和喀拉喀什河从山上冲下来的砾石中采集的。大部分玉器都在中国内地销售,在喀什噶尔本地及其邻近地区消费的只是很小的一部分。

和阗内部贸易也很活跃,尤其是与北疆相比更是如此。其主要交易产品有棉布、棉花、毛毡、地毯,其次是皮毛和铜器。为换取上述产品,北疆地区向和阗提供的主要是和阗本地生产不能满足需求而周边地区又无法弥补这一缺口的粮食。

和阗的对外贸易,尤其是跟俄罗斯贸易来往相当发达。从这里向俄国喜欢用麻塔布的土耳克斯坦地区出口大批麻塔棉布,此外还有毛皮、毛毯、地毯、羊毛、山羊绒和羊皮。●过去从和阗向俄国出口的还有不少生丝,自从开始流行蚕病以来,这一出口几乎就停止了。

　　和阗如同叶尔羌一样,也跟拉达克有贸易交往。向那里销售的主要是山羊绒和大麻素,其次是少量的地毯和毛毡。从拉达克向和阗进口的大部分是做缠头布和做妇女头巾用的薄纱,其次是印度药剂以及少量孟买产的英国花布、呢子和金属器具。除此之外,从拉达克偷运的还有孟加拉产的低级印度茶叶。为了销售本国产品,清政府严禁外国向喀什噶尔输入这种茶叶。

　　和阗同拉达克的贸易跟叶尔羌一样受到商路经过昆仑山和喀喇昆仑山的困难。从和阗到拉达克的商队一律在夏天往返行进,一般都经过桑曲村和克里安山隘。1889—1890年的秋冬,从拉达克到和阗只来了两支商队;深秋出发从和阗到拉达克去的商队因大雪未能通过山道从而只好返回。

　　在和阗生活的俄国费尔干纳萨尔特商人约有80人,他们大都经营俄国生产的纺织品,尤其是花布和金属制品。此外,他们还销售相当数额的白糖、硬脂蜡烛、肥皂、火柴和各种小百货。俄国商人从和阗输出的商品如上所述,大都是粗麻塔布、白羊皮,再就是地毯、毛毯、羊毛、山羊绒和熟羊皮。

　　在和阗也和喀什噶尔的各地一样。内地商人向当地居民提供的大都只是茶叶和廉价瓷器。他们销售纺织品,尤其是金属制品受到很大限制,其主要原因是俄国商人用同样的这些产品进行激烈的竞争。

　　和阗郊区有两处很大的遗址。其中一处在铁尔特尔,距老城区东约6俄里,可见边长约200俄丈,四方形土墙,院内有明显的旧屋残基。在这个遗迹中,可以找到生活用具以及古代钱币。

　　另一处遗址是在这个城的西南约8俄里处的阿连瓦赫小河边上。据当地记史人称,9世纪这里曾是宫殿,王宫及其周围房屋的残基保存

---

❶　和阗1普特羊毛是2卢布50戈比,1俄磅去杂毛的山羊绒是36戈比,一般羊毛21戈比。
　　其运费到费尔干纳的奥什城每普特为俄国的信贷款约1卢布50戈比。——原注

到了今日。不久前在阿连瓦赫遗址附近还可以捡到珍珠，但当局很快就没收了寻宝人的拾物。其结果是现在对这一地区的挖掘只能偷偷进行，所以寻宝人究竟找到了些什么很难准确地知道。

俄国商人阿布萨塔尔在和阗已经住了18年。他向我证实，有些当地人冬季到北边的塔克拉玛干沙漠，在遗迹中寻找铜器，他们有时还能找到金器和银器。据这些寻宝人说，在那些地方明显可见有旧土屋基以及在其周围生长的树木、陶器残片、各种用具、磨盘和家畜遗骨。从事挖掘活动的当地人严格保密遗迹的准确地点，而且去的时候是偷偷前往。

对塔克拉玛干沙漠边缘存有遗迹的资料以及所发现的文物，当然都需要进行鉴定。当地人对这一古迹的一致说法未必完全是他们想象的结果，不能说其中没有一点可信的东西。无论如何，这一有着丰富古物的地区等待着探宝人——考古学家前来进行大量有趣的工作。

9月28日，我们离开和阗向克里雅进发。离老城郊东2俄里处，考察队越过了玉龙喀什河，其谷地也和喀拉喀什河的一样，到处长满了树木。河左岸渡口附近的低处用石头筑有长长的堤坝，以便于河边绿洲的防洪。当时河水很小，发洪水时水量很大且很湍急。据当地人说，玉龙喀什河的洪水要比喀拉喀什河的水大，他们认为玉龙喀什河是主河道。这两条河都发源于西藏高原，穿过昆仑山流到喀什噶尔盆地后，在和阗东北约120俄里处汇合到一起。这两条姐妹河的汛期同时在6月和7月因昆仑山的季节性降雨和冰雪融化而发生。在这样的季节过河得要用一种平底大木船，只有到了8月底这两条河才可以涉水通过。

玉龙喀什河和喀拉喀什河汇合之后便形成和阗河，并经塔克拉玛干沙漠后注入叶尔羌河。到秋季和阗河的水也干涸了，只是在河床的低洼处积留的淡水成为直到下次发大水前也不再干涸的一个个小河塘。根据这些河塘中有鱼的现象以及其能够保持到来年的发洪水期，可以推测当地表面山水不再流动时，河床沙层中的渗水仍在继续流动。否则，像塔克拉玛干沙漠干旱地方小河塘的存在就无法解释，而且其中的鱼如果没有地下新鲜水的补充，说不定会全部死光的。

我们离开渡口，沿着绿洲约行进30俄里。据当地人说，和阗绿洲东部地区的土壤要比西部地区的肥沃。在这里，夏季喀拉喀什河的水也比西部的大,所以这里的人口密度也大一些,而且看起来他们的生活水平也比玉龙喀什河以西地区的高。在和阗绿洲东部地区,我们在路上经过了三个集市和玉龙喀什河的四条小冲沟,这是些洪水在陡山谷中冲开疏松的沙土层后形成的小溪。

第二天,考察队走出和阗绿洲之后就停在其东郊住宿。前面是一片宽广的盐碱平原,地上长着矮小稀疏的芦苇。玉龙喀什河夏天发大水时,整个平原都被淹没,并形成许许多多退水后即要干涸的小水塘。当地人在洪水来临之前将青芦苇收割起来做牲畜过冬的饲料,而秋天又可以在这里放牧。

我们沿着这个平原没有走多久,就在绿洲东北郊、和阗至于阗的大道边停下来过夜。我们将要走的也还是这条大路。从住地可以清楚地看到南边从东南和西北直到玉龙喀什河的铁克里克山高峰,及其前面的两条平行的草原小山岭。这座独立的山脉在南边波浪式升起与昆仑山在和阗地区内称为喀兰古山的支脉相连接。

我们所在地的这条到克里雅去的大路,穿过绿洲后便进入了克里雅地区范围内。路的前半段大都为碎砾石戈壁平原路,然后就进入了堆积着小沙丘的荒漠地带。这些小山丘起源于南边的长长沙岛。在沙漠中,我们停下来在孤零零的亮噶尔雅伊尔干住宿。

下段路到亮噶尔阿什玛我们走的仍是沙漠路。这里的沙漠比前面厚些,而且有些地方长有柽柳,为单调的沙漠自然界带来了稍许的活跃气氛。走过阿什玛之后,沙漠就被抛在背后,接下来我们走进了覆盖着薄薄一层沙土的黄土丘陵地带。直到策勒,我们走的都是这种路。到策勒,我们停下来休整了一天。

根据我们收集到的资料,和阗绿洲至和阗大路以北约3天路程的地方是个沙土覆盖着长满柽柳和杨树的黄土丘陵地带。阿什玛以东于阗大道转入这丘陵地带后沿着其南缘一直延伸到于阗城。丘陵地带以北是不毛之地——塔克拉玛干沙漠。听南疆喀什噶尔当地人说,塔克拉玛干是一望无际的沙海,是个平行分布有又长又高沙梁的沙漠平原。从这一带往南延伸直到昆仑山脚下是没有多少植被的碎砾石平原,也就是前面提到的萨依。其表层几乎完全由碎石块覆盖着,大都呈深色,在晴朗无风的夏日晒得很热,当地人说在这种时候很难行走,甚至根本不可能前进。

策勒绿洲地处阿什河两岸,占地面积约为100平方俄里,人口约7000人。这里的可耕地面积很大,当地人的院落都很宽敞。策勒也和于阗地区的大多数村庄一样,一年收获一次。只是在好的年份,尤其在是在昆仑山下雪多开春早的年份可以收割两次。在这样的年份,山水4月初就可以下来,用山水灌溉后,在当月下种,6月中旬大麦就可以成熟。收割大麦之后,在腾空的地里,马上播种玉米,到9月底或10月初玉米也可以收割了。干旱年份,一年只能收成一次,然而因为这里的耕地很多,加之庄稼长得很好,尽管只收割一次庄稼,收获的粮食也足够当地人过冬。

策勒的瓜果也很丰足,有桃子、杏子、核桃、石榴、苹果(参见原书附注17)、梨、葡萄、甜瓜和西瓜;同时,当地人还种植各种菜园作物。

早先策勒的养蚕及丝绸加工业很出名,但如今也与和阗一样因没有蚕而处于低潮。在这一地区有广阔的棉田,人们用收回来的棉花纺织各种棉布运到北部地区和俄国的土耳克斯坦。此外,在策勒还用桑树的韧皮制造书写纸张。

该地区的有钱人家也与和阗的有钱人家一样养有大群细毛羊。这些羊群一年四季都在邻近的昆仑山中牧放。如上所述,人们用这些羊毛制作地毯,羊皮制成皮货。

因沙尘暴,我们在策勒又多耽搁了一天。这天一大早就刮起了东北风,到后来就变成了真正的暴风。暴风吹刮起来的沙土使天色暗淡无光,有些避风的地方足足落了2英寸厚的沙尘。风停下来以后,我们花了不少时间清除行李和帐篷中的尘土。

从策勒往东直到于阗城,路边的地形已与和阗到这里有所不同。从这里一上大路,路边便是长满柽柳和小芦苇的黄土岗地带——地下水位不深的标志。我们在这一带经过了不久前才建成的两个小城镇——古拉克玛和达玛库。原先这两座城镇所占地和周围的地区一样都是黄土岗地。随着邻近人口稠密绿洲的人逐渐向这里迁移,一点一点地整平土岗,开垦出一片一片农田,用这种办法开出了两块相当大的荒地,成为现今的这些村庄和农田。新开垦的土地肥沃,有充沛的灌溉水,据当地人说,最初几年获得了神话般的收成:小麦是种子的50～60

倍,玉米是80～100倍。后来开始慢慢下降,现在跟当初相比减少了一半。这里可耕地很多,所以农户分布得也很松散,周围宽广的芦苇地是牲畜的天然牧场。

10月6—7日,夜里在室外第一次结冰,从此开始出现夜里-7℃的霜冻;白天晴且无风(整个秋天都是这样的天气),非常暖和,午间2～3点气温常常可以升到16℃。尽管风不大,然而我们从和阗到于阗的全程,空中的尘雾始终遮盖着我们眼前昆仑山的雄伟景观。

考察队从达玛库村走的一直都是上面长满柽柳、芦苇,偶尔还有几棵干枯胡杨树的黄土岗的路。到后来,土岗开始稀疏,最后我们终于来到了只有些黄土坡的平原。在这平坦的原野上到处是连绵不断的小芦苇植被,也有些柽柳和胡杨树。考察队在喀拉克尔附近的一条小河边扎营过夜。这条小河发源于路南的山泉,并一路形成了一系列小湖泊,当时在这些湖中有很多候鸟。大路以北约1俄里处,还是在这条小河边,有一座陵墓。

下一段路我们走的是长有茂密芦苇和柽柳的平原,这里很少碰到黄土岗。后经过同样由泉水形成的小河莱苏之后,重又进入了陡峭黄土岗地段。这里几乎没有什么植被,沿着这种单调凄凉地段我们约走了6俄里。穿过土岗道路就进入了宽广的盐碱沼泽平原什瓦尔卡梅什。这里到处都是芦苇,延伸约6俄里。这个平原呈褐色,为盐碱腐殖质土壤,有许多发出浓烈硫化氢味的咸水泉,这些泉水又成为最后形成小湖泊的小河流。由这些小河形成的湖泊四周长满了高大的芦苇丛。我们从平原的东边由北向南穿过了不算很宽的沙漠地带。之后我们停下来在一个叫托格拉噶斯村的西郊住宿,这里已是于阗绿洲的界外地区了。

我同托格拉噶斯村的人核实肯定了我从和阗开始一路收集的有关黄土岗地带和塔克拉玛干沙漠的资料。根据他们所提供的信息,于阗大路以北,在策勒和于阗之间全都是长满柽柳和胡杨树的黄土岗地带。黄土岗南部地区的胡杨树被邻近村庄的居民砍伐得很厉害,而在其北部——人不常去的地方不仅有枯树和树丛,甚至还有大片大片的胡杨树林。

　　黄土岗北边便是塔克拉玛干沙漠,完全没有什么植被,又长又高的沙岭均由完全平坦或波浪式的萨依地带相间隔。附近的村民和喀什噶尔西南地区的人一样,只是在冬天到北边的黄土岗地区砍伐胡杨树,而绝不到沙漠深处去。

这一路段南边是延伸约10俄里的沙质黄土岗地带,再往下同样的距离是小沙堆,其南直到昆仑山麓是荒凉的萨依地带。

到于阗的最后一段路,我们走的是人口稠密的托格拉噶斯村,后来是盐碱沼泽地带。这是个将上述村庄和于阗绿洲相分开南北走向的沼泽地。这里的地形与什瓦尔卡梅什平原完全一样。在这里,我们经过不算大的沙木毕集市,然后就进入了绿洲,行进约12俄里就到了于阗。穿过于阗之后不久,考察队走出绿洲,并在城东郊克里雅河边扎营住宿。

克里雅绿洲面积约220平方俄里。其一大半地区在克里雅河左岸,而一小半在右岸的是被称为别什格戈拉克的地方。这里生活着3000户人家,14000人。平均每平方俄里生活着约64人,也就是说比克里雅绿洲少一半。克里雅绿洲的院落占地都很宽敞,每户约占地7俄亩,而和阗为3.5俄亩,在叶尔羌只有1.7俄亩。绿洲是沙质黄土土壤,农田灌溉水充沛。这里的收成很好,玉米平均可以收到种子的28倍,水稻为11倍,小麦为14倍,大麦为12倍。这里一年大都收割一次,只是春季雪水充足的个别好年份能收获两次,也就是大麦和玉米。由于地广且庄稼长得又好,仅一次收获的粮食也足够食用;收两次的时候,剩余的部分就可以销售到昆仑山给前来采金的工人食用了。

这里充足的水源创造了在河谷大面积种植水稻的条件。在克里雅绿洲也大面积种植棉花,而且其品质比和阗还好。这里的瓜果蔬菜很充足,也种植很多当地人广泛吸食的纳斯(大麻)。

这一绿洲地区城镇的殷实之家养有大群普通大尾巴羊和卷毛细毛羊。细毛羊一年四季牧放在克里雅河以西昆仑山中;而普通羊的一部分在克里雅以东的昆仑山中牧放,另一部分在城郊谷地牧放。

克里雅河发源于西藏高原并横穿过昆仑山,夏季发水时其流量很大,能够很好地灌溉克里雅绿洲。克里雅河从这里流出绿洲后,经过两天上面长满柽柳和胡杨树的黄土岗地带的路程,进入塔克拉玛干沙漠,向北在宽广的盐碱谷地流淌。克里雅河一年四季都有水(参见原书附

注18)，到于阗城其长约300俄里。枯水的秋季和冬季，其下游由众多的取之不尽的泉源水支撑——这些在谷底形成的无数带咸味硫化氢的小湖泊，其串沟便与克里雅河的下游交汇。在这些湖泊中，也和克里雅河本身一样有很多鱼。

　　克里雅河的下游谷地差不多到处都生长有胡杨树、灌木丛和芦苇。这里有老虎，野猪很多。往下离于阗城约40俄里处是小村庄哈参阿塔，其下面约60俄里范围内生活的只是牧放克里雅绿洲居民羊群的牧羊人。克里雅城以北100俄里的谷地有一座麻扎。这个谷地的下面再没有人居住。据当地人称，离上述麻扎北约200俄里处有高高的沙山阻挡。离这些沙山稍许往南的平坦盐碱洼地便是克里雅的终点。在到达此处前，于阗河沿着高原，然后是沿着幽凉的昆仑山峡谷——此处其水流非常湍急（在不到80俄里的距离其落差达到6160英尺，也就是说每俄里达到77英尺），经过很长的一段路程后便流入了寂静的死亡之海——塔克拉玛干大沙漠。

　　克里雅绿洲东部边缘便是于阗城，此城不大且无城墙。城里只有一条市场大街，其余的都很小。每逢集市时，尤其在没有农活的秋季和冬季，城区显得非常热闹。这样的时候，许多绿洲的居民和邻近的村民都到集市来消遣，看看在中亚替代俱乐部和书刊的这种聚会——集市有什么新闻。

　　克里雅工业和贸易的规模非常小。这里主要生产的是麻塔布和少量的毛毯、毛皮。这里生活的俄国费尔干纳萨尔特商人约有30人。他们主要经营纺织品、金属制品和各种小百货，主要兑换的货物是麻塔布、山羊绒、熟皮和羊皮。除此之外，俄国商人还收购部分在昆仑山开采的黄金。从这里向拉达克输出的只有山羊绒和纳斯。

　　夏天，一部分克里雅人到昆仑山采金，从事这种副业的几乎都是穷人，这些被财主——金矿主奴役的人们经常得不到劳动报酬，即使得到也非常少，几乎等于白干。

　　清政府在于阗设有为当地富户子弟提供教育的学校。这个学校的学生被培养成当地行政官员和翻译人才。这些人主要是学汉语。地区长官将全体学员领来与我见面。我询问了一些情况，后来我们请了师生的客，给他们看了一些图片，临告别时还给每人分送了些糖果。

我们在于阗共待了5天。这期间,我向当地人和俄国商人了解到经昆仑山到西藏高原只在托兰和卓河和博斯坦托格拉克河上游才有渡口。这些河流往西直到波鲁村,除一条驮队都很难通过的山路以外,经山郊再没有一条路能够到达拉达克。所以我决定继续带队行进到尼雅绿洲,在这里留下富余人员和重物,准备入冬前从这里寻找经这座山到西藏的通道。从山上寻路回来之后我们打算在尼雅过冬,因为在这个季节用疲劳不堪的驮畜到西藏去是完全不可能的。

10月15日,我们离开于阗向民丰行进,前一段路走的一直都是沙漠路。在这期间,我们第一次看到了大路南边约40俄里的雄伟的昆仑山。它在我们面前像一堵轮廓很明显的庞大壁垒(参见原书附注19)。根本看不到与西藏高原相连的远处的雪山。对山后面究竟是什么样的地方,我们的向导——昆仑山的牧人们回答说,那边是一望无际的高原,荒凉的无人居住区。但是,那里有牦牛、野驴和藏羚羊。从北边到这个高原只能通过波鲁沿着库拉普河峡谷难走的山路以及托兰和卓河称为萨勒克图孜的上游。从这里经过昆仑山的通道甚至驮队通过都没有什么困难。而在波鲁和萨勒克图孜之间却没有一条商队能过去的通

● 雅苏尔棍村人的院落   **65**

道。在这一段山区,单人骑马也无法过去,只有山民敢于徒步行走,但就这样也很少有什么地方能过得去。

我们把第一站宿营地选择在了沿路延伸约6俄里的鄂依托格拉克村。这个村落的布局很分散,耕地很多,但沙质黄土土壤含沙量太高,不算很肥沃,而且夏季缺水。这些不利条件对当地居民的生活状况有很明显的影响,他们的生活大都很贫困(参见原书附注20)。

从鄂依托格拉克到雅苏尔棍新村经过的是萨依路段,有些地方覆盖有窄长条沙垄。大路以北是高大的鄂伊亚尔库木沙山。在刮风季节,要从克里雅到尼雅走这样的沙漠路是非常危险的。从鄂依托格拉克到雅苏尔棍的途中,向导指给我们看了那些从策勒到于阗去的人在沙暴中死去的骸骨。这些死者很快被流沙深深埋没,经过很长时间才腐烂;到后来风吹沙退就暴露于外,这时才得知这些不幸者的死亡。

从雅苏尔棍新村到尼雅,我们得要走50俄里缺水的沙漠路,所以我们得停下来在这里休整一天。这个穷乡总共才有10户人家。这里的土壤也和鄂依托格拉克的一样,是沙质黄土土壤,没有什么肥力,夏季同样也非常缺乏灌溉水。这里的村民们证实说,他们村庄以北地区是克孜尔库木沙漠。村边的沙层不算厚,往北沙丘增高,再走两天路程,沙山的高度就已经相当高了。从这些沙山往远还可以看到北边更高更长的沙山。雅苏尔棍的村民谁也没有去过那个地方。由萨依地带相隔的克孜尔库木沙漠没有水源,没有植被,也没有什么动物。

根据这些情况分析,从南边及西南边环绕塔克拉玛干沙漠的长有木本植物的黄土岗地带,到鄂依托格拉克村和尼雅之间就中断了。克孜尔库木沙漠直接始于克里雅到尼雅的大路边。这种沙漠周围黄土岗和胡杨树地带中断的情况与这一地段没有水源有关,也与雅苏尔棍以东深处都没有地下水的情况相符合。雅苏尔棍以东18俄里山沟中的阿夫拉斯挖了一口差不多40俄丈深的水井,这口井只是到夏天山沟有雪水的时候才有水,其他时间井中都是干的。这一地区没有浅层渗水层和水脉的事实,看来可以证实我们对环绕塔克拉玛干沙漠南及西南边林带木本植物是吸取地下水的这一推测。

从雅苏尔棍到尼雅的这段50俄里路,完全是缺水荒漠碎砾石平原,且上面堆积着窄长条沙梁。这些沙梁差不多都是西北至东南走向,坡度也都相等。这种构造说明了在喀什噶尔南部地区刮的大多是东北风和西北风,而且西北风看来比东北风多。

这段路的前半部沙梁布局比后半段要稀松得多,到后来这种沙梁差不多变成了连成一片的沙漠。这种地段一遇到刮风,道路都会被沙土埋起来,根本看不到路迹,尼雅和克里雅之间的道路就变得难以通过。为了给遇到沙暴的过路人指路,在这后半段从阿夫拉斯到尼雅之间的路边置有上面钉着十字架型的小捆草木杆做的路标。

这一戈壁中,尤其是在其西半部分可以明显地看到可能是塌崩的山体,在相当平坦的高大丘陵上还能看到巨砾石。这种山体慢慢风化破碎后从高山滚落到山坡上,于是就变成了布满于整个丘陵之间的碎石、沙砾石和巨卵石。然而,无论在山上或慢坡上,以及周围的空地,都找不到真正露头的山体。

行进18俄里后,考察队来到了一条小山沟边的阿夫拉斯——就是上面提到的那个有口40俄丈深水井的亮噶尔。只有到了夏天,当昆仑山上的积雪和冰川融化流入河床的时候,山沟和井中才会有水,其余时间这里的水都是从雅苏尔棍新村运来的。

在离阿夫拉斯9俄里的地方,我们停下来住宿。我们的住地是恰勘德阿肯河干涸而空荡荡的河道。整个凄凉的戈壁除了在干河床中孤零零枯萎的麻黄外再没有什么别的植被可见,见不到任何动物,甚至连昆虫都见不到。

到尼雅的最后一段23俄里路尤为令人厌烦:路向东北延伸,常常要翻越沙梁,而且离村庄越近沙梁就越紧密地相连在一起,也越来越高。这些沙梁路向南延伸10~20俄里,再往远直到昆仑山麓是荒凉的萨依地段。大路以北逐渐升高的沙梁,往远再有两天路程的地方已经是塔克拉玛干沙漠高高耸起的大沙梁了。这些沙梁以南,路边萨依地带是由风随意形成的小沙丘地带。

翻越一个接一个沙梁之后,我们终于看到了7俄里之外的尼雅绿洲。它远远地愉快地欢迎着我们。两个小时以后,我们到达了这片绿洲。经过荒漠戈壁的路途疲劳,我们就停到距民丰东北2俄里的尼雅河岸边扎营休息。

我们决定在尼雅过冬,考察队到达这里的第三天我便派出两名自

67

己人和一名当地人去寻找牧放随队的骆驼和马匹的好草场。在村庄下面约17俄里处他们找到了一块相当不错的放牧地方,后来我们全部的骆驼和大部分马都转移到了那里。接着,在当地伯克伊斯玛依勒的帮助下,我们在尼雅租到了考察队过冬的独家庭院。经查看之后,我安排了在我们从昆仑山回来之前必须要做好的装修。部分装修工作要由我们的人完成,其余都由当地人承担。

　　等安排好考察队过冬房屋维修的一切必要工作,以及雇租好让当地人每天给我们的骆驼送带盐的玉米饼、给马送饲料等工作之后,我们就抓紧时间开始准备到山里去寻找经昆仑山到西藏西北部通道的工作了。这几天天气很好:晴天,无风暖和,傍晚凉爽,夜里温度降至-5℃。10月23日,我们的帐篷中发现有蚊子。25日,观察到在邻近水渠面上有很多蚊子。这么暖和的天气促使我们得利用好时季赶紧到山里去。

　　为了加快对昆仑山的考察,我们向当地人租用了6峰新骆驼,将所必用的物品都装运到了上面,然后带上4名下级护送和2名当地人于10月27日离开民丰向东南边的山区进发。我所有的同事:罗博洛夫斯基、科兹洛夫和随考察队的地质学家博戈达诺维奇都参加了这次的考察工作。

　　刚一离开绿洲,我们便进入了几乎没有植被、完全是荒漠的平原,离村庄近的地方覆盖着薄薄的一层沙,再往远就是碎石和砾石路面了。在这凄凉的平原上常常碰到各种形状的高地:有窄窄矮矮的小山梁,有着土岗台形高地,最后一种是窄条状的弯弯曲曲的谷地山冈。当地人将这些高地统一称为克尔(意为“古老的”),看来这是经水冲刷后形成的,并且也和平原一样几乎完全不长东西。

　　走了16俄里后,我们停到一座无水无植物的小山脚下过夜。在这种遥远的荒漠地段,超过40俄里的路程我们一般都分成两段来走。天气凉快时,午后约1时带上饮用水起程;而天热时,不早于4时离开住宿地。太阳落山之前大约走完路程的一半,中间停下过夜,剩下的另一段路第二天早上起来赶。经验证明,这样可以大大减轻缺水地区行路的艰难,且在酷暑期间又是绝对有必要的。众所周知,科学考察队应该尽量避免夜行,实在万不得已时才可以那样做。

68　　　第二段路我们越过了几个又矮又窄的小山梁,然后走的完全是荒漠戈壁平原,其间连一个有生命物都没有碰到。道路东北边是一望无际的荒漠平原,而西南边却是布满小山的台状高地。在这些小高地中,最为明显的是从西南向东北延伸的平坦小山丘鄂木切克克尔。在最后一段路的半途,我们在荒漠戈壁干涸的河道开始碰到枯萎的麻黄丛。这段路的最后4俄里路,我们走的完全是大块石头铺垫的路。我们的小型考察队停到奇日干河边的村子过夜。奇日干河是一条狭窄多石山沟中的小河。

向导说,我们所经过的从尼雅直到奇日干河的40俄里多石沙漠路,如果在炎热的夏天通过是十分困难的,而且也是很冒险的。在这样酷热的夏日,尤其是河边地带炽热得即使是习惯了的当地人都忍受不了。于是我们只好在夜间行进。这一死亡戈壁遍地都是深色碎石,这确实对直处N36°50′中午太阳最高达到76°40′的炙热照射没有少起促进作用,所以当地人所说的夏季难以忍受的炙热是完全可信的。

从奇日干河布满顽石的狭窄山沟中我们进入了砾石平原。约走30俄里,便到了几乎是子午线方向的平坦的山岭克依喀什。从这个山岭下来之后,我们走上了平原路,然后到了到处是沙丘并逐渐倾向于亚依克河宽广谷地的平坦高地。走完这个平坦多石的谷地后,考察队就爬上了自然条件与已经留在后面的沙漠戈壁明显不同的昆仑山麓。

昆仑山北麓在这里呈现为高高的波形平原,面对北邻萨依地带的坡度也很大——这一从山脚慢坡往萨依下来的平原为20~25俄里,其山脚山前地的平均绝对高度接近9500英尺,而与萨依相接的山脚下的海拔是6000~7000英尺,山前有些地方有不高的小山,西北边还有众多狭窄凹谷,也有些从邻近峡谷中穿出的深沟。山前地带为沙质黄土土壤,黄土下面不深便是厚厚的沉积岩地层。这里所有的深山沟都这样。前山大都长的是柳丛和艾蒿,大面积长的都是这两种植物。除此之外,奇普茨、锦鸡儿也不少,偶尔还能碰到白刺。艾蒿和白刺是夏天在昆仑山上、冬天在其山下牧放的大群羊的好饲草。

亚依克以东约6俄里处有一条从深山谷中流出来的小河苏格特河,我们就停到这里,在与河同名的村子住宿。

第二天,我们起床以后继续沿着呈波浪形的山脚下苏格特河的山谷行进。这里到处都是茂盛的优若藜和艾蒿、锦鸡儿,还常常碰到不大的黄土岗,上面覆盖着薄薄的一层沙子,大路两边能看到不大的孤山。大路沿着苏格特河以东10俄里处越过裕尔棍河的深山谷。裕尔棍河沿着西边的慢坡流入山谷中,峡谷东边的坡度很陡峭,驮畜只有走弯弯曲曲的小路才能通过,而且在上坡的时候还必须经常中途休息。

从裕尔棍河到托兰和卓河,我们走的仍然是波浪形的山前地带。其东半部分有许多西北方向的深凹谷。要使役畜通过这些凹谷,尤其是骆驼,非常艰难。这段路的昆仑山麓也和前面经过的地方一样,离大路的距离不超过12俄里,但是空中密布的沙尘使我们甚至无法看清山的前面部分。唯一可以清晰辨别的是这些山脉到山脚的坡度非常陡峭。

疲惫不堪地走完30余俄里的深谷长路之后,我们就到了托兰和卓河相当深的山谷中,并在这里扎营住宿。这个有着非常陡峭的沉积岩山壁的峡谷深80俄丈,宽25~100俄丈。托兰和卓河属于昆仑山的大河之一,发源于山顶附近的北坡,到夏天发大水时水量很大,一直可以流入北边的塔克拉玛干沙漠;其余时间则刚从山中流出一到山脚就会消失,但再往北约30俄里处重又与泉水汇集起来成为亚尔屯古斯河,之后一年四季都有水,向北流去约130俄里。

从托兰和卓河峡谷到东边的上坡要比起西边的下坡陡峭得多,驮畜要上这样的陡坡只能慢慢走、多休息,这样一来速度就差不多慢了一个小时。从峡谷中出来之后,道路也和在前面已经经过的山前路一样,只是托兰和卓河以东的横穿凹谷不像西边的那么深,而且蒙着一层沙土的黄土岗也没有前面那么多。这地段的零星高地却比托兰和卓河以西的多得多。

在这段长长的无水路的半途中过完夜,第二天快到中午的时候,我们到了昆仑山脚下的贫穷牧场卡拉塞,决定住下来过夜。这里的牧民整个夏天都到山里放羊,到冬天他们就回到自己的村中居住,羊群就在长有喜欢吃的艾蒿的附近山区牧放(参见原书附注21)。这些羊群大都属于克里雅绿洲的富人,而牧民很少有自己的羊。他们在山谷地和山脚下也种少许粮食,但一律只种大麦。牧民们冬天住的是卡拉塞黄土坡上挖开的地窝,这里很少有小土房。

　　我们在卡拉塞找上向导之后就向昆仑山进发。一开始我们走的是沿着卡拉塞苏河的狭窄谷地,然后转向西南沿着十分陡峭的山坡爬上斜坡,并沿着其上面岩壁几乎垂直高的凸地行进。再往前,我们沿着狭窄的峡谷进入了乌鲁里阿特大坂山口,从那里好不容易下到了一条小河的峡谷地,并沿着峡谷往下走约3俄里后,重又顺着很陡的斜坡爬上了另外一个山口阔什拉什。从这座高峰上,我们看到了一望无际的昆仑山迷人的景象,这里同时还能清楚地看到这一段最高的与西藏高原相邻的雪峰阿克塔格山,以及托兰和卓河上游的大部分谷地和昆仑山大支脉之一阿斯腾塔格山的雄伟山门。托兰和卓河就是经过这里为自己开辟了向西北的河道(参见原书附注22)。

从阔什拉什山口我们沿着慢坡下到了仑吉里克哈奴木寺院所在的峡谷地,并在这里搭帐篷宿营。我带着两名随从就留在这个寺院,我的助手们带着剩下的人,在当地人的陪同下,第二天前往托兰和卓河上游查看我们还在于阗的时候就有当地人和俄国商人提到的经昆仑山到西藏高原的山口通道(参见原书附注23)。我的同事走后,我测定了小寺院所处的地理位置,用气压表不止一次测量了地形高度(根据这些测量得出这一寺院所处的高度是海拔10620英尺),收集了周围有关地区的资料。

在寺院留住期间,我向那里的人们详细询问了有关西藏高原北部地区的情况。他们说,他们没有去过那些地方,但听说过有人到昆仑山后面的南山去寻找金子。听说那边的平原很高,上面尽是丘陵,虽然贫瘠无草,但有野牦牛和藏羚羊。这个从昆仑山以南17天行程的山地高原是一个无人居住地带,但再往远,据到喀什噶尔来的拉达克人说,有住黑帐篷的当地人。他们拥有大批牲畜,但是这些人从不到喀什噶尔来。不仅现在是这样,据老人们说,在很早以前也如此,起码没有到过波鲁和博斯坦托格拉克河之间的地段。同样,喀什噶尔人,包括昆仑山山民也从没有远离过自己的山区深入到西藏,也从没有去过那些人的牧区。

我住在昆仑山寺院这一段时间(11月5—10日),天气非常好。白天晴朗无云,有西南暖风;到中午在太阳底下不仅暖和,甚至还有些热,但一转到背阴处就感到有点冷。天晴的时候,昆仑山高峰上的空气透热性非常好,除空气稀薄外,尤其起作用的是其过分的干旱。在这高地

71

无云的夏日,太阳照得人无法忍受,但只要躲到背阴的地方,几分钟以后便会感到有点冷。

到第五天,我的同事们考察完昆仑山通道以后回到了寺院。他们在距寺院8俄里处下到了托兰和卓河上游叫萨勒克图孜的河谷地,并沿此继续往西南方向进发。整个谷地直到渡口的通道驮队都可以通行,只是河的左岸有几条路不好走,不过也不难开出慢坡路。沿着这个谷地可以到达去西藏高原坡度不大的隘口,到了萨勒克图孜河源头上面便成了无植被区。在此河上游地区,我的同事们碰到的牧民中有一个名叫奥斯曼的人(当时他在于阗),他说几年前,他随同探险队沿着萨勒克图孜河谷地到西藏高原去的时候,顺着昆仑山山麓到了于阗河的上游。奥斯曼从那里回来之后,在向牧民们讲述自己随同采金人到山上的情况时说:从萨勒克图孜的源头到克里雅河,他们走的全是很高的荒漠山地平原地带。

昆仑山后面,山隘以南究竟是什么样的地方,我们所知道的牧人中没有一个人知道,因为除奥斯曼以外他们中没有一个人经山区去过西藏高原。

收集到有关山隘以及其相邻的西藏高原有限的资料后,我决定返回民丰并在那里过完冬。到春天的时候,试着越过萨勒克图孜谷地到西藏高原,尽可能到离昆仑山以南远一些的地方去。

11月10日,我们离开寺院走回头路,在喀拉萨依住了一宿后继续沿着老路向民丰进发。返回路途的天气非常好,从路上看昆仑山非常清楚,这使我们可以修正上次有浮尘时所作的路线测量的错误了。

11月17日,我们回到了民丰。留在营地的人告诉我们,我们不在的时候,这里总共才有过两个暖和的晴天,其余时间都在刮东北冷风,且是天空弥漫着浮尘的阴天。

我们在民丰过冬的房屋还未修好,考察队只好在帐篷中住了一周。这期间天气开始一天比一天冷,常常刮东北寒风,水洼地和小湖泊表面都结了冰。但是在无风的晴天,中午2时左右温度总还可以短暂地上升到0℃以上。

11月24日,我们终于搬进了房子,三天以后新的住处便完全安顿好了。我和我的同事们住了四间房子,其中在一间当食堂的大房子里

● 昆仑山中的一处墓地

置上了行军炉,其余房子到天气冷的时候就烧土炕。我们住的是一间有火炉的大房子,翻译住在隔壁存放标本的房子。我们在院子的遮棚下砌造了烤面包的俄罗斯式烤炉,另外还在土房中修建了洗澡间。

　　在他乡中度过的整个冬季,因为有很多好书的行军图书馆以及有当时担任领使职务的 я.я.柳特什通过中国邮局从喀什噶尔寄来的报纸,所以我们并没有感到多么孤寂。1890年1月1日起,我开始进行标准的气象观测,并且一直坚持到5月1日必须离开民丰时才不得不中断。此外,我还画路线测量图,天气暖和以后又开始进行天文和地磁观察。整个冬天,我的主要工作是整理一路所收集到的民俗资料。所有这些资料连同个人的观察和感想,构成了下一章民俗概述的内容。

第
四
章

喀什噶尔的民俗概况 ❶

鉴于以塔克拉玛干死亡沙漠为代表的喀什噶尔中央地区完全无植被,这一地区就像在上面第二章所说的那样,其定居人口都集中在山脚地带的绿洲中,附近山区向盆地倾斜的山坡地带住的是过着游牧生活的牧民和半定居的当地人。

喀什噶尔山脚地带分布着像一个个孤岛一样的绿洲,有着相当肥沃的黄土。在这样过度干旱地区,绿洲的存在就离不开从邻近山中流出的河流。这些山河流程不长,大都无影无踪地消失于宽广的塔克拉玛干沙漠之中。只有左边最大的河流叶尔羌河和第二条长河车尔臣河除外,这两条河流都流入距其源头很远的罗布泊湖中。

根据我询问当地人还有中方官员后了解的资料,现在喀什噶尔的总人口大约为200万人,其中定居人口约180万,游牧人口20万。

喀什噶尔人一般都是中等个儿,胸部凹陷、背部凸出;他们的躯体干瘦细长而肌肉发达,上下肢细长,所以总体重很轻。他们都是长圆

---

❶ 本章所涉及的"喀什噶尔""喀什噶尔人",泛指南疆南部各地及居民。

脸,尖下巴颏,扁平后脑勺,颧骨凸出,两耳鼓起,鼻根宽而鼻头尖;嘴巴不大不小适中,眼睛是暗棕色或深暗棕色,眉毛呈弓形;黑头发黑胡须,不算多;肤色淡黑黄,但那些不属于劳动阶层人的肤色相当白净;面部表情平稳沉重,带有试探性,然而妇女的表情比起男性的明显活泼。

喀什噶尔定居民族大多数人的身体特征基本情况就是如此。自然,这里还能碰到不少跟这些不同、其他混血人种完全可能有的特性。如在莎车还有喀尔卡勒克部分地区,我们不止一次碰到过在体型特征方面十分接近于塔吉克人,也就是说高个儿,有着浓浓的宽而密的大胡子,浓浓弯弯的眉毛、凸骨鼻子、眉心很窄的当地人。在喀什噶尔的南部地区,在和阗及于阗也完全跟这里一样,有时也能碰到中等个儿标准欧洲脸型的当地人。他们淡褐色的胡须、灰色眼睛,与当地其他群众形成鲜明的外部反差。

喀什噶尔地区的定居人口中包括约6000人的回族人。他们于19世纪从内地迁移到现今的阿克苏地区,很早以前便使用汉语,服饰及习俗也与汉族相似。

喀什噶尔地区基本定居人口中还有约300人的吉卜赛人,其中约有270人生活在喀什噶尔绿洲,其余的人生活在叶尔羌绿洲。他们大

● 和阗绿州东部地区

● 克里雅绿洲以东的克里雅河谷

都从事编织箩筐业，有部分人做投机小买卖。

　　喀什噶尔地区的游牧民族主要活动区域是在天山山系的科克沙尔及其支脉卡拉铁克的南坡以及帕米尔高原边缘山脉萨勒阔尔一带。这些游牧民族的外貌、语言和习俗与在西伯利亚草原生活的北方同族有些不同。

　　生活在喀什噶尔南部和西部地区昆仑山内坡的当地人与绿洲地区居民不同的只是他们过的是半定居的游牧生活。就在这个边缘山区的西南部分，具体就在克里安塔格和托帕塔格山区还生活着约350户塔吉克人。

　　喀什噶尔人没有自己统一的称谓。他们相互之间只是以各自居住地来区分，如喀什噶尔勒克（喀什人）、叶尔羌勒克（莎车人）、和阗勒克（和阗人）等等。

　　喀什噶尔定居民族生活的边缘山脚地带虽然远不像塔克拉玛干沙漠中心地区一样毫无生机，但总体上是个戈壁地区。这里到处都是萨依——空旷的砾石平原，植被非常贫乏；还常常碰到大片大片沙漠地带，有些大片沙漠从叶尔羌直到北边又从西南边到车尔臣；偶尔碰到盐

77

碱地。然而在这里也有不少非常肥沃的黄土绿洲。整个地区的定居人口都集中生活在这里。绿洲的大小主要取决于灌溉区的水量,一般大河流域都有大块绿洲,如阿克苏绿洲、喀什噶尔绿洲、叶尔羌绿洲、和阗绿洲和克里雅绿洲;而在小河流域的绿洲一般都比较小。

绿洲与绿洲之间不少是相隔几十里空旷的砾石平原,有些地方根本不长任何植物。生长着茂密植物的绿洲一到夏天就成了这些凄凉戈壁平原中的美妙孤岛。旅行者走向绿洲时,远远就能在地平线上看到深绿色的林带,其中还有高高耸起的钻天杨。接近林带,林带也逐渐变得又长又高,慢慢也能分辨出树木;接着分散于绿洲周围的村庄也出现在视线中,最后便是疲惫不堪的旅行者以激动的心情进入阴凉的绿洲。这里除庄稼地以外的地方都植有树木:杨树、桑树、白槐、柳树、沙枣树和各种灌木丛。在这些树林之间,建有周围由土墙环绕的灰黄色的小房屋,虽然无序但非常壮观。房屋四周便是青青绿绿的果园和庄稼地,到处是潺潺流淌的小溪,送来阵阵凉意,使旅行者经过炎热戈壁疲惫不堪跋涉之后感到一种享受。有些地方还能见到有树有小渠的清真寺。一般是在中央地区有城镇、有集市的大绿洲地带,随着向绿洲中心接近,房屋相隔距离也越近,到最后就成为热闹非凡的集市或者是整个一座城市。

当地人的房子——乌依是留有小窗孔的平顶黄土小屋,建造这种小房子既简单也花不了几个钱。选好盖房子的场地后,从其表层取出一定厚度的土堆到一边,将地夯实,然后在堆起来的黄土中加入细麦秕浇上水和好泥巴后,便开始砌厚3~4英尺、高7~9英尺的房墙。墙上要留出门框洞,卧室还得要留出将来当墙柜和壁炉的壁龛。将墙砌到所需要的高度之后就在其边上架设房梁,梁上就可以放细椽子了。这个房架用苇席铺上后,再放芦苇盖上约3俄寸厚的黄土,在上面稍许夯实。卧室的屋顶还须留出天窗的孔洞,天窗可以开关,一般等到冬天才关,而且也只是晚上。从这些窗孔透过来的光线很少,阴天屋子里很昏暗。房屋的地面还是用那些砌墙的黄土泥巴抹平;同时,每间房子较大的后半部分大概都用圆木与前半部分或者是通道部分相分隔,这种圆木挡墙约高10~20英寸,房子后半部分的地面就要抹成跟挡墙一样高水平,而其前半部分就显得低得多了。用这种方法建起来的土炕上面铺有苇席,席子上面铺毡子。当地人就在炕上干家务、吃饭、睡觉,一句话,室内的一切活动几乎都在炕上进行。

房门一般只有一扇,而且很低,所以要进他们的房子必须弯腰。差不多每个住房都有高高的窄窄的有着平顶墙檐的火墙。火墙上半部分在房墙内有楔形烟道,屋外伸出去的部分是矮小的烟囱。

差不多家家户户都有与房子外墙或者房前穿堂相连带有木头格栅的凉棚遮阳。一到夏天,在这种凉棚下或外廊就搭建代替屋内土炕的木板通铺;在院内靠墙,有时在果园的树荫下打造土炕,供人坐一坐或躺一躺。

房屋连同院内的所有设施都由约6英尺高的土墙包围。为了缩短这种围墙的长度,常常将房屋和其他设施的外墙用土墙相连。靠院子的果园也要用这种围墙围起来,而在喀什噶尔的南部地区大都是用活树篱笆来代替这种围墙。许多有钱人家用这种土墙做自家地段的界线。

总体上来说,喀什噶尔绿洲为黄土土壤,然而黄土地层并没有覆盖全区的面积,覆盖的只是山前边缘地带,就这也是间隔着。塔克拉玛干沙漠中心地带,看来都是宽30～120俄里布满连绵不断黄土岗的萨依地带,只是个别地方有些沙丘。这些陡峭的黄土岗,看来是沙漠周围黄土层受风化作用而形成,其上面落满了一层薄薄的从塔克拉玛干刮过来的细沙土。这一地带的外界边缘是弯弯曲曲的楔形凸突地或豁口地。这些豁口地没有一条延伸到喀什噶尔盆地边缘的山脚地带。喀什噶尔的山下地带,包括邻近的山前地和上述环抱塔克拉玛干沙漠的黄土层地带几乎全都是萨依地形,也就是说植被很少,偶尔能碰到沙漠地和盐碱地的全部是碎砾卵石荒漠平原地。黄土地层分布很分散,像个孤岛,喀什噶尔地区的所有绿洲都分布于这些孤地,环绕塔克拉玛干沙漠的黄土地区以及在其楔形凸突地域。

南部和西南边缘山脉的山前地带同样大都为海拔12000英尺的黄土层地带,但不是太厚的黄土地带。只是在西部和西南部山中的沙岩高地经常遭风刮,没有黄土沉积层。天山山脉主峰科克沙尔的南坡也没有黄土层,其原因可能是在这里经常刮西北风并将山上的沙尘都刮到了盆地。

喀什噶尔地区的黄土沉积层不应该是很厚的。我在这个地区未发现像内地北方省区那样厚的黄土层。

　　喀什噶尔各地农田黄土土壤的肥力各异。叶尔羌和喀尔卡勒克地区的农田比起和阗和于阗地区混有大量大粒沙和黄土沙质土的土壤要肥沃得多。

　　肥沃和稳定的原始黄土地经多年耕种以后,当然也会开始退化,也需要施肥。和阗地区大部分使用的都是畜肥和修渠时挖出来的河泥;从集市上收来的垃圾以及发大水时在河中沉积的很肥的黄泥用得不多。喀什噶尔地区的原始丘陵及高地上到处都能找到很多原始黄土,但很少拿来当肥料使用。总之,这里的土地不是很肥沃,所以农作物产量也不高。主要肥料厩肥在这里很少,因为当地人养的马和牛的数量很少,而且几乎又全年都在外牧放;羊群也在附近的山中或者在离村庄很远的草场饲养,晚上也根本不把羊群赶回到院里。在这种极其缺乏厩肥以及矿物肥料非常有限的情况下,喀什噶尔农作物的产量比用适当追肥的方法可能达到的产量会低很多。

　　喀什噶尔地区执行的是宅基地和耕地按户分配占有制。自古以来,氏族的全部耕地和宅基地都分成地块属于各个所有者,并作为遗产继承给其后代。根据户主的所有权,这些土地可以部分或全部割让给别人,同时也可以以购进别人的土地来扩大自己的土地。除此之外,绿洲的全部土地,包括草场、森林、打饲草的芦苇草场等归国家所有,供全区人民共同享用。

　　喀什噶尔地区的村民土地占有面积很小。在人口稠密的莎车和喀尔卡勒克每户平均大约(一户为5人计)1/2俄亩,其中包括宅基地、果园、菜地、渠道、道路、池塘和田界。除了这些土地之外,每户耕种的农田不超过1俄亩(参见原书附注24)。

　　和阗和于阗地区人均占地面积要大得多,平均每户约3俄亩,但是这里的土地不很肥沃,很少一年收两次,尤其是在于阗地区。

　　人口稠密的莎车和喀尔卡勒克地区的纯黄土土壤地的价格要比起人口稀少、土地肥力也不如上述两地的和阗和于阗要高得多。根据我在当地所收集到的资料,我们考察过地区的1俄亩可耕地的价格如下:

1俄亩地平均价 (货币：卢布)

地 区	城市绿洲地区	人口稠密集市绿洲地区	人口稀少无集市绿洲地区
叶尔羌	670	560	430
喀尔卡勒克	600	500	380
和 阗	510	360	270
克里雅	430	280	230
平 均	552.5	425	327.5

农业是喀什噶尔定居群众的基础生产，也有不少人从事手工业和商业，尤其是经营小杂货。在这一特殊干旱地区，农业只能靠人工灌溉。甚至在海拔11000英尺的高地，夏季降水量比山下绿洲多得多的山前高地虽然比盆地湿润，但也需要人工浇灌。可以肯定地说，整个辽阔的喀什噶尔地区，包括山区，未必能找到一小块不需要人工灌溉的耕地。天山、萨勒阔尔、昆仑山的高峰阻挡着潮湿风的进入，所以这个封闭盆地的空气就到了如此干旱的程度。

当地人将自古以来就存在的喀什噶尔的水利设施建设到了很完善的程度。他们每个人从小便开始在实践中研究它。夏天，在喀什噶尔绿洲常常能碰到一群小男孩在自己玩耍的小田地里，从大渠中往自己的小水池和小河坝引水。所以我们完全不必惊奇当地人能够一看就分清土地该往这边或往那边倾斜。他们熟知人工灌溉的复杂方法和操作技巧，在我们看来十分复杂困难的问题，他们都能找到灵活处理的方法。

喀什噶尔的人工灌溉设施非常单一。这里既没有水动的扬水轮，也没有抽水机或升水器，同时也没有类似在中国内地非常普通的其他水利工程设施。一般为了灌溉，河谷地区的绿洲都在这条河的上游开凿一条或数条大渠沿着较高地形向灌区引水。在较大的水渠上都建有水磨（在喀什噶尔只有水磨，基本没有风磨），从这里还分出许多支渠直接引到绿洲的农田和果园。如果某一条主渠道不能通过较高的地势，那么就将其首先引到水坝上，然后就像是树干上的枝条一样分出许多

81

小水渠。除此之外,为了节水和提高渠道的水位,常常在主渠道挖些蓄水池,并将其两岸的渠堤加高以便扩大其河道。

农田灌渠一般都在与其同一个方向的高地修建,如果是平行线流向,那就得要有稍高的渠堤。与水渠处于垂直方向稍许倾斜的农田,就得用土埂分隔为每块好几平方俄丈的四方块梯形田。这种梯形畦田可以慢慢灌溉,使疏松的黄土壤能够得到充足的水分。为了浇灌农田,在渠沟边挖开小口让水顺着流进上面的梯田。靠近渠沟的畦子灌满之后水又经土埂流入相接的方块中。从这里水又流入邻近的较低的畦田。以此类推,直到整个农田都灌完。等到庄稼地灌完水以后,把引水口堵掉,水就慢慢地渗透到地里。

人们用这种方法定期灌溉所有的农田,直到地里的庄稼全都成熟为止(参见原书附注25)。

每个绿洲都选出专门管理农田灌溉的人,人们称其为米拉普,即水利官吏。用水根据户主所拥有农田大小按先后次序来分配。当地人向我多次诉苦相关官吏滥用职权的情况,他们给那些有权有势的富户的庄稼地往往不按秩序也不按土地大小超量供水。

喀什噶尔地区种植的农作物有:玉米、小麦、水稻、大麦、高粱、普通黍和豌豆。

这些农作物中占首位的是玉米,其种植面积比其他谷类作物都大。之所以如此重视玉米,是因为它们收成很高。喀什噶尔人特别喜欢吃玉米饼,而且认为玉米比小麦更有营养。

玉米之后就算是小麦了,然而其种植面积未必能超玉米的三分之一。这里种的大麦(都是光芒或喜马拉雅种,基本不种普通品种)要比小麦还少,而且其大部分都用作马和驴的饲料,在喀什噶尔是不种燕麦的。山地种的一律是大麦,因为在8000英尺以上的地方,玉米和小麦都不能成熟,然而在昆仑山海拔12000英尺的地方,光芒大麦却长得非常好。

据当地人称,高粱非常消耗土壤肥力,需要大量肥料,所以也就种得少。在喀什噶尔,普通黍和豌豆种得就更少了。

只有在那些灌溉条件好的适合种水稻的绿洲以及地势低的河谷地和沼泽地才有稻田,在地势高的黄土壤地带基本见不到稻田。

饲料作物在喀什噶尔只种苜蓿,每块农田边上都有苜蓿地。

考察队在喀什噶尔所到地区统计的谷类农作物的平均收成指数见下表:

收成平均数　　　　　　　　　　　　　　　(种子的倍数)

地　区	玉　米	小　麦	大　麦	水　稻
叶尔羌	40	15	16	18
喀尔卡勒克	36	14	15	16
和　阗	30	13	14	14
克里雅	28	14	12	12
平　均	33.5	14	14.25	15

这些数据是上述四个地区的当地人提供的,应该是比较接近实际的。

在莎车、喀尔卡勒克和和阗地区差不多每年都收割两季庄稼,主要是早播大麦,其次是玉米,有时是冬麦和玉米。这些地区在少数不好的年份,尤其是冬天雪少和春天来得晚的年份只收割一次。不是所有耕地都能两次收成,能收两次的只是那些不需要轮休的较为肥沃的农田,一般的地只能收一次小麦、大麦或玉米,其后有时种些萝卜。需要很多水而且要求长时间持续浇灌的水稻,各地都一样只能收一次;苜蓿一年收割3～5次。

克里雅地区因为灌溉绿洲的河水下来得晚,大都只收一次庄稼,只是冬季在昆仑山下的雪多、春天来得早的好年份才能收两次庄稼。根据植物生长情况和当地人的说法分析,这个地区春天河水发得晚的原因是因为在昆仑山东部地区降水量的明显减少。克里雅地区范围内的昆仑山中冬季下的雪比起莎车、喀尔卡勒克和和阗地区(河流发源于同一个山的西南地区)山中下的雪就少。同时,农业非常需要的第一次水,也就是喀什噶尔地区河流的春汛完全是因中、下山区上年冬天所下的新雪融化所致;于是其水量也取决于雪的多与少。因为这个原因,克里雅地区的河流水量在开春时比上述地区河流的小;而且这里的第一次农田灌溉不会早于4月底甚至是5月初——到这时因高山的积雪已开始融化,水量明显增大。再晚些,冰雪融化加快,尤其到每年7月昆仑山的雨季,克里雅地区的河流开始发大水,这样二茬粮食作物成熟的时间也就不够了(参见原书附注26)。

除粮食作物外,在喀什噶尔地区还种植棉花、亚麻、大麻、胡麻、罂粟、烟草、茜草和藏红花。

和阗地区和克里雅地区的棉花算是最好的,这里的棉花因其气候条件长得比其他地区好。种大麻是为了提取纳斯——大麻膏麻醉剂,其大部分运到印度,部分留下喀什噶尔人自己使用;除此之外,大麻籽可以榨取食用油和照明油,其纤维可以制作绳索。种亚麻主要是为榨油食用和照明,其纤维同样是做绳子的上等原料。胡麻同样是食用油和照明油的原料,其草秸可以当柴火用。罂粟种得不多,主要是提取鸦片,也像纳斯一样被当作麻醉剂运到印度或留在当地使用。

当地烟草看来是上等品种,长得也很好,但加工很差,所以产品质量很低,还不如我们的莫合烟。

蔬菜有葱头、黄萝卜、小萝卜、蚕豆、四季豆、茴香和香菜。这些菜到处都有,长得也很好。当地人基本不种土豆、莲花白和黄瓜,但在这里甜瓜、西瓜和南瓜种植的都很多。

这里的林果业是一片兴盛景象,每家房前屋后附近或田间地头都有自己的小果园或果树。和阗和克里雅地区在田间开阔地种果树的多,而在其他地方大都在单独用土墙围起来与庭院相连的果园里种植。

喀什噶尔的杏子、桃子、苹果、梨、欧洲甜樱桃、白樱桃、核桃、石榴、榅桲和葡萄长得都很好。但在俄国的土耳克斯坦地区如此普通的扁桃、阿月浑子在喀什噶尔却没有,也没有李子。这里的杏树比其他果树都要多,而且品种也多;跟杏子差不多的葡萄也很多。苹果和梨的质量不好,也没有什么好品种,当地人根本不关心引进现在很容易就能得到的俄国土耳克斯坦地区的好品种。喀什噶尔人很有必要更换在他们地区已严重退化的许多植物的种子,也应该种些他们没有的向日葵、土豆、莲花白和黄瓜等作物。

当地人经常用新鲜还未熟透的桃子和杏子跟面粉和到一起熬成稀粥食用。在这里吃水果时,包括吃甜瓜和西瓜的时候,都就着面食一起吃。所有水果,除榅桲、石榴、欧洲甜樱桃和普通樱桃外都可以晒干。

84

还会大量贮藏杏干、桃干、葡萄干和核桃以备来客人时招待用。

喀什噶尔人非常爱好花卉,差不多每个庭院都有一个种有其主人喜爱的花草的小花池,有郁金香、翠菊、锦葵和万寿菊等。妇女们常用这些花作头饰,男人们有时也把花插到帽子上或胸前。

喀什噶尔人的农具构造很原始。翻地用的犁——布古斯是一个自然有节的木架,其下端钉有铁制尖形开沟器(特什),而上端钉有手柄。犁架稍许高于膝盖处钉有不长的上面置有撑竿的辕杆(克什肯)。辕杆末端固定有连接三角轭的两个套索,就用这个套索将插入轭中从下面用绳拴住的垂直竖杆套耕牛的脖子。

翻耕过的农田用一种木耙来平整,然后再用铁耙耙平(参见原书附注27)。

在喀什噶尔挖渠、修渠、翻地、挖土、填土,总之一切农田劳动最广泛运用的工具是坎土曼。这是一种直角弯起来的铁铲,直角处的小洞用来固定坎土曼的把子。

收割庄稼用的镰刀跟我们的差不多,但没有那么弯,也用这些镰刀收割当饲料用的苜蓿和芦苇。

脱谷的时候,在田间选一块地方夯实整平,当中固定一个粗桩,往这个木桩上套上连接长辕的绳圈并用套索拴上几头牛或几匹马,然后就像赶马跑圆圈一样绕着木桩在铺平的作物上奔跑。用这种方法可以把麦秸粉碎为小节,以便喂养牲畜。

就在这个打谷场还可以扬场:将谷物用木锨迎着逆风的方向高高扬起,就可以借助风力将谷子和草秸分开。

喀什噶尔人没有什么专门储存粮食的库房。他们一般是在院子或在房屋附近挖一个坑,在四周和底下铺一层麦草就往里面倒入粮食;然后在上面盖上麦草填上土整平就算完事。从表面根本看不出这种"仓库"的存在。

一切繁重的田间劳动都由男人们来完成,妇女们只是在田间和果园做些较为轻松的锄草、种菜、收获菜蔬和水果等劳动。

喀什噶尔地区的工钱很低微,在东家除去吃穿后,干一年的工资为13卢布。此外,东家还给雇工另开一块小地,用主人的种子为自己种粮食。按日工计算,夏天农忙季节吃饭外的工钱为12戈比,冬天不超过5戈比。

这里的食品价格同样也很低:1普特上等面粉不超过40戈比、玉米粉25戈比,1俄磅肉3～4戈比,1俄磅动物油12戈比、植物油5戈比,一只鸡18戈比,10个鸡蛋6戈比。

喀什噶尔人养的家畜有马、驴、牛、羊、山羊和少量的牦牛(在山里)和骆驼。马大都是用来骑用或者驮运一些重物,就这也只是殷实之家和商贾才能拥有。喀什噶尔的马个头不高,但匀称力大。当地人养的牛也不多(牛的个头中等,公牛力大,除田间劳作外还当驮畜使用)。农田大都是牛耕,没有牛的穷人犁地用驴或者用坎土曼手工挖,用耙子平地。

驴是在喀什噶尔使用非常广泛的家畜,几乎家家户户都有。家务劳动中运送一切重物都靠驴,大部分区内货物的驮运同样靠驴。当地人基本骑用的也是驴,而穷人还用它犁地。当地笨重的两轮大车因为路面疏松的原因很少使用。坐这种车的几乎都是清政府官吏和往来商贾。

在喀什噶尔养的羊很多,大都是小尾巴、头上带黑点的白毛羊。这种品种羊的头角很小,肉味极佳,且脂肪少不油腻。

喀什噶尔地区南部克里雅和喀拉喀什河之间的昆仑山中牧放的细毛羊群同样也是那种小尾巴品种,但是其毛又长又卷,大都为白色,黑色少。这些羊皮可以制作成出口到俄罗斯的上等皮货,而用羊毛织成有名的和阗地毯和毛毡。细毛羊一年四季都在山中牧放,一旦转到炎热的盆地,羊毛便会很快松散变粗糙失去其原有的珍贵品质。

山下绿洲地区的普通羊群一年中大多时间在邻近山中牧放,而离山区较远的村子就到附近的盐碱河谷地的小芦苇草场牧放。

在喀什噶尔不仅挤牛奶,而且还挤羊奶。羊奶可以炼好油和制作酸奶——卡特克。酸奶是当地人很喜欢吃的一种食品,尤其是在炎热的夏天。

山羊同绵羊一起混合牧放。养山羊主要是为了取其绒毛织成名牌披肩销售到克什米尔,也部分向俄罗斯出口。山羊奶同样也可以挤,当地人认为山羊奶是一种保健品。应该补充的是,家畜还有狗和猫,几乎每家每户都养这些小动物。

喀什噶尔畜群一年四季大都在外面的山下草场牧放,只是少量的役用马和驴在家饲养。到冬天,牛、马、驴吃的有夏天贮存的小芦苇、麦草禾秸、油渣和玉米秆;给役马和役驴有时还添加一些大麦或者玉米及苜蓿草。在喀什噶尔没有什么长有嫩牧草的天然草场,所以在这里为牧畜过冬准备的饲草只有芦苇,就这也数量不多。因为饲料严重短缺,所以一到冬天很多牲畜虚得都不能行走。在这方面,部分责任在于当地人本身,因为夏天他们没有储存足够的新鲜芦苇。其实当地的芦苇很多,到处都有,及时收割的鲜嫩芦苇完全可以替代干草;冬天我们在喀什噶尔用这种芦苇喂养自己的马匹完全证实了这点。

喀什噶尔人养得最多的家禽是鸡,有少量的鸭,鹅就更少了。他们认为鸡肉最能养病,所以健康人很少吃鸡肉,以备家中万一有人得病。当地人很喜欢吃煮鸡蛋,每次请客吃饭,饭桌上总少不了它。

喀什噶尔居民的大众化食物是乌玛什,这是一种用玉米粉熬成的稀粥。当地人用小麦面和玉米面烤制一种中间按下一个坑的厚饼(托卡奇),夏天加放些青葱头末,再就是涂上植物油的薄面饼。像我们的欧式面包在喀什噶尔根本不做。只是到节假日才能吃到有少许肉片的面条。到夏天,在玉米面的稀粥——乌玛什中还要加入新鲜的尚未完全熟透的桃子或杏子,再就是用新鲜的甜瓜和西瓜就烤饼吃。此外,在夏天养牛或羊的人家常喝酸奶,酸奶中加凉水就成了夏天降暑的饮料。到秋天,人们还吃用盐水煮熬的嫩玉米。

富户人家和家境稍好的喀什噶尔人除上述食物外还吃:1.苏尔帕——放黄萝卜、青萝卜和香菜的羊肉汤;2.克斯梅古贾——羊肉面;3.舒拉——加碎羊肉、羊油的大米稀饭;4.格鲁奇阿奇——放羊肉块和干果的干米饭;5.曼塔——羊肉、羊脂馅加葱头的蒸包子;6.凉吃的清炖羊肉;7.最后是帕拉乌(抓饭)——是一种用羊肉块、植物油、黄萝卜、葱头和葡萄干和到一起焖熟的米饭。帕拉乌被视为美味佳肴之最,没有帕拉乌就成不了宴席。

喀什噶尔人特别喜欢吃葱头,尤其是青葱头,几乎所有的饭菜都得加放葱头作辅料。

喀什噶尔人食用带汤食物时用长柄木勺,而其余的,特别是米饭和抓饭就直接用手抓着吃。

当地人烧煮食物大都用的是俄罗斯制造的生铁锅,铜锅用得不多;烧茶水用的是本地产的长细颈铜壶。除此以外的炊具,包括碗、盘、水桶、木桶和研钵一律都是木头凿成的。葫芦做成的水壶又轻又结实,是万能的用品,尤其是出门时方便携带。

　　现今在喀什噶尔不制造陶器,甚至外来的也不用。古时候这种用具在这里非常普遍,到处可以捡到其残片。我们在喀什噶尔西南部地区捡到过不少这种器皿的残片,可以看得出其很结实,也很美观。从什么时候起,又为什么不再使用这种器皿了,当地没有一个人能够给我们解释清楚。

　　中国瓷器和俄国的托盘只是在有钱的富裕人家才有,就这样数量也很有限。

　　所有喀什噶尔人,包括妇女在内都抽烟和咀嚼烟叶。他们抽烟用的都是地产有铜圈的笨重水烟筒,而不用烟斗。在城市和人口稠密的村镇普遍地吸食对身体十分有害的纳斯——大麻膏。在大城市中还设有专门的大麻烟馆,那里不仅能碰到男人,还有妇女。所有城镇,特别是在于阗抽纳斯的人尤其多。

　　男性穿白色棉布做成的短内衣和大裆裤。上面再套穿灰色、咖啡色或蓝色同样是棉布的长衫,到冬天穿棉的或者是皮子长衫,上面再系上一个蓝色、咖啡色或深红色的宽腰带。在夏天,男性头戴小圆便帽,只是到剃头时才取下来,到冬天则在其上面再戴一顶宽边(羊皮或狐皮)圆形棉帽。男人们脚上穿的是细筒厚底皮靴,去做客时还要穿套鞋,在进屋之前将其脱在外屋门口。

　　妇女穿白棉布长衫和下面细窄的长裤。已婚妇女的长衫胸前开襟,并沿边缝有深红或大红色花边;少女的衣服肩上开口并钉有扣子。妇女的外衣差不多是拖地长袖长裙。妇女不系腰带,但有时在裙子上面套穿宽袖短衣。妇女也像男子穿皮靴,不同的是她们的鞋筒要短些也更细些。

　　在闷热的夏天,农妇们不仅在家里只穿一条裙子,甚至就这样上街都不会难为情。在这样的季节,男子大都也只穿内衣。整个夏天尽管地面晒得炽热,不论男女大都不穿鞋子,而儿童连衣服都不穿。

　　少女把头发梳成许多小辫子并用丝带在后面连到一起,已婚妇女将头发分成两绺并编成辫子垂在胸前。夏季妇女的头饰是小便帽或扎在脑勺后面的头巾;冬天妇女戴的是带皮边的平顶棉帽。不少当地妇女,尤其在较为繁华的村镇的妇女并不戴面纱,而那些在市场上做买卖的人从来就没有遮过脸。

喀什噶尔的妇女喜欢戴有石头或坠饰的银耳环,手上也戴同样的银戒指。她们在脖子上戴珊瑚项链或玻璃项链,到夏天她们经常用鲜花当头饰。地产的胭脂和白粉同样是当地讲究穿戴漂亮女子梳妆台上的必备用品。

喀什噶尔人的日常生活,他们的风俗习惯、服饰、信仰和社会状况都显得非常有趣,尤其与他们有着密切贸易交往的俄罗斯人,对这一近邻的生活更感兴趣。

随后,根据我在这里所收集到的零碎资料,试着概括讲述喀什噶尔当地人的生活。这种走马观花的概述,当然不能希望成为什么专门的民俗研究方面的成果,但起码可以成为新疆民俗学现有资料的部分补充。

我现在开始讲述喀什噶尔人的日常生活,先从生育讲起。

当孕妇将自己感到快要生产的消息告知丈夫之后,他便会悄悄叫来接生婆。当地人把生产的消息对外人严加保密:他们有一种迷信,认为如果外人探听后宣扬出去的话孕妇就会难产,甚至会有生命危险。在整个过程中,产妇的丈夫始终待在隔壁或在穿堂,以便出现难产时接生婆好叫他到产妇床前——当地人认为丈夫的出现能够帮助产妇顺利生产。

婴儿出生的第二或第三天,亲戚朋友便前来向父母表示祝贺。妇女一般送钱或烤饼,而已和儿子另过的父亲高兴得了孙子,视自己的经济情况,有的送马、送牛或送驴。

孩子们的婚约由其父母在他们尚未成年甚至是刚一出生时便谈妥。男子除孤儿外,很少过门到姑娘家,而绝大多数是姑娘们嫁到夫家。

说媒是任何婚姻必有的前奏——尽管子女的婚约早由其父母约定。最好是由男方的叔叔来当媒人,在没有叔叔的情况下,由另外父系的亲戚来充当。在喀什噶尔,男方或者说得更确切是其父亲,只许诺送新娘结婚礼物并筹资金办婚礼。新娘父母根据自己的情况给女儿陪嫁妆，说媒的时候这些都不是什么提及的话题。在订婚的时候，他们跟媒人只商量男方送的结婚礼品以及即将举行婚礼的开销问题。这些礼品根据男方父母的经济状况，包括丝绸、半丝或棉布、薄纱巾、靴子、耳环、项链等物品。

　　婚礼的那天，女方家长将自己的亲朋好友都请来参加宴席。在这一天，新郎的父亲由教区的毛拉和亲戚陪伴最后到来。未来的亲家在大门口等候迎接他们，帮助他们及其随从下马并引进屋中，主人请他们坐上席用餐。随父亲之后不久，新郎也带着自己的伙伴们前来迎亲。

　　等祝福仪式结束之后，女方亲戚边哭边唱送别曲开始帮助新娘做最后离开父母家的准备。然后整个送亲队伍依序前往新郎家。一路奏乐，送亲的男男女女都在边唱边舞中前行。

　　喀什噶尔人不论冬季还是夏季都在天亮之前半小时起床。男人们平时都去劳动，妇女们在家里先收拾房子，然后梳妆打扮。在夏天，妇女们从事锄菜地、种菜种花、摘果子等轻松些的劳动，因为地里的重劳动都由男人们包了。到冬季，妇女们剥棉花籽、纺棉、纺毛、洗蚕茧、织布织地毯、擀毛毡、缝衣服等等；而男人们在冬季闲余时间较多，一般是喂牲口、砍柴火，偶尔去一趟磨坊，这差不多就是他们一冬天的劳动了。

　　等到农活干完之后，男人和女人们常常到集市去逛，有时并没有什么目的，只是去消遣消遣，去打听一些在闹市上传播的新闻。

　　喀什噶尔人都酷爱音乐和舞蹈，尽管相当一部分人的经济状况不好，但他们有着举办晚会的十分方便的日常生活条件，如割礼、订婚、结婚等。

　　喀什噶尔的文化教育发展很有限，说实在的，喀什噶尔的学校倒不少，但其教育方向完全脱离实际，很少开发思维功能，几乎不教授什么有用的知识。然而与此同时，喀什噶尔人都有着非常明显的自然天赋——聪慧、机智，这同时也不无浮躁和轻率。

　　每个村庄根据人口的多与少都有两个或更多的学校，男生和女生学校各自分开。男校由教区的毛拉教育，女校由女教师或非宗教人员教学。男女学生都从6岁或者7岁开始上学，一直上到10～12岁为止。

　　喀什噶尔的手工业加工相当发达。绿洲地区的城乡居民有不少人从事这一行业。大部分手工业者都从事用本地棉花纺织廉价棉布的生产。这些棉布满足当地需求之外大部分都运到俄国的土耳克斯坦地区供当地人用。这些棉布之所以销售到俄国境内是因为产地的价格十分低廉所致（一块长10俄丈、宽约1俄丈的白棉布在和阗才值30戈比，从那里运到费尔干纳州的奥什城每普特大布的运费才需1卢布50戈比）。

在工业方面，和阗绿洲居首位。除大规模生产棉布外，这个绿洲还盛产高质量的毛毯、毛毡和羊皮，而且还有丝绸及地毯、铜器、皮胶、书写纸和玉器等。

克里雅地区的策勒绿洲盛产上等棉布和丝绸，但是其生产规模远不如和阗绿洲大。

发生蚕疫之前，丝绸业尤其发达的是和阗绿洲和喀拉喀什绿洲，还有策勒绿洲。这三个绿洲每年生产大量生丝，部分还运到俄罗斯。现在因上述原因处于衰落阶段，但有可能不久的将来能达到原先的规模。另外，叶尔羌、喀什噶尔、阿克苏和库车等绿洲的丝绸业也相当发达。现在于阗也跟和阗一样，丝绸生产很不景气，而在民丰差不多完全不生产丝绸了。

叶尔羌绿洲也生产相当多的棉布，但这个地区的主要手工业产品是皮革业以及用其生产的制鞋业。这些鞋子销售到这个地区的许多绿洲。这里相当发达的还有挽具生产、地毯、书写纸，尤其是木工用胶的生产。❶

喀尔卡勒克绿洲生产的毛毡质量绝不亚于和阗的优质毡。制毡用的羊毛是这里的富户人家提供的，他们有大批羊群牧放在邻近的昆仑山中（参见原书附注28）。

不少手工业者都在城乡的市场上进行生产，在这里从业的还有大批手艺人，包括裁缝、鞋匠、铁匠等等。

喀什噶尔的区内贸易，尤其是小商品买卖非常发达。可以肯定地说，这个地区的商人数量已超过了其实际需求。商界的这种人员过剩

---

❶ 喀什噶尔的书写纸是用桑树的内皮纤维制造的，用其树叶可以养蚕。这种桑皮纸粗糙，但很结实。木工用胶是用皮货裁剪剩下来的碎皮头以及生羊皮制作。——原注

是当地人对商业的过于倾倒,或者说得确切一点是好像对某种赌博的欲望所导致一样。能够经商是许多城市贫民和部分村民朝思暮想的理想,只要他们能筹到一小部分钱款便会马上开张营业。

如像叶尔羌、和阗这样的大绿洲,除每周有两次交易的大集市外,还有许多分布在绿洲各地的小型市场。在这里每周举行一次交易,并且就以此名为某某交易日。此外,凡是人口稠密的乡村毫无例外地每周都有一次交易日。

大商贾多数人都经营粮食业务。秋季他们以低价收购村民和小商贩的粮食,放上一冬天,到来年的春天至新粮下来之前,差不多以上倍的价格就地或者到别的价格更高的地方卖给那些缺粮户。这种投机买卖给粮贩子带来了巨额利润,可害苦了广大农民。因为这些人秋季私下谈妥(双方商定)的粮价几乎比春季和夏季同样也由这些人开(指定)的价格要少一半。

喀什噶尔的区内贸易因清政府不久前开始对除食品外的一切商品征税以来受到了很大限制。虽然这些税收额不大,但办理手续很麻烦,商家需要花很多时间对所有征税商品逐个张贴商标。为征收税款,在所有城乡市场都设有专门的政府税收人员,在民间称他们为巴吉格尔。

影响喀什噶尔区内贸易的部分原因是现在停用过去在全区通用的金币和银币(1金币为俄国货币约3卢布,1银币为27戈比)。取消了这些货币的流通之后,在喀什噶尔发行了当地的铜钱,当地人称为普尔。这些铜钱就地用叶尔羌西南地区昆仑山的铜铸造。现今在喀什噶尔流通的普尔钱有两种面额:大的值俄币的0.54戈比,小的值0.27戈比。前一种只通用于和阗和于阗地区,后一种通用于全地区。

50个大普尔或100个小普尔等于过去的1银币,这种货币至今以虚拟形式作为货币计算单位在悄悄使用。8个腾格等于一两白银(94开白银,8.73佐洛特尼克[1]),按现在俄国货币汇率约2卢布30戈比。在全区内流通的官方白银是有烙印的成锭银子(元宝),重约4.6俄磅,还有小块的。两种到处都能兑换成普尔钱。

---

　　　　[1]　旧俄重量单位——1佐洛特尼克等于1/96俄磅,约合4.26克。——原注

重量单位用恰勒克,等于我们的 18.75 俄磅,细分为:乌奇—夏克(3/4 恰勒克)、亚勒木—恰勒克(1/2 恰勒克)、夏克(1/4 恰勒克)、尼木—夏克(1/8 恰勒克)。黄金、白银以及重量不大的药材都使用中国的两(8.73 佐洛特尼克)、钱(0.783 佐洛特尼克)和分(0.0873 佐洛特尼克)来衡量。

喀什噶尔计量长度的单位是库拉奇(两手间左右平伸的长度),等于我们的 6.19 英尺。库拉奇平均分为 10 份被称为别什萨尔(7.43 英寸),接着将其又分为 5 个萨尔(1.486 英寸)。

量路程现在用的是中国的里(0.537 俄里),过去用的塔什(约 8 俄里)。

当前喀什噶尔的对外贸易主要是与俄罗斯进行,还有一部分是跟印度。而此时,喀什噶尔与俄罗斯的贸易却越来越频繁。参与这个贸易的大都是俄国费尔干纳的萨尔特人,喀什噶尔人叫他们安集延人;还有部分谢米列契耶地区的萨尔特人和塔塔尔人。俄国商人大都长期住在喀什噶尔的各地,只是临时离开到费尔干纳和维尔内❶去提货。他们销售的主要商品是俄国生产的印花布、床单布、大红布以及其他棉布;再就是各种规格的金属制品,尤其是生铁锅;还有肥皂、硬脂蜡烛、白糖、火柴、镜子、项链和其他小百货。从喀什噶尔出口到俄国的主要是土耳克斯坦地区当地人用的棉布,再就是羊皮货,包括熟羊皮、羊毛、毛毡、地毯、生皮和山羊绒。

清政府在喀什噶尔将过去的实物税收制度改革为现行的货币税制度。现在农村上交货币税的幅度是庄稼收成的 10%,此外还有牲畜税——每头牛、马是 3 腾格,羊是 1 腾格。驻有清政府军队的城镇跟过去一样,征收 1/10 收成的实物税作为地皮税,用于士兵和军马的口粮。现在商人、手工业者不必再交纳许可证税,他们只交售货和生产税即可。

除上述税收外,喀什噶尔人民深受地方当局征收的各种苛捐杂税的迫害,这些苛捐杂税同官税加到一起大大加重了群众的负担。这种

---

❶ 即现在的阿拉木图。

过度的税赋严重影响了当地群众的生活状况,虽然十分安分守己地勤俭过日子,但他们并不富裕(参见原书附注29)。富户及有钱人家提防各种勒索远离当局,尽量保持简朴生活,常把贵重物品收藏起来,以免被经常无礼强夺群众钱财的贪官污吏看到。

总之,当地群众对税收制的这种评价是对奴役者的一种偏颇看法,想必其中包含有不少夸大的成分。在不完全否定其中的不少公平合理部分的同时,我们也有根据认为清政府对喀什噶尔的民众也远不像外界讲述的那样无情。

第
五
章

尼雅绿洲及其周围地区和
西藏高原考察概况

1889—1890年的冬天我们是在民丰度过的。尼雅绿洲位于塔克拉玛干沙漠南边的前沿地带,由尼雅河水灌溉。这条河在稍高于绿洲的地方由泉水形成后沿着宽广的盐碱河谷往北延伸了100余俄里,在漫长的戈壁沿途常常有许多泉水补充(参见原书附注30)。春夏季节,从4月底至8月初,因昆仑山的冰雪融化,尼雅河水量骤增,这时乌鲁克苏山河从附近的山上直流而下。秋冬季节,从昆仑山脚下到尼雅绿洲的宽广地带,这条河就断了流,只有其平坦多石的干涸河床说明着这条季节性河流的存在。7月底山水汇入尼雅河的时候,人们便抓紧时间修筑水坝蓄水,以便向大渠上的水磨供水。

尼雅绿洲东西走向,长约12俄里、宽2俄里,由三块单独单元组成,其中西边的两块由不宽的尼雅河谷地分隔,而东边稍长的那块跟中间的那块由荒地分隔。尼雅绿洲面积约20平方俄里,有380户1850人(参见原书附注31)。这里的院落分布很稀松,每户拥有耕地约5俄亩。黄土壤中伴有从邻近沙漠吹过来的大粒沙土,其肥力要比叶尔羌和喀尔卡勒克地区的纯黄土差些,但因灌溉水很充足,收成都很好:玉米平均可以收种子的28倍,小麦为13倍,大麦为12倍,水稻为14倍。尽管

95

尼雅河谷地及其下游地区经常能见到适合种植水稻的耕地,但在这里很少种植。在尼雅,农田和菜地一律用的是厩肥和河泥。施肥一般都是在春播之前,用量很少而且远不是所有耕地都施肥,只有那些较为贫瘠的地块才施。

在民丰,因为春天来得很晚,一般只收获一季庄稼。个别时候,例如冬季昆仑山下的雪多、开春早的时候才能收两次。

这里的瓜果蔬菜长得很好,也大量种植棉花且质量很好。至于养蚕业,因蚕疫现在变得非常不景气。

民丰的手工业并不怎么发达,这里的手工业者只限于生产加工少量的棉布、皮货、毛皮。居民主要从事农业和果蔬业,但这一孤地的农产品很难向外销售。民丰是一个地广人稀的地区,离于阗城100俄里,往东直到策勒城300俄里的地域连一个村庄都没有。此外,尼雅人会将部分余粮卖给附近的索乌尔嘎克金矿,冬天还供给他们柴火。

民丰的富裕人家养有普通羊群。他们的羊群连同少量的山羊一年四季都牧放于绿洲下游的尼雅河谷地——这些人不养细毛羊。他们的牛和马都很少,但每户都有驴。家禽中他们养的鸡多鸭少。

民丰的穷人夏天都上昆仑山金矿挣钱,但他们被矿主奴役剥削,挣到的工钱其实微乎其微。

民丰有一条商业街,每周一举行交易。这一天有不少商人带着货物从于阗到这里来,同时他们也收购当地人的羊毛、山羊绒、羊皮和部分粮食。住在于阗的俄国商人有时也到民丰市场来,他们主要销售的是棉布和小百货。这里的市场冬天要比夏天更活跃。在冬季,每周都有很多村民集中到这里来,他们绝大多数都是来闲逛的。到这个季节,昆仑山上的牧民也到这里出售畜产品,并用卖得的钱购置家庭必需品。

民丰村有1850口人,村里有一个男生小学,有70~75个学生;有三个女生小学,约有20个学生。

处于北纬37°5′4″和格林尼治东经82°40′、海拔4460英尺高度的尼雅绿洲,冬天相当温暖。10月25日(旧俄历),我在这个绿洲的边远地区还看到了不少蚊子和小虫。10月25—26日的夜里,小洼地第一次结了冰。严寒从12月初才开始,从这时开始刮伴有尘雾的东北冷风。

风只是白天刮,夜间天晴,温度在-12℃～-10℃的时候一般都没有风,很平静。12月初,尼雅河的拦河坝上已经结可以站人的冰了。12月12日和13日夜里下了1俄分厚的第一场雪,但很快就融化不见了;19日和20日夜里又下了半俄分厚的雪,同样也很快就化完了;第三次,也就是最后一场雪是2月4日下的,有3俄分厚,3天没有化,且伴有湿雾。总之,从12月到1月差不多每天都刮东北小冷风,一般到傍晚就停;夜晚大多时间风平天晴,温度下降到-15℃。在无风的晴天,午后3时左右气温可以达到5℃。然而这样的天气很少。

　　进入2月份,天气明显变暖,夜晚不怎么冷了,白天开始经常刮凉风,有时刮东北风,有时是西风或西北风。这些风一刮就是连续好几个小时,有时还转为每秒钟25～30米的大风暴。刮风和尘雾天气一直延续到3月中旬,这种时候一般为阴天,只是到中午时分才能看到太阳,而且透过浓雾看上去太阳就像是灰暗的淡紫色圆盘,并且可以直接用肉眼看。白天刮沙暴的时候,尘雾大得连二三十步外的树木都分辨不清。有一次刮这样的沙暴时,中午1时我都无法记录温度计上的数据。沙暴之后尽管是无风平静的天气,但两三天时间内空气中还是弥漫着细小的沙尘。降落下来的沙尘有时达3俄分厚,踩下去就像是踩雪一样能印出人的脚印、畜蹄印和鸟爪印。在民丰的郊区,顺着这种印记还能发现兔子。总之,这种尘雾天气是我们在民丰待的5个月里常有的事。这期间,我们只有4次看到了离住地直线距离不超过40俄里的昆仑山。

　　2月中旬开始,天气基本上已经暖和,河床中的冰也都解冻,候鸟开始迁徙,绿洲人开始了春播。3月初看到了芦芽,3月中旬湖泊解冻,在尼雅郊区过冬的候鸟开始成群结队地飞向北方(这里过冬的鸟类有:野鸭、潜鸟、海鸥、麦鸡、黑项鸦、椋鸟、鸡冠鸟、云雀、白嘴鸦、太平鸟、旋壁雀、苇莺、伯劳和海鹰)。3月下旬,风开始减弱,偶尔也下点小雨,午后3时左右气温能上升到20℃以上。到3月底,果树全都开花了。当地人告诉我们,1890年的春天来晚了约两周。这一年冬天,尤其是春天,在昆仑山下了大雪,所以尼雅人都盼望着充足的河水和好收成。

　　尽管盆地已经是春暖花开的季节,但是在昆仑山依旧还是天寒地冻,经常有雪暴肆虐,所以早春向西藏行进是完全不可能的。因此,我决定利用这剩下的空闲时间对尚无人知的邻近地区进行一次考察。第一个出发的是考察队的地质员博戈达诺维奇。2月1日至3月10日,他在克里雅河和玉龙喀什河之间的昆仑山北麓横穿了一趟,并沿河谷和山峡深入到山中,考察了这一地带的地质构造,同时也调查了独特的铁克里克山脉。

我的另一位同伴罗博洛夫斯基2月18日至4月6日到东北边进行考察。他从尼雅出发,沿着北路,按当地的说法是沿下路到了车尔臣。从那里他到了车尔臣河上游,到达该河上游乌鲁克苏河出山口后,继续从东北行进,最后到了伸向西藏高原的平坦隘口古尔扎大坂。他从这个隘口返回往下走到了车尔臣河出口后,向阿羌村进发。后来,罗博洛夫斯基从阿羌重又回到车尔臣河,并沿着该河到达车尔臣,再从车尔臣顺着原路回到了民丰(参见原书附注32)。

3月10日,著名旅行家戈罗木布切夫斯基和其同事科内拉德及几个哥萨克到民丰来看望我们。他们是2月底从喀拉喀什河上游到和阗来的(参见原书附注33)。在遥远的他乡能够见到同博戈达诺维奇一起来的同胞,对我们来说的确是一件振奋人心的乐事。遗憾的是,3月15日我们就得和急着到波鲁去的戈罗木布切夫斯基告别。他打算从那里到位于克里雅河和玉龙喀什河之间的西藏高原去。

3月底,我也考察了尼雅以北100俄里地的塔克拉玛干沙漠中的一处陵墓。我想了解这一死亡之地的自然环境,想确定这一麻扎的地理位置。戈壁直接从尼雅便开始了,绿洲附近的西北地区称为肯特萨勒克。这里是陡坎地形,一下就高到约4俄丈,到处是东西方向的高大沙丘。这些沙丘以北是戈壁高原,同样也分布着沙丘,不过都是西北—东南方向的沙丘。这里有时碰到盐碱洼地,上面长有矮小的芦苇和孤独的干枯杨树。尼雅绿洲以北50俄里的这一戈壁只能算作是死亡之地的前沿地区。

3月23日,我和科兹洛夫及博戈达诺维奇在两名侍从和几名当地人的陪同下,骑着雇来的马从尼雅出发前往麻扎。出村不久,我们就走上了戈壁高原,然后就沿着它往东北方向行进。高原有些地方分布着西北—东南方向的又长又高的沙丘。这里还能碰到一些平坦的长有稀稀拉拉贴地小芦苇及孤立胡杨树的洼地。大约7俄里之后,我们就下到了尼雅河宽宽的谷地并沿着河谷往北行进。谷地西边是高高耸起的高原陡坎地带,有些地方还有高出戈壁地面约20俄丈的沙山。东边40俄里处同样也是西北—东南方向的高20俄丈的沙丘。这些沙丘之间有的是宽广的,长有芦苇、灌木丛;有的是胡杨树小林带的谷地。绿洲以北40俄里处的尼雅河谷两岸都是高原戈壁连绵不断的陡坎地带。

尼雅河的盐碱谷地平均宽15俄里,在其漫长的戈壁流程中有许多泉源补充河水,其中不少是含轻度硫化氢的咸泉水。这里有些地方长着杨树、柽柳和其他许多灌木丛,其中占优势的是贴地小芦苇,尼雅人一年四季都牧放在这河谷地的羊群就爱吃这种草。[1]听牧人们说,在整个尼雅河谷地带根本没有狼,也没有老虎;但是在长有浓密高大的芦苇丛的湖泊中有许多野猪,有时还出来伤害牧人的羊羔(参见原书附注34)。谷地边缘区陡坎附近能看到草原羚羊,在芦苇丛和灌木丛中有很大的野猫,这里的兔子很小,有时也能看到野鸡。

河谷地南边是高起的很窄很长的丘陵,与谷地两边的陡坎平行,从北向南延伸,其上面全是芦苇。这里有时也能碰到些封闭的和与河流相连的小湖,封闭湖水是咸的,与河相连的带咸味。这些河里和湖里都有很多鱼。

尼雅河谷地虽然有不少地方可以开垦为稻田,但这里根本没有村庄和庄稼。离绿洲30俄里的地方,塔依尔贡附近尼雅河左岸是广阔的黄土地带,完全可以种植小麦、玉米和其他粮食作物。

第一天,我们行进23俄里之后,停到叶干托格拉克亮噶尔住宿。

第二天,我们离开住宿地后,沿着稀拉的胡杨树林约走了14俄里路,往北边看到了完全可以种植农作物的黄土地带,再往前经过重建过的塔依尔贡亮噶尔之后,我们的队伍走上了密布着小型平顶沙丘的开阔地带。在这里,大路以东以西有两条又细又长南北走向的沙岭,而西边在陡坡附近的戈壁高高耸立着巨大的沙山德木鄂格尔,其相对高度为25俄丈。走出沙丘地带后,我们便到了盐碱地带,这里有些芦苇长得很高,沿着这条路我们到了鄂吐尔亮噶尔,这是从民丰出发后的第二

---

[1]　长有灌木丛、芦苇和杨树的地方当地人称为江嘎尔。——原注

个住宿地。

路上，我向遇到的牧人们询问了有关邻近戈壁高原的情况。据他们说，这里的戈壁地貌和民丰郊区的一样，也是密布沙丘的高地，也能碰到长有稀拉小芦苇的平坦洼地，但没有树木。同时，牧人们还解释说，他们不会到戈壁深处去，只是偶尔为了寻找离群的羊只才到那里去。

从鄂吐尔开始是碱滩路，有些地方有芦苇、柽柳丛和不大的胡杨林，远远看去像是小孤岛。再往远，道路就向密布着台形小黄土山梁的高地延伸，并在山梁间绕来绕去。走向这些长有柽柳的山岭地带后，我们的队伍经过邻近戈壁上的大沙山斯格尔干，又过了几条上面尽是银灰色沙土的干河床，其上面明显可见印有狐狸、狍子和羚羊的脚印。我们所走过的萨勒勃依高地的尽头，西边是有胡杨林的不高但陡峭的垅岗。全路程有些地形是高地，有些地形是低洼的林带平原，到北边就成了沼泽地带。这里有很高大的芦苇，沼泽地还有个小湖伊金库里。这里有不少野猪。

我们的第三个宿营地就安置在杜别博斯坦。杜别博斯坦位于尼雅河的右岸。尼雅河离我们在前面已经过的大路以东约有6俄里长的距离。

第二天，我们继续向麻扎进发，离开住宿地不久便又走上了跟前面一样布满黄土丘陵的高地。路仍在丘陵之间绕来绕去地穿行。土岭上有些柽柳、稀稀拉拉的胡杨树，同时到处可见东倒西歪的枯树，这给本来就够荒凉的路景带来更为悲凄的气氛。大路稍许往西，尽是丘陵的高地垂直下降到尼雅河经过的沼泽地带。这个沼泽地带还有几个小湖泊，其以西是广阔的胡杨林带。

杜别博斯坦下面12俄里处，尼雅河形成开放湖——穆吉库里，湖长3俄里、宽约1俄里。湖的东西两边是布满山岭的高地。穆吉库里湖相当深，是咸水湖，但有很多鱼。据当地人说，鱼的重量可达2恰勒克（37俄磅）。湖中还有两个小岛，一个高一点，另一个低一些，并长有胡杨树。

沿着东边高地行进约3俄里之后，我们转向西北，从高地下到了长满灌木丛的盐碱平原。在这个平原能碰到小胡杨树林，有时也能看到些台形黄土丘陵。大路西边展现的是又高又长的沙岭玉尔根吉。最后的5俄里路我们走的全是胡杨林带。3月26日下午2时左右,我们到达了麻扎附近的一座清真寺。

清真寺在尼雅河的右岸。尼雅河流出穆吉库里湖时得到泉水的补充,在稍高于寺院的地方形成了5个相当深的淡水小湖。其中最大的周长2俄里,最小的1俄里,5个湖中都有很多鱼。从最后一个湖中流出的尼雅河的一条支流直接流向北方。

据寺院教徒们说,夏天尼雅河下游地区的炎热是尼雅居民和绿洲其他地区人从未体验过的。的确,根据我的观察,这一地区人的肤色要深些,他们的嘴唇也比生活在沙漠外喀什噶尔南部地区的当地人厚些。

尼雅河下游地区大都刮的是东北风和西风,再就是西北风,其他方向的风在这里很少刮。

寺院的毛拉告诉我们,据他们所知,周围地区是上面覆盖着又长又高沙梁的萨依地。阿斯拉木老人告诉我,在他主管寺院54年期间,从无人去过东西边的戈壁深处,也无人横穿过南北走向的尼雅河谷地。河谷地往北究竟有多远,他们不知道。往这个方向20俄里处放过羊的寺院牧人说,河谷地从这里开始两侧都很陡峭并一直延伸到北边的地平线。据他们说,在这个谷地未见过有什么废墟和古代遗居的残迹。

到达清真寺的第二天,我建议科兹洛夫带一名哥萨克和两名寺院的牧羊人前去测量从清真寺至尼雅河消失的下游地区,而我自己徒步到西边去观察戈壁的相邻地区。经过麻扎之后,我转向西南,向远处看到的高高沙丘走去,其间一直走的都是深暗色寸草不长的碎砾石地带。走到沙丘脚下,我先是顺着向西北走去,途中走过了几处遍地尽是小砾石的坎坷地,接着我转向西边开始顺着沙质慢坡向沙梁攀登。东北坡的沙子被风夯实得很结实,人站上去脚几乎不沉,所以上沙梁未给我带来什么困难。我确定沙梁中的最高一个之后,绕过几个凹沟,半小时之后便登上了高出地面25俄丈的顶峰。从这个高处借助于当日的晴天使我看清了这一空旷死亡之地的全貌。从这里望过去,在这一死亡萨依地的西南、西边和西北边,眼前展现出的是一片深暗色又高又长与地平线平行的沙梁。在这些沙梁之间的宽10~20俄丈的萨依地带,有时能看到明显发黄色的冲积沙堆。在北边显而易见地能看到尼雅河宽广的谷地;这个谷地以北同样也能看到沙梁,东西两侧同样展现的是遍布沙丘的深暗色的萨依地带。

我从高地久久察看了这个死亡之地,想必从无人踏进其深处,起码是自其有机生命消失之后是如此。甚至是候鸟,季节性迁徙时也不敢穿过这可怕的戈壁上空,而总是绕着从其边上飞过。

我从高峰沿着比东边陡得多的西坡下来,其实沙梁顶部附近的沙土相当疏松,脚踏上去差不多要陷到膝盖深。然而,我借助于西坡的大坡度很快就下到了沙梁的平坦坚实的前沿地带。这样不对称大坡度的存在说明了戈壁南部地区的东风强于西风的事实。

从沙梁下来之后,我继续往西沿着遍地是砾石、卵石和碎石的深暗的萨依地向前走。萨依地有些地方高高隆起形成相当平坦的丘岗和慢坡丘陵。这些高地的上半部分堆积着大块碎岩石,随着丘岗坡度的下降,其上面密布的石块个头也逐渐变小。该地区石头的这种分布情况,大概可以说明多少世纪以前这里山体所发生的变化,而今只剩下很难看到的痕迹。也有这样的推测,认为现今的这些丘岗覆盖了阻挡沙土冲积物的地面高地,从而在其迎风面,沙土慢慢堆积逐渐形成为一排排沙丘。足以证明这一推论正确的是,萨依地从沙岭两边的脚下开始,逐渐朝相反方向倾斜以及其缓坡上有着从同一个方向滚落下来的卵石。此外,在萨依地还常能看到尚未完全形成的小沙堆,这也足以解释大沙山就是这样形成的。这些长条形沙嘴是由沙土逐渐填满其东边缓坡而形成的。萨依地已经形成的小沙岭两边的慢坡,证明了当初它们也有过像这样的初期阶段。还有一点可以说明大小沙岭就是这样形成的,这就是在坚硬的土岗上没有从风向方面吹过来的沉积沙,也没有这个方向——即南北垂直方向逐渐形成的同样的沙岭。

我在戈壁中行进约20俄里路,没有找到任何一个有机生命的迹象,也没有见到任何一个生灵物。大风从尼雅河谷地吹到这个死亡之地的胡杨树叶茎算是我在这里所见到的唯一的有机物了。但是,完全不能怀疑的是,这里曾经是一个水资源相当丰富的地方。证明这点的是从西到东在尼雅河谷地冲沟中的卵石和干涸河床。这些河床中根本没有新的沉积物,沙砾石上也没有泥土沉积,而且也没有植物及其残留物,这一切都说明了季节水流活动的久远。不过除了上述这些古河道的迹象以外,也不能忽略现在这个地区降水量的情况。当地人都一致证明说,这里现在根本就不下什么大雨。

科兹洛夫带着一名哥萨克和几名寺院的牧羊人顺着尼雅河到下游其消失的地方进行考察,回来后他向我汇报了对该地区的考察情况。寺院下面约6俄里处湖中流出来的两条河汇合为一条,尼雅河从支流的汇合处开始在一个河道中向北延伸约2俄里,然后慢慢开始变小,最后便在辽阔的盆地中消失。紧接着,这个洼地还有两个平坦的小盆地,河流发大水时这两个盆地也会同时被灌满。据牧羊人说,这时秋季干涸的这三个盆地便变为小湖泊。这些盆地以北在胡杨树林带可看到尼雅河的古河道,但是,即使发大水的时候古河道中也根本不会有水。盆地以北约10俄里的地方,河道显得非常明晰,而且两岸的杨树长得也很茂密;再往北,河道开始变得模糊,由岸边长满灌木丛的地段来替代;再远一点,谷地干脆就变成了有着长长沙丘的戈壁沙漠。

我们在寺院待了两天。在这期间,我确定了寺院的地理位置,并收集到了其周围地区十分有趣的资料。3月28日早上,与寺院的主人们一一感谢并告别后,我们便起程返回,当天在杜别博斯坦住宿。

我们在寺院以及返回的这段时间内天气一直很好,无风明亮的夜晚,气温一天比一天明显上升。午后3时,寺院的温度可以达到27.2℃。天气变暖,河谷地的植被长得很快。我们旅途的头几天小芦苇最多才4俄寸高,而返回来时才五六天时间,已经长到8俄寸了。尼雅河下游地区居民说,到夏天这里热得难以忍受,且蚊虫、马蝇、蜱螨众多。我们在的时候这些蚊虫已经开始有了。在杜别博斯坦附近,我散步回来坐到土墩上休息,没多久就发现有一群蜱螨向我拥来,几分钟后就开始向我的靴筒爬行。简直不可思议,夏天这里那么炎热,而且蝎子、毒蜘蛛和避日虫也很多,羊群怎么能受得了呢?

我在路上从鄂吐尔村民那里了解到,其东南4俄里处,尼雅河流入淡水湖阿卡能库里,湖中鱼很多。第二天早上,我带着一名哥萨克和向导到这个湖去考察。在路上我们碰到了一名当地牧羊人,我便请他给我们带路到阿卡能湖。他很高兴地把我们带到了湖边。这个湖周长12俄里,是个淡水湖,鱼很多很大,重达2恰勒克(37俄磅)。阿卡能湖水源于两条河:西南边的是尼雅河,东南边的是别勒克勒克河。别勒克勒克河源于离阿卡能湖约50俄里的泉水。这条河在延流过程中还形成9个又长又深且含有硫化氢的咸水湖,湖中鱼很多。阿卡能湖的东北和西南岸边有相当高的黄土岗,而其东南和西北边地势低,长有高大的芦苇。当时在湖中有很多游禽和湖禽:野鸭、野鹅、海鸥、潜鸟等,湖南边的土坡上能看到有羚羊群。尼雅河从阿卡能湖流出后是一条又细又深的清水沟,向东北流去,但到了杜别博斯坦就变成一条很小的河。

我们离开湖后沿着尼雅河转向往上走,顺着尼雅河右岸约5俄里的又细又长的土岗,在塔依尔贡附近走上了到鄂吐尔的路。我们的考察队到了鄂吐尔后便停下来扎营住宿。

第二天,我们到了叶干托格拉克,当时周围的芦苇已长到9俄寸高,成了我们饥瘦马匹的好饲料。此时到了杂草长势茂盛的季节,夜晚也能看到蝙蝠了。

我们在叶干托格拉克停留期间,到住地以东约1俄里处的尼雅河,用自己的小渔网捕到了差不多20俄磅鱼。在这条河里以及由它形成的湖泊中有生命力极强的四种鲤科鱼,将其内脏掏干净放到水盆中,过半小时后它仍在动。我将一条活鱼放在凉棚顶上半个多小时后它还活着,当时太阳下阴凉处气温是20℃;甚至在把它的内脏掏出放到水中时,它在那里又动了好长一段时间。

3月31日,复活节前一天的礼拜六,我们回到了民丰。第二天,大家一起过了复活节,只是罗博洛夫斯基和另一名哥萨克人不在,他们直到4月6日考察结束后才回来。

到4月份,尼雅的天气已很暖和了,差不多每天午后3时左右气温都能上升到25℃。这时所有果树的花都已盛开,杏花已开始败落,但是我们把到西藏去的时间还是推迟到4月底。我们从由昆仑山到尼雅来赶集的牧民处了解到,4月初昆仑山有些地方的雪还没有化,天气冷,有时还有暴风雪。此外,我们的骆驼和马一冬都缺饲料,只是到了3月底吃到鲜芦苇之后才开始逐渐恢复。因这些原因,我只好把到西藏去的时间推迟,等得到昆仑山的好消息之后再出发。

一过完复活节,我们就开始不失时机地着手做到那个无名地去的难险路途的准备工作:晒面包干和肉干、修复帐篷、打行李包。从考察队的50峰骆驼中挑出28峰骆驼和不用的杂物,由两名哥萨克和几名当地人顺着车尔臣河北路送到车尔臣上游的巴什玛尔贡。根据罗博洛夫斯基进行的勘察,这是个山上饲草非常丰茂的地方。这28峰骆驼我们计划考察队返回时骑用,所以一夏天必须在这个水草丰美的地方牧放调养。按当时设计的路线图,这个地方是我们考察队返程的出发地。后来也证明,我们的确完全得到了返回2000俄里路程的全部交通工具的保障,而且非常顺利地到达了国境线。

4月下旬,我们从到民丰来赶集的昆仑山山民处了解到昆仑山脚的雪已化完,山前也已长出了新鲜青草。得到这一信息之后,我们加紧了出发前的准备工作。

4月24日,全体考察队员(与我们同时出发向南边进发的地质学家博戈达诺维奇除外,他是打算到索乌尔嘎克金矿之后,从那里绕昆仑山到喀拉萨依去)离开了民丰。如果不算对周边地区所进行的考察,我们在民丰足足待了半年以上。队伍出发之前,在我们的住地集结了不少当地人,他们都想来亲自送一送这些已经熟悉了的外国人。当地的伊孜玛依尔伯克和其助手明巴什,以及我们的几个物资供应人一直把考察队送到了第一站住宿地。

按预先计划好的行进路线,考察队应该向去年秋天我们到过的昆仑山麓的喀拉萨依村进发。但是根据对这一地区补充了解的情况和当地人的指点,我们选择了另一条路,即首先沿着车尔臣北路,然后沿着托兰和卓河上游走。

我们沿着尼雅河往下走了约5俄里之后,转向东北先翻过了两条西北—东南走向长长的沙梁,然后越过同一个方向但平坦的沙岗。从沙岗下来,我们便到了有广阔沼泽谷地的库木恰克勒克景区过夜。这些从东边嵌入尼雅河谷地的沙梁在这辽阔平原上形成了一个个沙漠孤岛,沙梁间夹有长满芦苇、灌木丛的谷地,有些地方还有胡杨树林带,尤其到谷地东南段,这种地形更多。

我们停下来过夜的这个谷地很宽广,有很多泉水,到处都是岸边长满了高大芦苇的小溪和水塘。据当地人说,奇日干和亚依克这两条小山溪流入谷地,其中的第一条就在谷地中消失,第二条沿其东北边延伸。到夏天发山水的时候,干涸的亚依克河道便会充满山水,而沿着奇日干河道的山水将谷地洼地灌满后便成为季节性小湖泊。

我们穿过这个宽约6俄里的谷地后，离开车尔臣大道顺着小路向东进发，小路引我们走上了覆盖有薄沙尘的硬地表层的平原。当地人称这种地形为什潘格地。在这个沙漠戈壁中，有时还能碰到当地人叫什瓦尔的长有稀稀拉拉小芦苇的平坦凹洼盆地。在这种地段，有些地方还有不高的小土丘和细长丘陵，上面也都长有同样的小芦苇。

　　后面的5俄里路，我们走的全是什瓦尔地。从什瓦尔地走到平坦谷地，我们便停下来住宿。在这个南北延伸的谷地，有一长串小溪流相互连接着小湖泊。其中最南端的一个称为巴什波堪库里，约2俄里长、120俄丈宽；中间一个是托格勒库里，半俄里长、100俄丈宽；北边的一个是裕玛拉克库里，约2俄里长、140俄丈宽。从最后一个湖往北约6俄里，在车尔臣大道的两边是差不多与前者一样大小的两个湖——乌宗艾德勒湖和别勒克勒克，这两个湖跟上面的湖一样，相互之间都由小溪流连接。从下面的别勒克勒克湖流出同一名称的小河流，流入阿卡能库里的途中又形成4个小细长的湖泊。

　　以上所提及的湖泊统统都源于山泉，在其南边的谷地看不到任何从山中流出来的干涸河道。湖中的水位只是到秋天发山洪的时候才上

　　　　　　　　　　　　　　　　　　　　● 尼雅绿洲的居民们

● 尼雅绿洲中的小村落

涨。所有湖水都带咸味,硫化氢含量也相当高,尽管如此,湖里的鱼却非常多。我在南边的湖中观察到了成群结队的大群鱼在游动。这些鱼多得挤来挤去,有时浅滩的芦苇都跟着颤动。据当地人说,鱼的重量能达到2恰勒克(37俄磅)。我们中的一个哥萨克人半小时用鱼钩钓到了30条鱼,每条有2～6俄磅重,从中我们还挑出几条做了标本。当地人是用木棒打鱼,因为鱼多的时候简直能把湖泊之间的小支流挤得满满的。

所有这些湖泊都相当深。南边的那个湖,在离陡岸约2俄丈的地方,我用带重坠的绳索和浮标测到了3俄丈的深度。我们的向导说,冬天从这个湖的冰窟窿放进去带坠的长40库拉奇(35俄丈)的绳子,中间不少地方都够不着湖底。

我们到那里的时候湖中有不少游禽,尤其多的是湖禽。这个平坦谷地的陡坡上筑有牧羊人的芦苇茅屋,在长有新鲜芦苇的谷地牧放的便是尼雅人的羊群。热情好客的牧民们请我们喝酸羊奶,他们还提醒我们在通过谷地沼泽地的时候要小心,因为在沼泽地有不少凹洼处是很容易塌陷的地方。这种地方上面覆盖着一层摇摆不定的植物表壳,一旦陷进去便会无影无踪地淹没于污泥深渊中。

离开谷地的湖泊之后,队伍继续向东沿着跟前面一样地形的路行进。这是一条上面覆盖着一层薄沙尘、表层为硬土的小路,路边到处长满贴地的矮小芦苇。走到平坦路的一半时,开始出现一些小山包,剩下的8俄里硬土路变成了上面同样覆有一层沙尘的萨依路,有些地方还能看到大块外露的顽石。

　　在这个萨依地段,我们经过了一条已堆满沙土和长有怪柳丛的相当大的古河道。这段路的最后一节是起伏不平有着孤单高地的平原,我们从这里下到托兰和卓河沟以后就停到阔什拉什住宿。走这段路的时候一直刮着很大的西风。所幸的是顺风,如果是迎风想必在戈壁中很难行走,有可能用一天时间我们都到不了托兰和卓河沟。

　　有着黄土悬崖的托兰和卓河沟很宽阔且到处长有芦苇、灌木丛和胡杨树。当时托兰和卓河(参见原书附注35)的水不大,像是一条清澈的小河流,离阔什拉什稍南是托兰和卓河两条支流的汇合口,而这两条支流之间便是又高又陡的长岛克特梅特里克。

　　第二天,我们沿着托兰和卓河往上走了约3俄里路就停到布拉克巴什景区住宿。托兰和卓河床,从我们的住地一直深入到昆仑山脚下,这条河半年以上时间都是干的,只是到发水的6—7月份河中才有水。在布拉克巴什景区及稍南的河沟有不少泉水,这些山泉的水源无疑是流出地面的潜水。没有从山中流下来的冰雪水的时候,这些泉水便成了托兰和卓河下游的水源。从水泉地往南,这条河岸的坡度开始逐渐变小,到最后完全与毗连辽阔多石的平原拉平。水泉在地上面的地段基本不长什么东西,离泉水约一里的地方长些稀疏的怪柳丛。

　　我们在布拉克巴什休整了一天。向导告诉我们,离这里28俄里的下一个住宿地,没有放牧的地方,所以休息的时候我命手下人割些新鲜芦苇晒干后打成捆以备后用。

　　我们从布拉克巴什出发往南走的已经是托兰和卓河干涸的河床地带了。前面尽是沙丘的山沟两边的陡坡到这一地段以后开始向南缓慢下降,到了离我们的住宿地2俄里的时候完全成了平地。于是在南边,我们眼前展现的便是一望无际的遍布大顽石和砾石的平原。在这个多石的平地上好不容易才能辨别出干涸的托兰和卓河床,就这个也只是根据新的沉积物或石头上的土层才能看清。看来发大水的时候河道变

● 昆仑山出口托兰和卓河沟

得很宽,而且有些地方还分出小支流。这个砾石平原的北半部分完全是不长东西的荒漠地带,而在其干涸的南半部分有些地方有孤零零的柽柳、麻黄等。从我们所走的路往东的平原上高高耸立的是水冲刷后形成的长长的陡岸,在西边是辽阔的砾石平原。我们走的是干涸河床右岸的路,走进尽是石头的平地之后常常看不到尽头。

队伍走了20俄里之后穿过了干河床的右支流。这条支流相当宽,约100俄丈,有很明显的新沉积物,并且长满了柽柳。过了这条支流,我们便转向西南方向,走的是碎砾石路,直到宿营地阿克塔什都是这种路。这便是山河从昆仑山向邻近砾石平原缓缓而下的慢坡的峡沟中流出来的地方。当时河水不大,山河流出山沟不久很快便在砾石平原上消失了。

向导的说法完全被证实:在阿克塔什地区确实没有山地牧场,所以我们在前一个住宿地储备的草料就有了真正的用场。

接着走的是托兰和卓河右岸的路,这条河在昆仑山麓的阿克塔什以南地段一直都沿着狭窄的砾石山沟延伸。这里的悬崖也随着靠近山峰而越来越高,而昆仑山北半部山前地带是个逐渐向邻近萨依地倾斜的碎砾石平原高地。托兰和卓河西边的山脚地带全是长有麻黄丛的小沙岭,其以东的慢坡碎砾石山前地只是个别地方有些东西走向相间的细长沙带。这些小沙丘覆盖着这一带个别地方仍外露着的起伏不平的硬土质小丘陵。这给细心的观察家提供了观察沙丘是怎样在不平的地表上形成,随着时间的推移又如何变成高大的沙山和一排排沙岭的机会。

这一段路,托兰和卓河一直都从深深的山沟中通过,两边都是岩石悬崖峭壁,甚至徒步都靠近不了河边(参见原书附注36)。我们的狗热得受不了,想到水边去,但始终未能去成。我们常看到羚羊踏出的东南方向到托兰和卓河边的小路。我的同事科兹洛夫沿着其中的一条平坦小道向山沟走去,结果被那边一些轻巧的动物去喝水的山径的可怕陡峭给惊呆了。这悬崖陡的——如果是人下去,只能是用绳子冒险才成。

我们走的下半段硬质砾石山路不知不觉地变成了软软的混合有大粒沙的黄土路段。随着土壤的变化,稀少的萨依植被也由锦鸡儿、艾蒿和优若藜代替,但鲜嫩的绿色植物仍很少。

顺着托兰和卓山沟行进30俄里之后,我们就停到巴斯苏兰景区住宿。这里有一条从东边到河边的坡路,坡度很大,但驮畜总还是可以通过。山沟对面的山坡更陡峭,只有无载重牲畜才能走过这里的弯曲小径,而且就这样也很难行走。

我们就在山沟下坡口的高地扎营住宿,饮用水用骆驼运来,而牲畜就赶到山沟中饮水。

由于巴斯苏兰有足够的河水和肥沃的牧草,秋冬两季山地牧民就赶着畜群临时到这里来住。山壁开凿的石洞便是这些山民的临时栖身之所。

早上,在天亮之前一场小雨之后,能够清晰地看到刚下过雪的昆仑前山,山后面的西南边是白雪皑皑的奇日干恰克尔山峰。就从这个高峰分出的一条很大的支脉,往东北方向延伸直到托兰和卓河。

从巴斯苏兰到喀拉萨依村我们要经过40俄里的缺水路:这段路也和以往一样分两段走。带足饮用水,饮好牲畜之后,下午我们便上了路。一开始我们顺着托兰和卓河向上游行进——这是一条又深又窄的沟底山地走廊。沟壁逐渐变为陡峭的长崖,而河水通过的长廊变成了非常狭窄的幽暗山缝。

走了8俄里之后,我们从河谷转向东南,沿着陡坡爬上了山前黄土岗的高台地。粗沙覆盖着这里的黄土岗,只是在个别地方裸露着断壁。后来我们走的是起伏不平的山前松软的黄土路,最后就走上了1889年秋到昆仑山去的尼雅至喀拉萨依平坦大道。顺着这个大道约走5俄里之后,我们的队伍就停到一条干河道住宿,这里有不少新鲜艾蒿。

5月3日,我们到了喀拉萨依村,就在村边安营扎寨。在我们到达的前三天,这里下了一场大雪,我们到之前刚刚化完。青草刚开始发芽,所以饲草很少,尤其对骆驼很不利。据牧民们说,山里更差,所以他们的畜群只好继续在村子下面的山下牧放。由于昆仑山上缺少青草,对考察队来说向西藏进发是冒险的,何况我们还不十分有把握在那里有没有哪怕是能够短期停留的地方。所以我不得不作出决定,在喀拉萨依住到山里长出青草,同时利用这段时间对西藏高原进行几方面的考察。如果在那里能找到满意的草场,那么首先全队人马都过去,然后从这里再沿着高原行进。

考察队在喀拉萨依安顿下来之后,第二天我就派出一名哥萨克人随同几个当地人到下面山地找牧放骆驼的草场,因这村庄附近的饲草不够我们的骆驼吃。就在当天,离喀拉萨依约12俄里的地方,在博斯坦托格拉克河边,我们的人找到了一块相当不错的草场,我让所有的骆驼都转到那里。同时,我们还雇上了坐骑、驮马,买上了饲料,找到了去过西藏的向导。到达喀拉萨依后的第三天,考察的准备工作都已经做好了,已经可以出发了。

5月7日,罗博洛夫斯基带着一名哥萨克和当地人奥斯曼,出发到那个无人知道的地方去。奥斯曼随采金者一起到克里雅河上游的西藏高原去过。他们越过昆仑山沿着谷地山口萨勒克图孜到达西藏高原之后,顺着边缘山脚转向西南边挺进。这是一条像是高山戈壁的山地路,平均海拔约15570英尺。除了很少的贴地矮小的优若藜、蔓藤和西藏苔草之外,在这里见不到什么别的植被。探察队从最后一个站出发,好不容易到达克里雅河上游。他们从那里在遥远的西南边看到了与昆仑山相连的高大雪山。在这里根本没有放牧的地方,所带饲料也已用完,逼迫罗博洛夫斯基只好从克里雅河沿着老路返回。他于5月18日回到

● 考察队在昆仑山脚下喀拉萨依村附近的住地

了喀拉萨依。

　　我的同伴们所带回来的关于西藏高原令人不高兴的消息并未能阻止我继续通过萨勒克图孜山口深入到这个高山戈壁的尝试。罗博洛夫斯基回来后过了几天,我仍建议他重返老路经昆仑山到达高原之后,直转南边尽可能深入边缘山区远行。我交代罗博洛夫斯基,如果那里不像克里雅河上游那样荒凉贫瘠,找到一块适合于考察队临时住宿的地方就可以。

　　我的另一位同事科兹洛夫沿着博斯坦托格拉克河上游到西藏高原。据当地人说,沿着这条路翻越昆仑山边缘地区不会有多大困难。

　　5月27日,我的两位同伴在考察队几个护卫和当地人的陪同下起程了,而我自己留下来继续进行天文观察和收集有关昆仑山的资料。从尼雅向南直接到昆仑山去的考察队地质员博戈达诺维奇考察了索乌尔嘎克金矿,从那里顺着昆仑山麓向喀拉萨依行进,在途中经过了若干谷地和峡谷。他在喀拉萨依短暂休息之后,直接翻山向东北到了科帕金矿,直到6月底才返回喀拉萨依(参见原书附注37)。

　　根据我收集调查到的以及个人观察的资料,昆仑山的降水量从西南到东北方向很明显地在减少。这种不均衡的降水量很客观地反映在这个山区西南部和东北部的植物群上。如昆仑山西南部有不少长着各种灌木丛的云杉林和桧松林以及高山草地,这些都可以成为很好的牧场。然而,在同一个山的东北部基本没有什么树林,灌木等植物也十分单调。从克里雅往东北高原草地越来越少,而且其面积和植物种类都远远不如昆仑山西南部的草地。但是,两地的土壤条件是相同的,昆仑山区从罗布泊的南北走向到特斯纳普河上游的全境内,差不多都是无多大差别的黄土地带。所以,在山区东北方向地区的植物群落的逐渐减少,完全可以认为是因为在同样方向地区降水量减少所致。据当地人说,从克里雅河到昆仑山西南部地区的年降雪降雨量确实比其东北地区明显要多。根据他们的说法,这个山区的雪云和雨云总是从西南、西边和西北方向聚集,而且大都是在六七月间下雨。8—10月,甚至是在11月份,昆仑山的天气都很好:无云无风,夜晚寒冷。1月底开始刮大风,常常伴有雪暴,并且持续到来年4月份。

喀什噶尔境内,在昆仑山区生活的当地人过着与其绿洲地区居民完全不同的游牧生活,他们更为朴素善良。他们牧放的都是绿洲富人家的畜群,而且这一职业代代相传,父亲传给儿子,儿子传给孙子……他们就这样几代人生活在山中,并一生都待在山里。绿洲人称这种牧民为塔戈勒克(意为山民),并且有点看不起他们,就像是低人一等似的。实际上,这些塔戈勒克人除在待人接物的礼节方面不如盆地人以外,他们更为朴实和直率。

昆仑山游牧人口的密度以及他们牧放畜群数量的多少直接与东北方向的草场的大小和肥沃程度有关。克里雅河和玉龙喀什河上游之间山区人口密度较大,这一地带牧放的细毛羊和普通大尾羊很多。克里雅河东北地区的牧民人数及畜群数量都在逐渐减少。

塔戈勒克人整个夏天都随着畜群在高山中度过,7月份到达最高高山草场,只是到秋天才下山到谷地和昆仑山麓的北坡地带。这里有他们简陋的地窝子,甚至小土房都不多。他们就在这样的小村落过冬,畜群就在附近牧放,视草场的情况而到远处放牧(个别时候,塔戈勒克人中期会赶着畜群临时到高山去,这里的温度因为控制昆仑山冬天的反气旋作用要比山下谷地明显高)。塔戈勒克人在村郊种植自家用的大麦,浇地、收获庄稼都不用太多人,且大都由夏天留家的老人来完成,

113

大部分人都随畜群上山。随畜而牧的这些塔戈勒克人没有什么固定住所,他们对这里的每个草场都十分熟悉,根据畜群牧放的情况随时可以变动放牧地,所以在这些地方都建有他们的临时住所。这种地窝子大都修筑在山泉或河边的黄土和岩壁处,地窝子的内部结构与俄罗斯烤炉有些相似:正面有出入口的厚墙,一侧墙上挖有当炉灶的壁坑,上方有排烟的通道,其他墙壁上也都凿有放置炊具和其他杂什的壁柜,屋内有一个从房顶上出去的通气道。

整个夏天,塔戈勒克人随身携带家具什物同妻室子女就生活在这些简陋的住所,而且每转一次牧场就得换一次住处。这些人下山到自己的村庄之后,根据畜群践踏草场的情况仍要被迫随畜临时生活在离村很远的地方,住的仍然还是在昆仑山中所住过的那种地窝子。

如上所述,塔戈勒克人牧放的都是绿洲居民的畜群,但也有少量自己的马、驴、奶牛,稍多的是羊只。畜主作为酬谢,付给山民的是春毛和部分奶油,而大部分奶油和夏毛就归自己所有。根据同畜主达成的协议,每100只羊每年的增殖数不得少于50只羊羔。超出定额的部分算为牧民的收获,如果短缺,年底从个人收入中扣除。每只羊一腾格的公税由畜主和牧民各上缴一半。因倒毙和被狼吃的损失由畜主补偿,但牧人必须提供这类事故的证据。每个畜主都得要为自己的牲畜做一特有标印,以便与其他畜群区别,并且一年必须两次查看和清点自己的畜群。

我们在昆仑山和西藏高原北部地区考察的整个过程中都有塔戈勒克人相伴。我们跟这些朴素的人和睦相处,他们的真诚、直率和顺从都让人喜欢。在山里,他们能够快速爬上看来根本不可能上的悬崖,这种本事让我们惊奇不已。但是到了昆仑山后面的西藏高原之后,不知为什么他们对这一地区总有着一点恐惧感,原先的勇气不见了,而且常常显得有些胆怯。这些习惯于自己山区故土的勇敢的人们一再劝说我们,不要到离山脚太远的南边去,不要到那个容易遇难的无人住的山地戈壁深处去,所以每当我们从那里转向到昆仑山的时候,他们都显得无比高兴(参见原书附注38)。

5月3日至6月15日,在喀拉萨依的这段时期内,我差不多每天都观察到了从塔克拉玛干沙漠深处刮来的凉爽的北风(6月14日至7月5

日，在我离开喀拉萨依的这段时间，留在那里的人们说，差不多每天都有这种北风）。凡是晴天，从早上11时到下午5时这个北风总是定期刮，而下面平原地区上空这时总是布满着旋风扬起的一股股浮尘。天阴的时候刮来的凉风弱一些，如果连续都是阴天的话，中间几天就无风。每天晚上都刮从我们营地对面的昆仑山峡谷吹来的微弱小南风。

从戈壁深处刮来的北风是凉风，所以在一定程度上可以缓解白天的炎热，刮风的时候差不多可以降温3℃。在这同时，我们从尼雅来的人那里了解到，尼雅自5月份开始天气已经很热了，而且一直持续到我们在喀拉萨依的这段时间。毫无疑问，塔克拉玛干戈壁沙漠这时的天气肯定要比尼雅还热。我感到十分惊奇的是，从那里吹过来的风却是如此凉爽，使我们在喀拉萨依的热天里享受到了舒适。进行考察的初期我就发现，这风并不是从水平方向刮过来，好像是从上方，从某个角度刮过来的。为确定这个角度我做了一个简单的仪器：在木叉之间的连线上糊上一张纸，并将木叉置于平板仪上与望远照准仪的筒身上平行竖起来转向迎风的北边，不断改变纸面角度的大小，根据其迎风振动的程度，我发现风的确不是从水平方向刮过来的，而是从上面刮过来的，其水平夹角大约为5°～10°。做试验时，罗宾逊风速仪的风力为3～10米/秒之间，随着试验位置从山脚向南推移，风力逐渐升高，高处可达15米/秒或更高。

五六月份，在喀拉萨依观察塔克拉玛干凉风现象，不是我们在喀什噶尔考察期间唯一的一次。早在1889年的六七月间，考察队沿着塔克拉玛干沙漠的西北边缘到达叶尔羌河谷地时就不止一次感受到了凉爽的气流。凉风的方向与戈壁沙漠相一致，而且好像从上面吹下来，并可降温2℃～3℃。7月18日至9月1日我们到达昆仑山的托合塔阿洪时，差不多每天都有从同一个方向刮过来的凉爽的东北风。最后一次是1890年6月到昆仑山前山北部进行的考察。

塔克拉玛干沙漠的夏天是非常炎热的，所以在这个季节，这里的天气长期处于最低气压期。还在3月底，在札法拉萨迪克寺院我们观测到的温度就是27.2℃，而沙子都炽热到了60℃（1890年4月1日罗博洛夫斯基从车尔臣返回到尼雅时测试太阳照射沙子的指数是67℃）。六七月份，当深暗的萨依地及其沙土地可能晒到80℃或者更高，那么沙

● 托合塔阿洪河巴斯苏兰景区的山沟

漠深处会是怎样的情况呢！毫无疑问，整个夏天在这样的烘炉中必然会产生大量的升腾起的强有力的气流；同时，过分炽热和干燥的沙漠空气向高空上升过程中会消耗大量温度。于是在炎热的夏天，塔克拉玛干戈壁沙漠上空就会聚集大量冷却了的空气，所以这里的气压就像是赤道上空的气压一样，要比起山下平原尤其是边缘盆地的平均绝对高度应该要高。其结果是，被冷却了的空气从这辐射方向朝周围山区奔去，去填满其上空及其脚下的真空；而且这些气流的压力随着边缘盆地高度不同的变化原因，山区的大气压力比起山脚高地的应该要高。这种解释完全与白天所观测到的戈壁冷风的结果相一致。我认为其产生原因完全是地表过分炽热所致（参见原书附注39）。

6月8日，科兹洛夫出差回来；10日，罗博洛夫斯基也回到了喀拉萨依。

科兹洛夫沿着博斯坦托格拉克河谷到了西藏高原的塔什库里湖。这是只有山地猎人和寻找金矿的人才能到的最后一站。从这个湖向东北，他走的是昆仑山和其东边大山之间的宽广的山谷路。这是一条沿着从南边注入塔什库里湖的河流上游延伸的山路。河谷地的海拔高度为1.4万英尺，这里除坚硬带刺的西藏苔草外，未见任何别的植物，非常荒凉，而且苔草也只是在小块潮湿地才有。科兹洛夫离开塔什库里湖沿着这个谷地约行进100俄里之后，因为没有草场，所带的饲料也已用完，所以不得不沿老路返回喀拉萨依。

罗博洛夫斯基和过去一样，从萨勒克图孜山口翻过昆仑山之后，直向南进入西藏高原行进约75俄里。这里的地形比起克里雅河上游地区更像戈壁地形，平均海拔高度16600英尺，从东至西到处都是矮矮的岩石小山冈，而这些山岭之间是多石谷地和封闭的洼地。他在西南边克里雅河后面重又看到了庞大的雪山高峰；而在南边，看到的好像就是从这座大山远远的东边分离出来的一条相当长相当高的山岭，从后面锁住了起伏不平的大地。

罗博洛夫斯基在他到过的高原戈壁上除矮小的优若藜外未找到任何别的植物。地面上到处耸立着岩石和石英的鳞片状小山包，空气稀薄，常刮伴有雪暴的大风，这一切对行进均造成了极大困难，除剩下一匹坐骑外其余均倒毙，剩下这一匹马也不肯动弹了（参见原书附注

40）。最后一站路，罗博洛夫斯基和随同的军士别斯索诺夫将厚衣服和所有剩下的食物都驮到唯一剩下的一匹马上，徒步走完了回程的山路。他们好不容易才到达了存放备用物品的山口的北坡，在这里住了一宿——从这里到矿布拉克金矿，沿着萨勒克图孜谷地往下步行还得要走一站路。采金工热情地接待了他们，安排他们临时住下，一直等到我从喀拉萨依派出的人带着马匹和食物接他们回来。

我的同伴们经萨勒克图孜山口和博斯坦托格拉克河谷，对西藏高原北部边缘所进行的考察让我们对这个无人知道的地方多少有了一些了解，同时也证实了我们全队人马到那里去的尝试是徒劳的。承认对塔什库里湖以南这个高山地区，哪怕是其一小块地方也有必要进行补充考察的同时，我决定到那里考察并尽可能深入到山以南更远的地方去。

出发考察前三天，我派出考察队员和当地人前去维修博斯坦托格拉克河谷地的道路，也租到了向塔什库里湖运送饲料的驮牛、驴和马。我们要在这里修筑一个仓库，以便从这里到南部地区和东部地区考察时取用储存物。

6月16日，我们从喀拉萨依向塔什库里湖出发。这次随同我前去考察的有罗博洛夫斯基、科兹洛夫、4名护卫队员和充当向导及驮工的9名塔戈勒克人，后面跟随的是庞大的驮运食物和饲料的驴、牛和马队。

我们越过喀拉萨依以东以北昆仑山支脉后，转向东南边的博斯坦托格拉克河进发，不久就到了昆仑山区。沿着这条河不宽的谷地约走2俄里，我们便到了左边的一条大支流库布奇河的岸边。在这里，我们遇到了相当艰难和危险的路段，库布奇河几乎成垂线流入博斯坦托格拉克河。在两河汇合口附近，库布奇河碰到了让其急向西直转的坚硬砾岩岬。库布奇河绕过这个河岬流入博斯坦托格拉克河。这两条河汇合形成的河滩地是高高窄窄的砾岩沙嘴。

我们顺着陡峭的坡路下到库布奇河深沟并到达其右岸后，继续沿着很陡的河岬爬上了上面提及的沙嘴的狭窄山峰。从这里，我胆战心惊地看到前面我们将要走过的是多么危险的一条路：这条宽不超过3~4英尺的窄缝路约有300多步，其两边是高约25俄丈的完全垂直的

118

岩壁。我鼓足勇气快速平稳地通过了这可怕的山峰。非常遗憾的是，这里根本没有绕道可走。我走到沙嘴的宽处松了口气，站在那里往后看，看到我们的那些山民无比镇静、根本不在乎地赶着牲畜走在这条可怕道路上，那平静神态使我大为惊奇。然而，他们没有一个人敢骑着牲畜走。马由他们牵着，而牛和驴是自己慢慢跟着走。

在返回的路上，通过这段路时我们远不像第一次那样害怕了。所以我想，如果经常往返于这种险恶路段，我们的自我保护本能也会像这里的山民一样，对类似这种的危险情况不会那么敏感了。

河岬以南，从高山上可见到陡峭山壁环绕的库布奇河幽暗的峡谷。库布奇河水量不小，发源于昆仑山峰附近，流向西北，只是到下游才转向北边。因地形险要，就是当地山民也很少有人了解这个地区。库布奇河流过的都是难以涉足的险峻的悬崖峡谷，而且周围地区遍布从悬崖高峰中冲出的山河和更为幽深的峡谷。据塔戈勒克人称，库布奇河地段是个人迹罕至区。他们的畜群在夏天也根本到不了这里，偶尔只有猎人们来打野羚羊，但即使这些勇敢的人也深入不到那些更为险要的地区。

博斯坦托格拉克与库布奇河汇合口以上被称为阿克苏河，同样也从山沟流过。沿着阿克苏河谷地往东约走3俄里险要地段之后，我们顺着陡坡下到了这条河的沟底，就在阔什拉什景区扎了营地。阿克苏河沟的这个地段相当宽大，长有芨芨草和艾蒿。这个时候，塔戈勒克人种植的不多的大麦快可以收割了。

傍晚8时左右，远远从东边隐约听到了好似从水磨堤坝上下来的闷闷水声。隆隆声越来越大，半小时后在河面上我们便看到像一垛墙似的山水，高约2英尺，流速约70俄丈/秒。这突如其来的洪水，毫无疑问是离我们营地约50俄里的昆仑山上的冰雪因白天气温高融化所致。这次山洪约持续了6个小时。

尽管我们的气压计高程测量中所反映出的昆仑山河流的落差8俄丈/俄里，但在正常情况下河水流速基本不超过8俄里/小时或者是7.8英尺/秒。在开头的时候，流入干涸河床的流速起码慢一半。昆仑山河水流速如此缓慢是因为河道极不平坦，到处都有影响河水流速的大圆石和岩石。除这些障碍物以外，首先流入干涸河道的山水必须先灌满所有洼坑,然后才能继续向前流淌。

　　在个别情况下,尤其在山中连续下大雨的时候,河水会比正常情况高出1俄丈。这时河水流速会达到18英尺/秒或者18.5俄里/小时。在这种情况下,只是流在河底大顽石之间的水下层碰到阻力,而水的表层却碰不到任何阻力,其速度与蒸汽机车差不多。

　　考察队从阿克苏河的山沟中来到了这条河流狭窄的谷地,并顺着其左岸继续向东行进。离库布奇河汇合口约7俄里的地方,水量相当大的库铁尔河从右边注入阿克苏河。两河在此处汇合后,从东南往西北沿着很窄但不很深的两边都十分陡峭的山沟延伸。我们走的路转向东南之后,沿阿克苏河左岸很陡的斜坡路行进约6俄里,然后转到其右岸并沿着细窄的斜坡绕来绕去,最后到达了我们停下来住宿的鄂吐尔布拉克景区。这是阿克苏河两岸的平坦地带,岸边的植被长势也很好。

　　到达宿营地之后,见到了我们预先派出修路的工人,他们修好了前面长13俄里的险恶路段,我们才得以毫无阻力地通过。

　　鄂吐尔布拉克四周都有塔戈勒克人夏天牧放羊群的很不错的高原草场。这里到处都有他们的地窝子。这种住所大都修筑于河边或者泉水边,便于塔戈勒克人及其畜群饮水。阿克苏河流域的山中栖息有野山羊及其死敌雪豹,雪豹有时也袭击塔戈勒克人的羊群。但是这些动物的主要生存地是库布奇河流域的山区——只有胆大的山区猎人才敢到那里去。

　　鄂吐尔布拉克的山水比起前面一个宿营地差不多晚来了两个小时,而且水量也不大,仍还是像一垛墙,约1英尺高。

　　我们从鄂吐尔布拉克沿阿克苏河左岸的平坦地带走了约3俄里之后,向东直转,并且一多半路都在这个方向行进。从转弯处开始,阿克苏河谷地出现了明显的变化:谷底几乎是一块平坦地,两边是在太阳照耀下反射昏暗的高高的悬崖峭壁,使这个光秃秃无生机的河谷显得更为凄凉。平坦的谷底到处是裸露的岩石、碎砾石和大粒沙,几乎不长任何植物,只是在河滩个别小块泥土地上长有些禾本科植物。阿克苏河水却不时淹没于空旷的谷底松软的沙石中,时隐时现地流出谷地表面。

　　走到最后,我们向东南急转便停到遍布石头的巴什布拉克景区住

宿。随队的牲畜最后一次吃够了这个小孤岛上的树梅、艾蒿及禾本科

● 阿克苏河和库布奇河之间的深沟

饲草。这类草到后面的路上基本都长得不好。

巴什布拉克有一口矿泉,其下面约3俄里处还有一个从岩石裂缝中涌出来的更大的裕干布拉克矿泉。两口山泉的水都带一点咸酸味,当时的温度为6.7℃。

第二天,我们仍沿着这条河谷不宽的石子路继续向东南行进。走了6俄里之后,我们的考察队离开了这条发源于雪山从东向西流去的河流,然后就开始沿着其左边的又大又长的支流喀拉塔什河行进。这个河谷跟前面有所不同:比已经过的阿克苏河谷地要宽得多,但没有它深;其周围山的相对高度逐渐在缩小,而山体本身也变得更为平整,地表露头也比阿克苏河谷地少得多,其全是碎砾石和大粒沙的山前地带缓慢向喀拉塔什河宽大的卵石河床倾斜;这里的河岸虽然很陡,但不是很高。喀拉塔什河谷地及其周围山区是个无声无息的戈壁,除了极个别地方才能看到的可怜兮兮的矮小灌木丛外,在整个路途中从未看到任何有生命之物。从宽敞的山缝中间远远地看到了将阿克苏河流域地区从东北和西南边相接的高大昆仑山雪峰的反光。

距巴什布拉克20俄里的地方我们已经接近了昆仑山峰,从这里通往狭窄的喀拉塔什河谷地。喀拉塔什河发源于昆仑山南坡,顺着西藏高原穿过昆仑山深陷的鞍部转向西北。到达这个鞍部之前,我们走的这条路转向东边后沿着喀拉塔什河上游的狭长谷地行进。这里山河的落差很大,在东边这个谷地由昆仑山的一个接着一个的两座支脉阻挡着,所以从其西边往上爬的行人就觉得这个谷地从东边由上述山峰无法到达的陡峭鞍部紧紧锁着。实际上,这两个有着台阶的山岬之间有一道宽宽的山门,来自西藏高原的喀拉塔什河就从这里通过。

经过这山门之后,我们继续沿着谷地进发。谷地在这里已经开始变宽,但仍差不多是向东延伸。喀拉塔什河宽阔的河道中有些地方还堆积着看来是从去年秋天到今年6月20日还未化完的冰雪。喀拉塔什河上游谷地在北边急剧升高而且与超过雪线的昆仑山峰相接。其南边陡峭的山前地带到处都是卵石和流向喀拉塔什河山泉的沟壑,在南边镶嵌这个谷地的是在上述山门附近从昆仑山分离出来的独特砂岩石支脉。这个在西藏高原成为特殊山岭的北坡几乎是一个完全悬空峭崖,在其脚下堆有不少巨大崩坍石,这些巨石从高处甩落下来时有的远远滚出约200俄丈。其面向西藏高原的南坡坡度不大,几乎像平坦的屋顶,只是其表面个别地方稍有些不平。

从山门出发沿着喀拉塔什河陡峭谷地约走6俄里之后,我们来到了这个戈壁谷地中像是孤岛的鄂特里克布拉克景区。这里长着西藏苔草——是一种带刺发硬的植物,牛喜欢吃,但即使是饥饿的马和驴都不大情愿吃。从这里往东和东南已经是又平坦又光秃的西藏高原了。我们考察队从鄂特里克布拉克转向东南后,沿着遍布砾石和大粒沙的戈壁平原继续向前行进,然后就到了塔什库里湖,并在湖边扎营住宿。

在向西藏高原进发之前我们在塔什库里湖待了5天,我们的役畜在翻越昆仑山的途中疲惫不堪,驮着重物通过60俄里艰难路程,而且还得要爬上4190英尺高的喀拉萨依。此外,还要确定塔什库里湖出发点的地理位置,要进行磁场观察和测量雪线高度、邻近冰川的下限以及我们住地东北15俄里处昆仑山最高点阿克塔格高峰的高度。为进行这些高度测量,我得要在附近选择一块1600俄丈的基地,设置一个小型的三角测量网。

到达塔什库里湖的第二天,我们将运输食品和饲料的驮畜连同多余的当地人遣返回了喀拉萨依,身边只留下了6名塔戈勒克人和下一步考察所需用的役牛和驴。为了节省饲料,这些留下来的牲畜白天都牧放在鄂特里克布拉克以及在其北边有着低矮饲草和艾蒿的山脚下。到傍晚时分留下能够吃到苔草的牛群继续牧放外,将其他畜群赶回住地补喂少许饲料。

塔什库里湖位于海拔13880英尺的高地,呈三角形,周长15俄里。湖水带点咸味,其中除湖虾外别无其他生物。湖岸低洼很平坦,湖水并不深,只有西北角被冲得深度大一些。湖面平静,根据留在岸边平地的痕迹推测其摆幅还是不小。水摆的幅度取决于一会儿是向南,一会儿又是向东摇摆不定的风力,部分也取决于流入湖中河流的水量。塔什库里湖水在晴天时为蓝绿色,阴天时是灰蓝色,而在月光下几乎呈白色。湖边常能看到带着幼仔的海番鸭,偶尔飞来的还有针尾鸭和黑颈鹤;湖岸低空来回飞翔的有雨燕和克什米尔燕。

塔什库里湖边还找到了些尚未来得及腐烂的鸟类尸体,很显然,这些鸟类并不在西藏高原常住,而是春天从印度飞向北方经过这个严寒

● 昆仑山库布奇河峡谷

地区时死亡的(湖边找到的鸟类尸体有:杓鹬、红脚鹬、扇尾沙锥和秧鸡)。湖的周围完全是个空旷的谷地,这里我们看到了许多与现在生活在西藏东北地区的野生牦牛不同种的野牦牛骷髅架。

我所述的塔什库里湖位于两山之间的广阔谷地,其北边是超过雪线的昆仑山高峰的南坡,而从南边环绕这个高山谷地的是在库布奇河源附近从昆仑山分出后远远向东延伸的宽宽平平的东支脉。这一分出来的大山脉在北边又环抱的是比塔什库里湖高山谷地还高出2200余英尺的西藏高原的最高地段,并形成从北边向这一极高地攀登的台阶地。

上述昆仑山的东支脉距塔什库里湖约40俄里处从南北方向楔入宽宽的横向谷地。沿着这个谷地可以无多大困难地登上其北边的高山地带,而往东距塔什库里湖90俄里的地方朝北方向从这个支脉分出的是将其与昆仑山主峰相连和在东边将塔什库里湖谷地连接的一条平坦小支脉。这个平坦高地的山口,在西边有条几乎感觉不到的坡度,而其东坡却相当陡峭。昆仑山及其支脉之间的高山谷地到距此山口稍许以东,地势开始降低,其植被也多了起来。科兹洛夫第一次到这个西藏高原考察时,在这个地方看到过发源于这个山口东坡的一条河流,这条河向北急转楔入昆仑山。随同科兹洛夫的塔戈勒克人未能提供任何有关这条首次发现的河流的情况。根据科兹洛夫在这一高山地区的地形测量以及我们此次在昆仑山北坡地区的行程,这条河流应该是喀拉穆兰河的左支——米特河。

塔什库里湖的水来自一条发源于昆仑山南坡的水量相当大的山河。这条无名河长不超过100俄里,在其流入塔什库里湖之前分汊为许多支流并形成遍布湖滨的大大小小三角洲。这里常能看到海番鸭、针尾鸭和松石鸭。

我们在塔什库里湖所待5天的时间里,虽然受到了每天从上午11时到午后7时大风的影响,但我顺利完成了自己的所有计划。这个大风总是从北刮起,然后转向西北最后变成西风,并且逐渐加强,到午后约3时达到每秒20～25米。这股强冷风从不伴有沙尘雾,我们在西藏高原期间也从未遇到过沙暴。到夜晚,风虽然停了下来,但天气相当冷。6月19—21日夜间,离塔什库里湖岸150俄丈的小石头上结了一层薄冰,到了中午全部融化。6月21日之后再未出现过霜冻。6月23日,早上下了一场差不多1英寸厚的雪,到上午9时平地上的雪都化完了,但山上的到中午才化完。从塔什库里湖往南高原山峰后面每天都可以看到厚厚的白云——根据远处可见的一条条白长条可以推断山中下了大雪,并不时能听到远处的打雷声。这些雷电大大影响了我的测磁仪数据,使我不得不两次中断刚刚开始的观察。

我利用小炮和仔细核准过的计时器进行了在绝对高度13880英尺、大气压为456.8mm、气温10°C、绝对湿度2.8和相对湿度31的稀薄空气中声波传播速度的试验。通过其结果协调的12次不同的观察得知,这个速度每秒为1073英尺,也就是说,这个数据跟在不是很高的地方所进行的试验差不多一样。

我所进行三角测量的绝对高度如下:阿克塔格高峰为20880英尺,昆仑山南坡雪线为19140英尺,其冰川下线为18080英尺。定为相对大地测量高度的测量点上(营地木桩)经常定时用的是水银气压表,根据这些观察其高度为13880英尺。

6月25日,我们分成两批人马对周围地区进行考察。科兹洛夫带着一名哥萨克和两名塔戈勒克人沿着注入塔什库里湖的河流往上向东行进;然后他转向南,横穿距此湖约40俄里处宽宽的昆仑山支脉谷地,登上西藏高原的制高点,以便观察更大的范围。另一支队伍由我同罗博洛夫斯基以及两名护卫和两名塔戈勒克人组成,从塔什库里湖直接向南进发。两支队伍都只带了驮着够一周食用的食物和饲料的役牛和驴。

我们绕过塔什库里湖的西端,然后向南从北边由高山环抱起来的谷地进发。约4俄里我们走的是逐渐向山脚升高的荒漠平原。路上,我们看到了些野牦牛的骷髅,返程时我们带回了其中保存完好的一具。然后我们就来到了山区的对面谷地。这里前4俄里路的坡度相当大,西边有许多峡谷通到这谷地,而从东边山区直泻下来的尽是很深的凹谷。谷地南部地区偶尔能碰到些艾蒿,这里生长的只是些不很多的贴地矮小的草皮。

尽管这个谷地和山区的植被如此贫乏,但其中却有羚羊、藏兔和野驴。在谷地松软的地方,我们不止一次看到过这些食草动物以及狼和狐狸的新脚印。在这里我们还发现有人临时居留过的痕迹：现在喀什噶尔早已失传的铁箭头和峡谷交汇处的一堆堆石头。看起来这些石堆很可能都是曾经到这个高山戈壁来过的猎人或者是采金者留下的路标。

　　其前沿地区，也就是与山脚毗邻的北部山区就可以说明所述边缘山区的地形特点。这个地区跟中腰山区相比有着很大的绝对和相对高度，而且升高到与山峰差不多的高度。我们在山湖地行程期间，在较高的山峰上始终有新下的雪，而同一条山的中腰地段大多数时间都没有雪。这些前沿山区都由很高的、看起来是单独的凸岭相连的群山组成；其间有很多宽广的高山凹地，而且均由很深很陡的峡谷和山沟与下面的谷地相互接连。

　　进入谷地约行10俄里后，我们在干涸的河道中发现了小溪流，便停下来住宿。这条小山河沿着这个平坦的沙石河床延伸约100俄丈后重又渗入地下。小河两边长的是这个高山戈壁上腰和中腰地带唯一的植物——矮小的优若藜。四周弥漫着死寂，放眼不见任何生物。

　　下一段路我们走的大都是上坡。周围山区的相对高度随着我们的攀登越来越小，而且主要谷地和周围谷地也越来越不像中腰山区开始时那么深。距我们的住宿地约5俄里处，我们沿着行进的谷地分成了三个宽广沟谷，但都不很深。我们选择了中间的那个。沿着弯弯曲曲的峡谷没走多远，道路很快变成细长条且坡度很大的山路。这段峡谷周围的山变成了丘陵，而且有些地方还长有矮小的优若藜。在峡谷底有时能碰到潮湿的沙壤地带，但根本没有流动的水源。

　　距住宿地18俄里的地方，我们开始攀登很陡的山坡。经过一个小时艰难的攀爬，最后终于登上了海拔16590英尺的最高山口。站在山峰高处，在我们眼前展现出了雄伟的景象：南边是东西方向由丘陵相连的高地，在这个起伏不平的大地上远远在西南可见高高的山岭——逐渐向东南缓缓淹没的山脉；从山口往北是一望无际像凝固的海洋向北延伸并与天界衔接的山峰和丘陵。

　　我们从山口沿着平坦的南坡约走1.5俄里的山路，到了一块相当平展的凹谷地便扎营住宿（我们行进方向边缘的山脉宽约30俄里）。住地四周尽是碎砾石、大粒沙高原戈壁，只是个别地方长有贴地矮小的优若藜。再仔细寻找，我们仍没有找到任何水源，但是在从山口下来的凹谷地找到了一块潮湿的沙壤地带。我们的人在这块地上挖出一个坑后很快便充满了清澈的水,同时和我们随行的塔戈勒克人挖出了这个高原山区唯一的柴火——白柳丛粗粗的树根。但燃烧这种树根很不容易,必须得连续不断地用小风箱吹风才能点着——幸好出发时为防备万一我们随身带来了。在这个高度(1600英尺),水的沸点为84.2℃,无法煮熟新鲜肉——把肉放进开水中只会变红,根本煮不烂。我们只好满足于上面漂一层油的肉汤。

6月27日,从清晨到上午10时下了一场大雪,在一望无际的雪地上看到营地的帐篷,使我们不由自主地想起了披上冬装的故乡。10时雪停后,太阳不时从浓云中射出光芒的同时刮起了微微的西风。在强烈日照和干风的作用下,到11时雪就全化完了。在这里,人体直接被太阳照射的部位烤得很难受,而处在阴影下的部位又冻得不行。

我跟罗博洛夫斯基和一名哥萨克人带上气压表、仪器箱和驮着杂物食品的马出发,去对住地以南地区进行考察。

我们所走的路约3俄里,是大粒沙石高原地段。这里常常碰到不少的露头。接着我们下到了宽约1俄里的陡坡深峡谷,但谷底并未发现有什么水源。走出谷地,我们走上起伏不平、有些地方有着东西方向

　　　　　　　　　　　　　　● 昆仑山南麓的塔什库里湖

● 塔什库里湖以南的山地戈壁

小丘陵的大粒沙碎石路段。这些一排排丘陵之间都是封闭的盐碱洼地,在那些更凹洼的地段上面有一层薄薄的盐霜。

这一带到处是沙石、碎石、沙砾和大粒沙充填的宽约 5 英寸的裂缝。这一现象不可争辩地说明在这里冬季严寒而且缺少降雪量。这里根本没有下过雨的痕迹,我们的确没有看到什么干涸河道,在山峰、断壁、槽沟、堑壕上也没有发现雨点的痕迹——这种痕迹在硬结的泥土上是可以保留很长时间的。由此可见,这一地区一年四季只是下雪,而且同时也因为炙热的日照和干风的吹刮,很快便融化,只给土壤留下少许的湿度。根据在高山地区常常能碰到的潮湿的洼地推测,这里的地下水应该说是不少的。

在这个高地,我们唯一找到的植物是矮小而且长得也很稀拉、骑着马好不容易才能看到的优若藜。这里长的优若藜比起下面塔什库里湖谷地的起码矮小三分之二。如果是跟昆仑山北麓长得又高且多枝的同种灌木丛植物相比,那么这两个地区植物的差别就太大了,初看起来似乎是属于两种不同的品种。这种躲避着严寒气候的高山植物的地下根都非常发达,这也是我们唯一可用的柴火。

显而易见,在该地区也完全缺少青苔和地衣。看来大自然没有赐给在高寒地区不能生长的高等植物所需要的这种土壤养料。

尽管这里的植被如此贫瘠,但还是能看到些动物。在这块较平坦的凹地我们发现了几只羚羊,不止一次看到过山鹑、野驴、兔子的脚印,有次还惊飞了一只百灵鸟。但是,在这里我们未碰到牦牛,甚至也未见过其脚印和骷髅架。

我们仔细考察了人类是否到达过这一难以言表的凄凉地区的任何痕迹——结果确实未能发现。在高地也未看到石头堆起来的路标,也未见到遗留下来衣物、鞋袜、马具、灶具的残片以及篝火残烬的地方和烧篝火的石块。总而言之,没有发现任何一种有人临时住过并保存下来的痕迹。

远远在南边看到一座很高的丘陵后,我们便向其走去,以便从这个高处观察尽可能大的空间。在爬上顶头之后,的确可以展望四周很远的范围:到处是东西方向一个接一个的丘陵,而且其间分布着宽广平坦的洼地。离我们的观察点西南约30俄里处向东南方向延伸的是座高高的山岭——前一天我们从山口看到这个与地平线衔接的山岭。距同一个观察点约15俄里的南边高高耸立着一连串紧连在一起的有尖顶的短而不高的丘陵,其方向同样也是从西到东。

我们从山顶上刚刚观察完四周,拍完三张照片,突然间天空中飞来乌云,雷声四起,空中划过闪电并下起了大雪。从早刮起的西风也突然变大,下起了可怕的暴风雪。为了哪怕是稍许避一避大雪,我们几乎摸着沿东南坡下山到一个斜坡停了下来。在这里,我们试着用带来的柴火烧篝火,但每次都白费气力,刚刚燃起的火星一下就被大风雪吹灭。万幸的是,暴风雪很快停了下来,我们重又爬上山顶,用冻僵了的手好不容易才打开气压表进行高度测量,结果得到的数据为16150英尺。

山顶上很冷,我们冻得不行,赶快下山往回走,一路不时下马行走来暖身,但是这种快速行进也无济于事,在整个返程的路上我们一直受到了从一早就起的冷风的袭击。一回到住地,我们马上都穿上皮大衣,连忙一口气喝下几碗滚烫的热茶才不再打哆嗦了。

晚上写完例行日记之后,我们坐在帐篷里的火堆旁边,跟我的助手罗博洛夫斯基(他不止一次考察过中亚戈壁)反复多次讨论了对我们所处这一高山戈壁进行考察的方法步骤。经过全面考虑研究之后,我们得出结论:要到远离昆仑山的深山考察必须在其山脚设立一个很大的能够储存足够食品和牲畜饲料的仓库,然后根据行程的需要向东南边高原戈壁所设的第二站仓库提供所需物品。这个第二站便是进行高原考察的基地,根据条件,这里的人数不宜过多,所留役畜也同样不宜多,以便使所带口粮和饲料够全队用两周时间。

如果依托于喀什噶尔地区从克里雅河上游到罗布泊湖边的全程长和昆仑山300俄里宽的范围,用这种方法对西藏高原的北部地区进行探险考察,那么毫无疑问,开支会是很大,而且花的时间也会很长。如果在喀什噶尔能找到足够牦牛的话,问题本可以简单得多。这种动物特别善于在高山地区行走,马、牛、驴、骡无法与之相比,甚至可跟骆驼媲美。而且牦牛喜欢吃优若藜和西藏艾蒿,昆仑山高原地区很可能有这些植物。所以对高山戈壁进行考察的时候,比起其他牲畜,牦牛消耗的饲料会少好多。

基于这些推论,我们认为从西边的拉达克对上述昆仑山以南的高原戈壁进行探险考察可能更为方便。这一高原地区的居民养有很多温顺适合驮物的牦牛,而且在拉达克也好找对西藏高原进行探险的有经验的导游以及储备足够的食物和饲料。在西藏的东北地区,当然也可以找到牦牛,但这里的牦牛没有拉达克的温顺,而且在这里要筹集到考察足够用的口粮和牲畜饲料会困难得多。

我们对西藏高原本部要进行考察的物资条件以及时间很短等都不允许我们深入其腹地。没有后备口粮及牲畜饲料,我们离开昆仑山的距离不能超过100俄里。在这种情况下,考察队只能从克里雅上游到罗布泊湖边的范围内对北部西藏高原的个别地段进行有限的考察,以便了解这一无名地区的大致自然风貌。

6月27—28日晚又下了一场2英寸厚的雪,第二天早晨我们就处在无边无际的雪原上。从上午7时天开始放晴,由于炽热的日照,雪很快开始融化,到9时平地上的雪全部化完,只有丘陵上的仍在。早上这些丘陵像是山头冒烟一样,于是这个高原戈壁好似变成了一个烟雾缭绕的神话世界。

我们剩下的口粮和饲料只够用3天了,所以早上9时拆下帐篷准备向湖边基地返回。在山口峰顶上罗博洛夫斯基拍了几张照片,而我自己用气压表重新测量了其高度,然后稍许欣赏了高山戈壁无数丘陵冒烟的神话般奇观,恋恋不舍地告别之后便开始下山。返程的路比起上山要好走得多了:同样长的路,比起上山,下山时差不多要少花一半时间。晚上过夜还是在山泉边的老地方,夜里又下了一场2英寸厚的雪,到早上很快开始化,到上午10时只是在山峰上才能看到有雪。6月30日,我们回到了塔什库里湖住地。

我们回来的前夕,科兹洛夫也回到了住地。他也同样成功地考察了西藏高原的一小块地段。他沿着一条注入塔什库里湖的小河往上约走40俄里之后,留下一名塔戈勒克人和两头役牛及用品,只带上一名哥萨克人和一名山民转向南边朝边缘山区的对面谷地走去。他们沿着这个谷地向山峰走了约40俄里地时,北部山脚附近的谷地很深,且山也很高,但是随着向南延伸其深度开始减少,同时山峰也开始变小,快到顶峰的时候就变成了丘陵。除谷地下段的贴地优若藜和艾蒿外,在这里没有看到任何别的植物。科兹洛夫在这里同样也发现了野驴、羚羊和兔子的脚印,但没有看到有人到过这里的迹象。科兹洛夫上到南边有缓慢短坡的山顶后,从顶上看到了南边东西方向一个接一个的丘陵地带。从山顶上观察完高山戈壁之后,探险家们沿着同一个谷地开始下山,这座山此处宽约40俄里。他们与在半路上留下的塔戈勒克人会合后,一同向塔什库里湖住地进发。

疲惫不堪的考察队员们和牲畜都需要休息,所以我们大家到达塔什库里湖的第二天,就地休整了一天。

7月1日,考察队沿着老路向喀拉萨依返回。我们在下山路上走得很快,山坡每天平均下降约1000英尺。牲畜走得很带劲,人们也都同样活跃了起来,将那凄凉的高山戈壁远远地抛在后面。在高山时,包括塔戈勒克人在内,我们都感到呼吸困难,常伴有轻微的头痛或每天夜晚有些轻微的打战。在西藏高原始终摇摆于3℃~15℃的温度随着下山的高度不同,明显地热了起来,而且每走一站路都能看到几十种长势越来越茂盛的不同植物群落,好像是我们急速从极地寒带转入到了温带似的。我们的探险队住宿的都是原来的老地方,而且到处都能找到我们不在的这段时间里长起来的植物。

7月4日,我们顺利地通过了阿克苏河和库布奇河交汇处的砾岩岬。这次通过这一险要地段时没有像第一次那么害怕——到中午我们便抵达了喀拉萨依。

回到住地时，这里一切都很正常。早在6月初就送到萨勒克图孜新草场的骆驼和马都恢复得很好，并且做好了继续上路的一切准备。

到科帕金矿去的地质员博戈达诺维奇在我们回到喀拉萨依三天之前就回到了这里。在这次行程前我就要求他收集有关从博斯坦托格拉克河东边翻越昆仑山隘的详细资料。博戈达诺维奇在科帕金矿期间以及对其南部地区进行考察的时候采访了许多当地人。其结果证实，从博斯坦托格拉克河往东直到车尔臣河上游的边缘地区没有任何一条驼队能够通过的山口，只有单行的坐骑和轻装的驴子才能通过昆仑山这一带的喀拉穆兰河左支的达莱库尔干峡谷的米特山口和以峡谷命名的达莱库尔干山口（参见原书附注41）。另外，在春季罗博洛夫斯基对车尔臣河上游谷地进行考察时，了解到经此边缘山脉到西藏高原有好几条可供驮队通过的山口。他在返回的路上碰到了不少到昆仑山的阿卡塔格金矿的人，他们给他讲述了从车尔臣河上游谷地到这个金矿的路线，并肯定这是一条驮队完全可以通过的路。

根据以上信息，我决定我们的考察队要沿着昆仑山北麓经过科帕和阿羌到车尔臣河上游谷地的巴什玛尔贡——这里有我们早从尼雅就派去的带着28峰骆驼和行李的考察队员。现在我们还得将大批人马留在这里，用雇来的马继续进行对西藏高原的探险考察。路上我计划必须得去一趟阿卡塔格金矿，以便向夏季在此劳动的300名工人了解有关毗邻地区的情况。

到达喀拉萨依的第二天，我们便着手准备上路：烤制路上吃的干粮、修复驮架、打包等。原先在萨勒克图孜牧放的考察所需的骆驼和马匹也都预先赶到了喀拉萨依，这里的牧草已经足够这些牲畜吃。

第

六

章

从喀拉萨依到罗布泊湖

　　7月10日早上,考察队从喀拉萨依出发,有一群当地塔戈勒克人欢送我们上路,他们中的一半人是和我们一起到过西藏高原的人。沿着起伏不平的山麓走了约5俄里之后,便来到了博斯坦托格拉克河边,并顺其右岸往下走。这条河也和托兰和卓河一样,沿着很深的弯弯曲曲的悬崖峭壁的山前峡谷延伸。我们到达的地方是悬崖环绕着博斯坦托格拉克河的完全暴露在外的山岬:这个山岬伸入河中迫使其向东北急转。这座十分险峻的在太阳照射下闪光的峭壁就被称为艾纳克塔格——镜子山。

　　行进14俄里之后,我们沿着很陡的山坡下到了博斯坦托格拉克河又深又窄的河沟,并扎营住宿。这天上午11时刮起了凉爽的北风,快到傍晚时,风刮起的尘雾连眼前的山壁也看不清了。晚上整9点时,山水下来了——此前的哗哗声预告了即将来临的大水。河水一下涨了起来,带着大大小小的石头发出隆隆响声。整个晚上河水都很大,完全不可能渡过,但是到早上河水开始退,到10时已经很小了。

　　博斯坦托格拉克河也和托兰和卓河一样是夏季汛期才有常流水,其他季节一出昆仑山便会湮没于萨依地段。

到下边,车尔臣大路北部地区重由许多小泉形成安德勒河——这是条长约140俄里,一年四季都有水的常流河。

从博斯坦托格拉克到鄂依亚依拉克河横跨一条路,要走约40俄里的缺水路。也跟通常一样,我们把这段长路分成两段走。我们带上两桶饮用水,牲畜饮足之后,下午我们的人马就渡过了变浅的博斯坦托格拉克河并爬上了河沟的高坡。这是一条起伏不平的山前地带路,有很多狭窄但不很深的槽沟:在这黄土前山地带长有艾蒿和优若藜,但因气候干旱其长势很不好。在行程的第一段,我们翻越了不少覆盖着沙土的黄土山梁以及在昆仑山脚附近高高耸起的一系列高坡。博斯坦托格拉克河以东,这个山区开始变得相当宽广同时也平坦得多了,也不像西边那样下坡时急直陡下,而是平缓地逐渐滑落下来,其上面尽是一道道洪水冲蚀出的众多小山沟的不十分深的谷地、峡谷和凹谷。我们现在走的路就是从这些峡谷中通过。随着昆仑山西北部坡度的减小,上述地区山前地带的落差变小了,也变平坦了,邻近的萨依地带同样也变低了——从前山冲出的山沟比起西边博斯坦托格拉克的要小得多。

穿过河流行进约20俄里之后,我们停到一个较为平坦的凹谷住宿。这里的草不错,还有一处为我们的坐骑解渴的不很大的涝坝。路程的第二阶段就没有那么多大起大落的路面了,道路变得平坦多了:那

种突起的高坡基本已没有,而且通过的凹谷也都宽广不深。到了15俄里处,我们越过了一个相当平坦的谷地。这里错综交叉地分布着干涸的河道,根据在河床中冲下来的石头大小推测,发大水时,这曾是一条非常汹涌澎湃的大河流。

这一天,我们把帐篷就搭在一个有着不很深谷地的鄂依亚依拉克小河边上过夜。从这里往南约5俄里处的小山上就是昆仑山麓上的鄂依亚依拉克小村,共有10户人家。当时这里的多数村民都随畜群上山,只留下几个人在田间劳动。这里地势低,周围种植有树木,农作物除大麦外还种有豌豆。

第二天我们开始靠近山区,走的大都是昆仑山麓的山地路。随着山脉的接近,地势开始变得凹凸不平。在这段路上我们翻过了三个很深的山沟和许多槽沟,布嘎纳河就流出于其中的一条山沟。

路程的最后5俄里,考察队走的是沙丘路段,而且遇上了大风。西北小风开始时轻,天空布满了薄薄的云层,突然间天暗了下来,风也一阵比一阵大,刮走的沙尘就像是一垛高约300俄丈的黑沙墙。这沙尘起初是浓浓的沙柱,后转为沙尘墙。这垛沙墙自西北向东南移动,且速度很快,可能每分钟不少于1俄里。随着沙墙的来临,风力也越来越大,最后变成了真正的沙尘暴。我们完全被沙子蒙往,在五步之内勉强能辨清已变成淡黄色的马匹。大风来得快去得也快,最初一阵狂风之后,风慢慢弱了下来,到后来就平稳了,但四周浓浓的沙尘遮住了眼前的一切。在黑暗中我们走了约一个多小时,翻过了昆仑山前的一个山梁之后,下到科木什布拉克河谷地停下来过夜。

我们的向导说,在他们这里,这种沙尘暴一般都是在早春发生。这种拔地而起的沙云用当地的语言称为托帕亚格地,意为"下土了"。

到傍晚,风完全停了下来,下起了小雨,并一直持续到天亮。半夜,科木什布拉克河发大水的哗哗声将我们惊醒。早上雨停后,河水也很快就小了下来,并恢复到原先那样静静地流淌着。

从科木什布拉克河开始的路段也和原先的一样顺着昆仑山麓延伸,穿过了几条干涸小山沟和一块不大的沙丘地带。走过这段路之后,我们下到了最后的深沟。走出深沟后,我们又走了几里平路就到了莫尔贾河——在半路下起了大雨。到达此地之前,我们经过了几处采金工在大路两边挖得很深的矿坑路段。据说矿井塌方时死了13个人，他们在矿区就地被埋葬。这些不幸遇难者的墓穴上竖有上面挂着马尾的木杆。这么多人的死亡对采金工产生了极恶劣的影响，其他人不得不逃离这危险的矿区。

我们下到莫尔贾河很深的峡沟后，本想马上转到比左岸的牧草更为肥茂的右岸去，但是暴雨后暴涨的大水迫使我们就地过夜。等到第二天早上，河水退下，我们马上渡到河的右岸，在一块高出水面1俄丈多的草地上搭起了帐篷，并在这里休整了一天。

刚刚把帐篷搭起，又下起了小雨，河水也很快涨了起来。没多久，河也没法通过了，雨不停地下着，河水也越来越大。到了下午，水位比起早上差不多上涨了1俄尺；其下面的支流汇为一条宽约150俄丈，呈现出灰黄浊水的波涛滚滚的大河。下午约3时，流速达到每秒12英尺，河水携带山石相互碰撞发出像是远远传来的隆隆雷声。后来这隆隆声大得连人的说话声都听不到了。到了傍晚，流速达到每秒15英尺，且河水冲过来的不仅是块石，还有大顽石。这些巨石在起伏不平的河道中翻滚着，不时从台阶上滚落下发出好似远处发射的大炮声。在这同时，从山沟的陡壁上流下来的雨水，在有些地方变成了瀑布，并冲击着半路上的大石使其从高处落到谷底。从对面断壁上下来的这样的一块大石头，正好顺着我们的扎营地边滚了下来。万幸的是，当时我们所处的位置不是直接在陡壁之下，而是在其缓坡附近的山脚，避免了被落石打中的危险。

距我们住地下方200俄丈处，莫尔贾河在同一时间内展现出了更令人吃惊的场面。在这里，山沟面对面的两座岬，形成了全部山洪通过的宽7俄丈的山门。湍急的山河通过这个崎岖山门时其汹涌波涛冲刷悬崖形成四溅的飞水和浪花。在河底，大顽石滚动时隆隆发出的声音以及波涛的相击使山门悬崖震颤不止。

到晚上11时，河水的高度比早上的几乎上涨了1俄丈，我们的帐篷受到了被淹没的威胁。受惊的我们利用半个小时将帐篷和考察队行李全部都搬到了能够放心睡觉的高地。在我们搬家的时候，河石的滚动声音、巨砾的撞击声以及河水的咆哮声汇成了震耳欲聋的轰鸣声，为了使对方能听清指挥我只好大声喊叫。直到半夜，我们才和往常一样躺

137

到铺在帐篷里的毡子上睡了觉,但是因为隆隆嘈杂声和周围震颤的感觉,我们总觉得在空中回荡着一种深深的呻吟声,久久不能入睡。

到后半夜,雨停了下来,天亮时河水已经开始退。早上10时,小河已经相当平静了,河石相碰的声音也小多了,顽石像放炮的声音完全听不到了。经查看,晚上涨水时只差10英寸便会淹没到原先我们扎营的地方。

因为天气不好,考察队不得不在莫尔贾河边多住一天。我们的向导说得非常正确,大雨之后山沟的上下路都会变得非常滑,不要说是驮畜,连人都很难行走。他们说得有道理,所以我让考察队在莫尔贾河边又住了一天。

到午后天气放晴,河水开始大退。到傍晚,山河分为许多支流,水也小了,变成平静的小河。可以说,这种平静温顺同我们两天前所看到的怒涛澎湃景象,形成了一种非常令人吃惊的对比。

莫尔贾河流出昆仑山山前地带后,不久便湮没于沙漠之中,只是到六七月份发山洪时才继续往北延伸。在这段时间,这条河的下游发大水,穿过车尔臣大道之后,隐没于三四十俄里外的北边。在其他时间,莫尔贾河便消失于车尔臣大道以南的沙漠之中。

从莫尔贾河沟上来之后,考察队继续沿着昆仑山麓行进,不时要通过干涸的深沟以及东北风堆积成沙丘的沙漠地段。这是车尔臣河和莫尔贾河之间的一段黄色沙海地带。这个沙漠戈壁的西半部分被称为克孜尔库木戈鲁克,无水,植物十分贫乏,但是从车尔臣到科帕的直路通过这里,冬季常有骆驼商队经过。

路的第二段我们离开了山脚,道路变得平坦多了,横穿的山沟和峡谷也没有那么深了,但是沙漠路段却多了起来。

博斯坦托格拉克河和喀拉穆兰河之间昆仑山北坡比起西段要宽阔也平展,同时其山脚地貌特点也显得非常明显。这里的山沟和峡谷也没有那里那么深。

喀拉穆兰河以东昆仑山向北延伸的山区称为托库斯大坂。它已经变得相当陡峭,其窄窄的山麓也很陡峭,并直向毗邻的戈壁沙漠倾斜,同时从中穿过的冲沟和峡谷也都变得越来越深。

我们在乌宗克尔住了一宿之后,沿着多石的平原往前又走了一段路,到了科帕村便扎营住宿。这一小村坐落于峡谷入口处,有50间石砌房屋和几处窑洞。夏天雇来的300多名采金工人就住在这里,到了冬天住在这里的人连一半都不到。这一村庄四周的山沟、河床,尤其是干涸的河床遍地都是采金矿井。这些采金矿井一般深约10俄丈,因为这里缺水,都采用风筛法来采金。先把采出来的砾石与松土分开弄碎,除掉石块和岩石,然后将碎矿石装入大木盆,地上铺上布单或毛毡,当刮风时将其高高扬起,风会把轻东西吹走,砾石和含金的沙粒就会留在木盆底,还有部分就会落到铺在地上的布单上。把这些留下来的部分集中到一起,再从中选出大小不等的沙金,个别大的沙金比豌豆粒还大些,如果从井下挖出来的矿石太湿,还得晒干以后再抛扬。

当时科帕村住着十几名汉族人和为数不多的有钱人家。他们专门销售金矿工人所需要的生活用品,并收购生产出来的黄金。黄金的日产量只有40~80佐洛特尼克。住在于阗的俄国商人有时也带着商品到这里来收购部分黄金。黄金现金价格很高,1佐洛特尼克卖4卢布50戈比,收购商们用抬高成倍价格的货物来换取黄金,这样1佐洛特尼克就不会高于2个卢布(参见原书附注42)。科帕四周到处都是石头,完全是荒漠地带。在这一冷清单调的小村庄及其周围没有什么植被,小河的水只够村民饮用。金矿所需的粮食、蔬菜等所有食品都从于阗、民丰、车尔臣等地运来,羊肉也由这些地方供应。还有一条冬季从莫尔贾河下游运木材的路,这是一条沿着这个小河往上延伸,到其渡口以东与山下大路相连的道路。

我们到达科帕村时,这里刚发生大山洪没有多久。7月13—20日,昆仑山区下大雨,村里小河发大水,淹没了集市,毁坏了不少房屋。山洪损坏的痕迹明显可见,人们四处寻找被洪水冲走的物品。

考察队从科帕村出发,沿昆仑山东北边又宽又平坦的支脉行进了约6俄里。我们走的路到处是大块石头,还要在把矿井围起来的土墙之间绕来绕去。在这里如果夜间行走,一不小心很容易掉进矿井。

走出金矿区后,我们走的仍是到处是大砾石的波状地段。开始穿过几条干涸的河床,中间通过无数个小冲沟,然后经过上述昆仑山支脉的山脚,我们来到了一块相当平坦的多石地带。最后,我们下到了喀拉穆兰河的左支流米特河的广阔谷地。这一谷地宽约8俄里,其表面全都是山洪带来的大大小小的砾石和碎石。之所以能冲下如此大量几乎填满整个米特河谷地的石头,很可能因为这条河流上游有很多支流或流经的山脉坡度很大。

米特河从山中流出到达这个多石地段后,便分为许多支流,而这些支流一会儿又汇到一起,然后又分开。其中两条支流之间,在河谷的中心地带形成了一个不大的砾石小岛,由于这里沉积肥沃的土壤,上面的优若藜和蒿子长得都不错。这是这片多石荒漠地带唯一的一块绿洲,叫鄂特勒越尔小岛。我们就在这里留下过的夜。常有邻近沙漠戈壁的羚羊到这里来饮水,它们喝足后便会匆匆离开到西北山脚下饲草茂盛的地方去。

我们离开鄂特勒越尔,在谷地多石道路上走了约4俄里,然后就上了昆仑山脚北边的一块窄长高地,从这里又很快下到了米特河的右支流哈沙克勒克河谷地。离道路约5俄里处,哈沙克勒克河流汇入米特河。经过这个峡谷,我们的考察队走上很平坦的碎石路面,行进约5俄里后到了喀拉穆兰河。离开科帕村以后,经过荒凉单调又颠簸不平且多石的路途之后,来到这平坦的平原简直就成了真正的享受。道路两边不时能看到敏捷跑动着的羚羊群。羊群中还有不少在母羊旁边玩耍的幼仔。

流经岩石山沟的喀拉穆兰河的水量很充足,我们过了河,就在其右岸扎营住宿。这里的植被虽然不十分充足,但常有邻近地区的大群羚羊来饮水,很可能因为这是个无人居住地带或很少有人来的缘故。

据当地人称,喀拉穆兰河也跟博斯坦托格拉克河一样,发源于昆仑山南坡,稍许偏东向西经过西藏高原后,穿过这个偏远山地流入喀什噶尔盆地(从左边汇入喀拉穆兰河的有达莱库尔干河,单骑或轻装驴驮沿着这条河的峡谷可以直达西藏高原)。喀拉穆兰河也和莫尔贾河一样,水量小的时候,流出山口约40俄里后便在克孜尔库木布戈鲁克沙漠中消失;而发洪水时,它却冲出沙漠地带,向西转弯,然后往西北方向漫溢,其宽阔的下游流过车尔臣大道,向西北方向继续延伸约100俄里。我们经过的渡口西北约30俄里处,米特河从左边汇入喀拉穆兰河。米特河的源头也在昆仑山南坡,河沟中也有单骑和轻装驴驮可以通往西藏高原的山路。米特河也有很多支流,发洪时其水量也非常充足。

喀拉穆兰河以东12俄里是非常平坦的碎石路,地形慢慢向东倾斜,开始出现沙丘地带。我们沿着这个平坦的慢坡下到了干涸的河床,这里也有不少被风吹过来的沙堆。从峡谷开始,路面坡度缓慢加大,并沿着碎石路向沙丘地带延伸约6俄里,路边优若藜的长势很好。走出沙漠地带以后,经过一个很深的山沟,开始走的是这山沟的右边,后来转向东南,又经过几条深沟,最后来到了住有山民的小村庄萨尔肯奇。我们就在这里扎营住宿。

萨尔肯奇是个位于昆仑山脚下的穷村子,住户不多,附近山口有条小河。我们到的时候,这里只有几户留下来看管庄稼的山民,其他人都赶着羊群到附近山中放牧去了。他们放的都是于阗地区富人家的畜群,要跟着畜群去山里度过整个夏天。村子附近有些大麦地,这是这里唯一的粮食作物。庄稼由渠水灌溉。萨尔肯奇郊区的植被长势很好,有芨芨草,山沟中有禾本科植物,稍高的地方有蒿子和其他饲料植物。

从萨尔肯奇到阿羌村的12俄里路都是紧靠昆仑山脚走的,并经过不少又深又窄的峡谷。这里的绿色植被长得很茂盛。这是一条很难走的路,带着大批量货物的商队走的是萨尔肯奇和阿羌之间下边平原上的绕道。那里峡谷不多,也没有那么深。喀拉穆兰河以东缓慢高升的昆仑山麓,在萨尔肯奇和阿羌一带已经达到了海拔9000英尺以上。从这里向北是陡坡,站在这里可以清楚地看到北边灰蒙蒙一望无际的戈壁沙漠,其前面是由不宽的缓坡与山脚相连的广阔平坦的扇形高地。

我们的队伍走在山前地带,路经不少又深又窄的峡谷,十分疲惫,最后来到了阿羌村。这里居住的同样都是山民,他们大部分人也都上山放羊去了,只留下几个人看管庄稼。他们种的有大麦,还有些萝卜,都长得很好。他们放的大都是于阗有权有势官员的羊群。

阿羌村位于昆仑山北麓小河阿羌河岸边。这个小村庄的房屋都很简陋,且住户也不多。阿羌河是一条离阿恰能阿卡恰克尔雪山东南20俄里处从山上流下来的融雪小河。阿恰能阿卡恰克尔山是我们在昆仑山北麓近距离看到的第一座雪峰。阿羌以东的北坡很陡峭,雪线也离山脚很近。从这里切入山前地带的峡谷都非常深,所以从阿羌沿山脚通向车尔臣河上游的直线道路非常难走。这条路上除无数个上上下下的深峡谷以外,有一段还得要通过两个深渊之间的十分狭窄的山缝。

141

所以我决定选择走平原上的另外一条路,这样我们就到了车尔臣河右岸,从那里经过阿尔金山的楚卡大坂山口就到了车尔臣河谷地带。

我们在阿羌村住了两天。这期间,把马匹送到村外饲草茂盛的山下牧放,让因山路疲惫不堪的马匹好好休息。我们到达阿羌村的第二天傍晚开始刮北风,早上起来时,从邻近戈壁吹来的沙尘遮住了前面的山峰。这一带一般尘土以后便会出现更为昏暗的尘雾。7月25日,一整天都刮着带有沙尘的北风,整个四周都是昏暗的浮尘,连离住地最近的高山都看不清。

7月26日,我们向车尔臣河进发。开始走的是商路,到了离阿羌15俄里处,就变成了戈壁沙漠路,直到车尔臣河都是这种路。这条路在沙漠地段要经过伊新根河和阿克亚尔河。这两条河夏季发山洪时向西北方向流很远到沙漠中,其他时间从山口流出不远即干涸。这种时候,从阿羌到车尔臣90多俄里都是缺水路段,而且是条流沙路。阿羌西北是阿恰能库木沙漠,往西直到莫尔贾河叫克孜尔库木布戈鲁克沙漠。通过这些沙漠的还有车尔臣到科帕村的直达路,长约130余俄里,其中100多俄里都是沙漠路。

冬季车尔臣人通过这条路向采金矿区运送粮食,一般都是骆驼运,

　　　　　　　　　　● 喀拉穆兰村附近长满红柳的沙丘

因为路上缺水，都得自备水。

走出阿羌约4俄里之后，我们转到了一条小路，开始向北走，然后向东北行进。开始一段是平坦松软的土路，有时候碰到些平坦的沙岗和不深的山沟。这个平坦的山前地带因为有充足的地下水，所以有羚羊能够美餐的很好的植被。

离阿羌村20俄里处，我们过了伊新根河，并在其广阔的多石谷地扎营住宿。当时正值伊新根河的汛期，据我们的向导介绍，这时河水一直向西北奔流很远，直至沙漠深处，而平时不到沙漠边缘便干涸了。

我们的下一段行程是向东北方向进发，越走离山越远。这是一条荒漠的碎石路，又单调又冷清，偶尔碰到沙丘，植物也很少，中间我们经过了相当高的沙丘路段。从这沙丘所形成的方向以及其表面的不平衡形态便能知道西北风的风力强而东南风的风力弱。

我们从沙丘高坡下到了狭窄的阿克亚尔河谷。阿克亚尔河是流入伊新根河的小河。它在汛期流入西北方向很远的沙漠，平时根本到不了沙漠地带。从这里到下一站库拉木勒克河，仍然还是7俄里单调冷清的碎石道路。到达这个谷地以后，我们在两个干河床之间选了一块长方形的高地扎营住宿。我们扎营的高地东边还有一个同样的高地，库拉木勒克河便从其旁边流过，当时水量已不大。河床的西边有很多巨型漂砾，显然都是从山上冲下来的。在昆仑山一带的任何地方我从未见过这样的漂砾，在这么远的距离，约30俄里，有这么大的石头从山上冲到河中。我认为，这一现象的出现只能以发生山体突变来解释，比如山体倒塌导致峡谷受阻，然后在这里大量积存的雪水压力冲破阻碍物所致。

第二天，我们从夜宿地出发直向北，开始时沿着小河行进，其坡度相当平缓，然后顺着库拉木勒克河左支流的干涸河床前进。此后，我们走上了稍稍高一点的荒漠石路，继续行进几里路后过了这条河向西北流的渡口。从这里开始仍然还是荒漠碎石路，只是快到车尔臣河谷的最后一段是梯形地段。于是，我们就在车尔臣河岸边扎营住宿。

因连续不断地下雨，车尔臣河发大水，根本无法通过。在这荒漠的河谷地也没什么可喂马的牧草，这里连一般的草都很少，所以只好用我们随身带来的应急用的大麦喂马。傍晚，当地伯克的使者前来欢迎我

143

们。按当地人的好客习惯,他们给我们带来了麦面烤饼、煮鸡蛋、水果和几十捆喂马的苜蓿草。这些都是我们当时最需要的东西。

继续在下小雨,到晚上车尔臣河的水更大了。早上起来,听到汹涌澎湃的河水冲过来的石头在山间发出阵阵隆隆声。我们的向导和车尔臣使者的一致意见,是不能指望河水在短期内下降,因缺少马的饲草,我们也不能久留此地。所以,我们的队伍必须到车尔臣等待退水。

下午,我们便跟着车尔臣来的人出发,沿着两边很陡的车尔臣河谷往下走。车尔臣河西边,开始是与戈壁沙漠连接的荒漠碎石平原。从这里能看到巴什塔库木沙漠高高的新月形沙丘地带。

往上,离车尔臣约25俄里,车尔臣河谷开始开阔,其左岸的缓坡变得越来越低。在这个地方,曾从河中挖了一条大渠,向车尔臣古城引水。当时,清政府试图在这里开辟一个居民点,但这个设想未能实现。耗费巨大劳动力挖掘出来的大渠被山洪沉积物填满,最后只好被废弃。

我们就在这个大渠边扎营过夜。第二天一早,我们就走上了车尔臣到阿羌的商道。离这条路不远,靠近大渠便是库拉木勒克小河。我想,很可能这小河也是大渠被废弃的原因之一,因为在汛期它泛滥得很厉害,洪水漫流并将大量沉积物带入大渠,平时库拉木勒克河从山里流出不远就湮没在沙漠中。

离开宿营地之后,我们一直走的是戈壁沙漠东边的商路。离绿洲尚有5俄里地的时候,路边开始出现各种不同类型的植物。首先看到的是矮芦苇、甘草、红柳和罗布麻等植物。

对我们这些长期漂泊在戈壁荒漠的人来说,眼前出现的车尔臣绿洲简直就成了人间天堂。一进入这里,不仅是人,就是我们的马匹也都精神了起来。穿过居民区,我们在其北郊的一个小胡杨林附近扎营住宿。

车尔臣河在流入绿洲时分为两条支流,两河中间就是辽阔的阿拉尔奇克绿地。车尔臣绿洲的大部分地区,约15平方俄里,位于主流区,即西边河的左岸上,而面积稍小些的约5平方俄里的是一个小岛。当时全绿洲才有200多住户,1000余人。几年前这里的人口为3500余人,后来大部分人都迁移到民丰、于阗等地。车尔臣人之所以这样大批搬迁,是因为他们不堪忍受繁重实物纳贡以及从车尔臣河向西北沙漠引水挖渠的劳动。据说，车尔臣绿洲西边古代有过城镇，其痕迹现在已经不明显，可找到些陶器残片、古钱币及人骨。据汉文史料记载，城内居住的大都为汉族人，故当局指令将尸骨统一集中于一处并加以完好保存。同时，当局试图在古城遗址重建村庄，要当地人从车尔臣河往这里挖掘引水渠。这条叫英阿勒克（新渠）的水渠挖了三年，引水渠长约30俄里、宽2俄丈、深约1俄丈，但这个大渠没过多久就被冲积物填平，渠身越来越宽。这里的人们不堪忍受繁重的劳动纷纷搬走，根本没有人来清理渠道。这条渠在不久的将来很可能就会被完全填平。

当局想重建古城的计划进行得并不顺利，他们会不会让当地人继续干下去也不大清楚。❶

车尔臣绿洲大批居民搬走以后，留下了不少空地。现在每户五口人拥有10俄亩土地。这里伴有沙子和河泥的黄土土壤非常肥沃。在旧地的小麦平均产量是种子的14倍，玉米是35倍，大麦是13倍。几年以前，这里的人口比现在多，他们逐渐开始开垦周边的荒地种植农作物。最初几年，这些新开垦的土地种的粮食都大丰收。小麦的收成是种子的59倍，玉米是119倍。随着时间的推移，新开地的庄稼收成开始逐渐下降，不过现在还是很不错。种植新地的经验使当地人相信了这里的黄土土壤非常肥沃，尤其是头几年的收成都能达到难以置信的大丰收。如果不是大迁徙引起的人口减少，毫无疑问，这里被开垦土地的面积会比现在要辽阔得多、宽广得多。

车尔臣地区除小麦、玉米和大麦以外，还种植棉花、大麻和烟草；除果树外，还有银白杨、沙枣、酸枣和桑树。这里的养蚕业也和整个南疆地区一样，十分不景气。

车尔臣的有钱大户因为人口大搬迁从而扩大自己的耕地之后，对劳动力不够十分不满。村里的大部分穷人，夏季都到阿卡塔格和布哈勒克金矿去挣钱，而留在家里自足的人家都不愿意打短工。

车尔臣当地人不怎么养牛、养马，但他们都有一大群大尾巴羊。这些羊一半到山上牧放，一半到车尔臣河谷的夏牧场牧放。

---

❶　关于车尔臣古城以及要重建古城的资料都是当地人提供，由我记录——作者。

车尔臣地区的房屋又小又简陋。居民区西边有一个不大的集市，房屋、店铺以及手工艺作坊也都很小。

这里的手工业很不发达，仅仅能满足本地的生活需要。本地只能生产很少部分粗棉布、毛毡和皮革。这里的商业也很不发达，到科帕、阿卡塔格和布哈勒克金矿出售的仅仅是他们的剩余粮食，另外就是把部分少量的粗布和其他生活用品卖给附近山区的山民。

我们在车尔臣的时候，有幸见到了老熟人——民丰的伯克伊斯玛依勒。他是受地区长官的委派前来统计畜群头数的。当时车尔臣的伯克不在家，到于阗出差去了。他住在塔特兰村的儿子倒好，几次来看望我们。这个村子在下面，离车尔臣约40俄里，伯克的羊群就牧放在那里。据他说，在那个村子里只有10户人家，过去这里的人口也不少，只是因为车尔臣河发大水几乎淹没了所有的水渠，人们花再大力气也未能重建家园，只好都被迫搬到别处去了。

他还告诉我们，在塔特兰村周围有不少地下有串沟的小湖泊。这些咸淡水相伴的湖泊中有不少鱼类，反而在混浊的河水中鱼倒不多。车尔臣河谷地有不少胡杨林、灌木丛、芦苇，林中野猪和野鸡也不少。从塔特兰往下走，到布谷鲁克的大森林中还有马鹿，而在东南边的沙漠中有野骆驼。到了冬季，这些骆驼还常常到车尔臣河谷来喝水。

塔特兰村往北约一天路程的地方是胡杨树林带，其后边是同样宽的芦苇丛地带，再后面还是林带。这个林带多远多宽，谁也不知道，这里的人谁也没有去过两天以上路程的地方。

我们到来几天之前，车尔臣河发了大洪水。7月底连续下了大雨，当地老人说，从未见过下这么大的雨。当时车尔臣河水位大涨，河水到处泛滥，冲走了不少房屋、水磨和院落围墙，冲垮填平了不少水渠，也淹了不少庄稼地。为了不让地里尚未收上来的农作物枯死，人们花大力气连续作战抢修好了被冲坏的灌溉渠。

7月29日至8月3日，我们在车尔臣期间，这里的气候很温和，从北方沙漠中每天都吹来调解白天温度的微风。车尔臣河水位下降得非常缓慢，使我们不得不在这里多耽误了5天时间。

8月3日，当地人告诉我们河水已经下降，渡口也已经开放。于是中午1时我们便出发，沿着绿洲行进约3俄里之后，经过了车尔臣河在阿拉尔奇克上面的几条又深又急的支流,这里便是塔特兰村的东部区域。我们走的路经过其边缘,几乎是直线向南转,然后沿着阿拉尔奇克继续前进约6俄里。在这里还要经过东边河床的几条支流,其中有条小河相当深,且水流也湍急。

跨过这条河之后,我们沿着多石的路向南行进。离绿洲越远,路边的植被也越少。我们不久又来到了荒漠戈壁。这里看到的只是稀稀拉拉的买麻藤(麻黄)。

离开最后一个渡口,行进约8俄里路之后,我们的队伍从谷地转向东南上到其右边的一个高地,越过了这里又高又长南北走向的卡拉库木沙山的西南支脉。这个在车尔臣绿洲东北边的一排沙山长约250俄里、宽30～50俄里,其占地区域包括从车尔臣河下游地区至阿尔金山山脚地带。

根据当地人提供的情况以及我们的观察分析,上述沙丘也跟塔克拉玛干大沙漠本身一样到处是一片萨依地带,只是个别地方有些凸起来的也是南北走向的沙排。据当地人称,这个沙漠戈壁东北地区的巴什沙里一带,能见到为数不多的野骆驼。驼群在夏季待在阿尔金山中,冬季常来光顾谷地。冬天驼群也长久藏身沙漠中,以防遭受到意外侵袭。于是可以推测,上述东北部沙漠地并不像其西南地区那样缺水干旱和缺少骆驼可吃的植被。

我们从卡拉库木沙山在车尔臣河谷地结束的东南支脉上下到了光秃秃的萨依地带。顺着往前约走4俄里左右,我们便在谷地河边扎营住宿。

清晨阳光灿烂,南边昆仑山雪峰清晰可辨。看来,从阿羌村到车尔臣河向西北急转弯的这个雪峰,离昆仑山的北麓并不远。

下一段路程,我们的队伍走的仍是车尔臣河谷的沙石路。路的东边是逐渐向东南方向下降的卡拉库木沙丘,而这个沙丘和河谷之间是荒凉的萨依地带,不时能看到一堆一堆的冲积物。只是到了最后一段路的时候,在悬崖附近才看到了些低矮的草丛。经过这沙丘的边缘地带,我们仍然还是在车尔臣河谷地的一块叫巴什克奇克的高地扎营住宿。这里河水小的时候还可以蹚着过车尔臣河,在河的右岸上有高高的石堆,以示这里有渡口。

下午从巴什克奇克出发,我们还带足了一路的饮用水。沿着沙石路行进不久便转向东南方向继续赶路。接下来的12俄里路都沿着荒凉的萨依地段行进,有时能碰到些沙质冲积堆和长得不高的买麻藤。到下半段路的时候,路面变得松软许多,路边的植物也多了起来,最后还看到了猪毛菜。走出干涸的吉戈德勒克河床之后,我们就停在一块平坦的、周围长满猪毛菜的谷底扎营住宿。

第二天,我们继续沿着松软的碎石路前进。道路两边是一排排不高的沙丘,而在前面高高屹立着阿尔金山峰。[1]随着靠近这座山距离的缩短,植物的种类也多了起来,且长势也越来越好。离山脚约5俄里的地方,我们走进了一个不很深的谷地,其中有几处高地,我们沿着其中的一个直下到山脚后,很快便下到了木纳布拉克小河的山沟。沿着这个山沟,我们的队伍来到了阿尔金山很深的峡谷,再行进约2俄里后便扎营住宿。在这里,木纳布拉克山泉冒出地面后还延伸约1俄里,而在其他地段却湮没在碎石河床中,只有山上下雨的时候河中才有水。

峡谷中的营地显得有点拥挤,小河的水也有点咸,但山脚下牧草的长势很好,有芨芨草、白刺等。

我们后来的路继续顺着木纳布拉克河崎岖狭窄的峡谷前进。这个阴沉幽静的峡谷前10俄里的地段,两边有不少更为狭窄的峡谷,其峭壁上的裂缝有的宽约1~2俄丈,毫不掩饰地暴露在山崖上。14俄里处,从礁岩中流出不少微咸山泉。这些山泉流到松散的碎石谷底时已经都干涸。走到20俄里地时,从东边的峡谷流出一条小山河,水同样带咸味,同样也干涸于峡谷底。

从凹地上到阿尔金山峰的路段非常陡峭,沿着山坡逐渐往上爬便是海拔9530英尺高的楚卡大坂山隘。从这里下山,只是开始的半里路段较为陡峭,接下来便是慢坡逐渐通向车尔臣河峡谷的道路。车尔臣河这段路通过的山沟很深且非常险恶,所以从峡谷一出来,道路便向东急转弯,通过凹地和悬崖后开始沿着多石的冲沟向峡谷行进。

---

[1]　当地人把这座从车尔臣河延伸到库木塔格沙漠地带的山叫做阿斯腾塔格(下山),不懂当地语言的人极易将这一称谓同阿尔腾塔格(金山)混为一谈。——原注

越过车尔臣河的左岸,继续往上行进约1俄里后,我们便在延达木扎营住宿。这一天,我们艰难地跋山涉水32俄里,其中阿尔金山的爬山路是24俄里。

从延达木出发,我们继续沿着车尔臣河左岸行进约1俄里,然后过到其右岸再沿着狭窄的河谷行进。这个河谷南边是托库斯大坂的雪峰,北边是阿尔金山。谷地两边的山都不高,其坡度也不大,南边托库斯大坂的雪峰离山脚很远,从这里也看不到其顶峰。

我们继续往前行进,前半段路常常要经过冲沟和山的支脉,后半段是较为平坦路,但整个路程却都是石子路。走完24俄里之后,我们来到车尔臣河左岸上的阿克苏阿嘎孜扎营住宿,这里的草场很好。

阿尔金山是昆仑山与其另一支脉托库斯大坂相连的大支脉,并延伸于从阿克苏阿嘎孜到其山口和往西北转弯处的整个车尔臣河的上游地区。阿尔金山从北边环绕西藏高原低处的阶地、附近的罗布泊和昆仑山系的南部部分地区。再往南是由昆仑山的另一东支脉阿卡塔格环绕的第二个阶地。阿卡塔格后面便是高高耸立的西藏高原。我们曾从塔什库里湖的南边观察到了该高原的一部分地区。

阿尔金山经过楚卡大坂往西南方向的宽度约30俄里,其中北坡的宽度为26俄里,而南坡只是4俄里。楚卡大坂山口以东向北开始逐渐

● 从塔什库里湖南边高山上看到的西藏高原景观　　149

扩展,约过30俄里之后便是只有单骑才能通过的另一个山口——哈达勒克,从这里可以到达北坡的广阔谷地。据当地人称,这里有西藏熊和雪豹。走出这个谷地,沿着隘口走就到达山脚下的萨依地带。

阿尔金山向西北以层层台地递降下去,其间有许多大大小小横贯的谷地。山下地区的植被很丰富,有胡杨、芦苇、沙棘和其他灌木丛,而其山前地带都是贫瘠的萨依地,并逐渐向邻近的沙漠戈壁扩展,一直延伸到车尔臣河。

我们的队伍从阿克苏阿嘎孜出发,沿着车尔臣河谷前行约2俄里,直到阿克苏河的入口处(阿克苏是一条从穆孜鲁克山的南坡流出来的小河)。接着继续前进,沿着这条河谷往上走到了其出口处。在这里,道路离开该河道转到东边的碎石地带;其南边能见到环绕的穆孜鲁克山,北边是吐列山——这是一条在车尔臣河谷中从西至东的连绵不断的一座又高又长的山峦。沿着这条河谷约行进8俄里,转向东北方向不久我们便到达了曼达勒克。这时,我们先期从民丰派出的人也从车尔臣河上游谷地带着备用骆驼和多余的行李来到了这里。我们的考察队在这里停留了一段时间。

我们赶驼队的人5月中旬就来到了车尔臣河上游谷地。起先他们住在阿克苏阿嘎孜,因为谷地上头地区当时还没有长出骆驼的草料,只是到6月份才有青草,所以我们的人转到了离曼达勒克以东20俄里的巴什玛尔贡,到7月底他们从那里来到了曼达勒克。

车尔臣河谷地虽然地势相当高,约1万英尺,可是到7月份就有了很多蚊子。庆幸的是,每天从上午10时到下午5时都有西风为我们的骆驼驱赶蚊虫。所以在两个多月的时间内,我们的骆驼饲养得很好。据我们的牧工说,6—7月这里也刮东风,且伴有连雨天气,一般雾云都从西边往东移动。

现在我们考察队的任务是从曼达勒克向西藏高原进发。从我们到达这里的第二天起,我就开始着手办理向当地山民租用坐骑和役马的事宜。我们自己的坐骑将要完成漫长的返程路,需要好好休息才行,而且曼达勒克的牧草特别好,相信我们走后,把马留在这里一定能吃好并且休息好。

遗憾的是,我们的准备工作延误了好几天。原因是带着畜群在车尔臣河上游地区放牧的山民,早在春天就把马都自由牧放到大自然中,整个夏季无拘无束没人管,这些马都变得很野,现在抓回来根本不让人靠近。他们费了好大的工夫才把它们抓住,然后一个个分开送到我们的住地,用练马索驱赶马跑圆圈来驯服它们。套马、驯马以及为马准备路上吃的大麦占去了我们6天的时间。

根据我们向当地人和从阿卡塔格金矿回来的人收集的有关西藏高原的信息,对该地区的考察我决定分两批进行。罗博洛夫斯基要在一名哥萨克人和两名山民的陪同下越过车尔臣河谷南缘的穆孜鲁克山,然后沿着其隘口向东南行进到达另一个边缘山脉阿卡塔格的山脚下。从这里,他顺着山脚地带向东行进去寻找当地人说的位于阿卡塔格和穆孜鲁克山之间的大湖,然后从东边的另外一条路返回到曼达勒克。

另一支队伍由科兹洛夫、博戈达诺维奇、4名哥萨克人和4名山民组成,由我带队前往阿卡塔格金矿,到那里收集有关周围地区的资料。如果有条件,深入到阿卡塔格后面的南部地区,哪怕是很小一块也好,对山地荒漠进行一次考察。

两支队伍都做好了20天的口粮储备,每匹马准备了20俄升大麦。8月14日,一切准备就绪。第二天,罗博洛夫斯基的队伍起程。8月16日,我带的队伍也上路了。

前半段路,我们沿着车尔臣河谷向东进发,路边有些白刺草。然后几乎是直角向南急转弯,沿着从左边流入车尔臣河的穆孜鲁克河往上行进。经过穆孜鲁克山两个长支脉边缘之间的山门之后,我们的队伍来到了一个不很深的谷地。我们就在这里的穆孜鲁克阿亚格扎营住宿。穆孜鲁克河在这里由南边的许多山泉汇流而成,并流入车尔臣河,而在其上面渡口处的河床大部分时间没有水,只是在下雨或夏季山上冰雪融化时才有水。

我们顺着穆孜鲁克河干涸的河床向南行进,走出几里地之后,绕开一个东南侧特别陡峭的山峦,沿着其山脚下往东南进发。这条道路得要经过好几条从这个山峦缝隙中形成的冲沟。这里的谷地不宽,其东北边是上述山峦,西南边是穆孜鲁克山的众多支脉。在路上,我们经常要经过羚羊从山上到穆孜鲁克河饮水而踩出来的小路。

路程的最后一段,我们走上了去主峰的山路,并沿着穆孜鲁克河狭窄的谷地行进。穆孜鲁克山脚地带植物并不多,看起来有点荒凉;但是在其南边,接近山峰地带的植物长势就好得多,这里有盘羊群。

沿着穆孜鲁克河的山谷上去约9俄里之后,我们便在巴什穆孜鲁克扎营住宿。这里的土壤含盐,没有什么植被,但山泉都是淡水。从这里能看到离宿营地西南约5俄里主峰的西北支脉雪山,其坡度很大,是穆孜鲁克河的源头。

半夜下起了大雪,一直下到天亮。早上太阳一出来就起了浓雾,我们连离帐篷不到100俄丈处的山冈都看不清。于是我们把起程时间推迟到10点,等雾散去之后才上路。

从巴什穆孜鲁克出发,约1俄里是平坦的谷地路,有些地方有贯穿过来的小冲沟;随后就下到穆孜鲁克河右支流的多石山沟中,从这里我们一直走到山口。山沟中到处都是大圆石,非常难走,尤其是河的上游段更是如此。我们从山沟道路插入到一处坡度很大又很宽的槽沟中,并沿着其向上走了约半俄里后到达穆孜鲁克山口。根据我的气压测量,这里的高度为海拔15450英尺。

从穆孜鲁克隘口下山时,开始的路很陡,到后来就平缓多了,再接着的路就从山间不宽的谷地向南向车尔臣河上游乌鲁克苏河进发。这个谷地上半部分有许多从山上流下来的小溪,草也长得很好,到了下面河床都干了,也没有什么植被了。

经过穆孜鲁克山口艰难的28俄里路程后,我们渡过乌鲁克苏河后便在其右岸上扎营住宿。我们还没有把帐篷搭起来就刮起夹着雪的西风,后来就变成了暴风雪,一下周围什么都看不清了。下的雪水分很大,一落地就化,只有山上的没有化。可是早上太阳一出来,这些雪也很快就化完了。

越过穆孜鲁克山之后,我们就来到了海拔13000英尺、高高屹立于上车尔臣河谷高地上的西藏高原。西藏高原在我们所处的地段有许多穆孜鲁克山东南方向的支脉。这些支脉纵横交织在一起遍布整个高原,有的超过雪线,有的向南延伸很远很远。于是我们现在所处的山缘地带就像是半岛形的到达西藏高原的突出地段,其长度约50俄里、宽60俄里。据当地人说,在穆孜鲁克山的西边,再没有向南的大支脉,而在其东边,到西藏高原的大支脉也不多,大都消失于半途中。

　　我们的下一站路沿着乌鲁克苏河往上行进。这是一条穆孜鲁克山支脉之间细长谷地中从东南至西北方向的山河。从我们所走的路段左边还能看到一条支脉的雪峰。现在这段路十分荒凉，也没有什么植被，很少能看到长有苔草的小绿地，大部分地方根本没有植被。周围全都是光秃秃的山坡，只是个别冲沟和山缝间有些稀稀拉拉干枯的优若藜丛。

　　乌鲁克苏河有许多分汊，所以我们走的这条路常常得要过完一条河后还得要过另一条河。这里除水流湍急且又深的主河道不好过以外，有些地方泥泞得也很难走。

　　过了乌鲁克苏河，继续沿着其右岸行进约8俄里之后，我们就在乌鲁克苏能阔什附近扎营住宿。这里有两座小沙岛，上面有些苔草，而山前地带长有矮小的优若藜。

　　傍晚，有两个从阿卡塔格金矿回车尔臣的当地人也来这里住宿。我们很高兴，在这荒凉无人地带能碰到他们，并请他们到我们的帐篷来喝茶。他们告诉我们，初夏在金矿有300多人劳动，现在只剩下不到50人，且这些人不久也将回去。他们给我们详细介绍去金矿的路况，告诉我们到金矿只剩下三站路，说在那里一定能找到详细了解这一带的人。他们建议，一定要找矿上的猎人多了解。他们一夏天都到山里去打羚羊、野驴和牦牛。猎人们把这些动物的肉以廉价卖给矿上，把毛皮带到喀什噶尔出售。他们狩猎的范围不仅在金矿附近的山区，有时还跟踪受伤的动物到南边的阿卡塔格后面的山地戈壁。除此，他们还到更远的阿卡塔格的东西山区以及北部的山脚地带打猎。

　　我们的队伍离开乌鲁克苏能阔什之后，仍然还是沿着乌鲁克苏河谷前行。离开住宿地后开始阶段是河右岸的上坡路，路边有不少长得很好的芦苇。从这个高坡上，我们第一次看到了南边雄伟的阿卡塔格，其一半都被皑皑白雪覆盖着。阿卡塔格延伸于从东至西的整个空间，其西段远远消失于天际之中，只是东段被附近山脉遮挡。从乌鲁克苏能阔什到阿卡塔格的山脚下约有60俄里，其中约20俄里是穆孜鲁克支脉的山路，40俄里是平坦的谷地路。从乌鲁克苏河往西，穆孜鲁克山支脉开始逐渐变短，而谷地逐渐拓宽。

　　行进约4俄里全是石子的路后，我们到达了帕特卡克勒克和古格尔玛两条小河的汇合处。这两条河均发源于60俄里外的阿卡塔格,后来汇合为乌鲁克苏河或上车尔臣河。这两条河在汇合之前,环绕着一座山。从东南边是乌鲁克苏河,从西边是帕特卡克勒克河,只是在一个十分陡峭的悬崖卡拉楚卡附近才汇合为一个箭头形河流。帕特卡克勒克河要比古格尔玛河大。古格尔玛河又称为阿卡塔格能苏河,所以也就可以算作是车尔臣河的源头。

从两河汇合处我们转向东南,沿着古格尔玛河谷往上行进。尽管这一带的地势高,但这里的植物要比乌鲁克苏河谷的长得好。好多地方都长有苔草,有些冲沟和峡谷中都长有优若藜、蒿子和其他匍匐植物。在这里和昆仑山其他地方,我们都观察到了太阳辐射晒干植物的现象。在这遍地布满大圆石的地方,在大石头北面阴凉处的草长得都很茂盛,在其他地方的,尤其是南边长得都不好。在山里,日照对植物产生的这种影响更为有趣的是,其实在这里一夏天太阳都很少露面,即使出来也一闪即过。

第二天,我们离开古格尔玛河谷的住地,没有多久便走到了这条河的开阔地带,其北边是穆孜鲁克山支脉,南边是南北走向不高的山峰。这座山峰北边有许多支脉,其间有三处溢出许多山泉的沼泽浅谷。

走出山口以后是宽阔的谷地碎石路。一些地方有从北边的穆孜鲁克支脉到南边古格尔玛河的冲沟。古格尔玛河在路南有几条长约2俄里的支流,路边的碎石相间地带有很多鼠兔类的洞口。

队伍向东行进约15俄里之后,转向东南,经过古格尔玛河左岸边的几条泥泞的支流后来到了南边一个相当广阔的凹地。这个凹地的北边是长满苔草的泥泞的盐沼地,其南边布满砾石和碎石。我们走的道路经过高地,路边碎石地带到处是被鼠兔掘开的洞口,有些地方还有相当大的深坑。这是藏羚羊的避风港,刮大风时这些动物就待在这里直到大风停止。

离隘口约9俄里的地方,我们越过了急转向东边的山峦,并下到一个宽广的平坦地后继续沿着这个山脚往东南行进。这座山的东北坡向古格尔玛河倾斜,也相当宽广。这里的奇普茨草长得很茂盛,不少藏羚羊群到这里来饮水。

走出32俄里之后,我们在山脚下的库兰勒克扎营住宿。这里有山泉,牧草也极好。在南边能不时看到阿卡塔格雪峰的真面貌。从我们的住宿地到山脚下尚有15俄里多的距离。

第二天,我们的考察队沿着山脚地带行进约5俄里后到达该山的东南端,之后直到阿卡塔格山前地带走的都是平坦路。过山后,远远在西边我们看到了一座高高独立的终年积雪的高大山峰,而在西北边展现在我们眼前的是快到阿卡塔格山脚的广阔平地。经过这个山门的古格尔玛河出山后,先是向东,然后是向北,最后是向西北流去。我们继续沿着平原行进,通过几条小河流之后,顺着一条右边的支流往上进发。在这里,我们看到一个从高约1俄丈的悬崖上直奔而下的山间小瀑布。从这里转向东北,沿着一条流入上述小河的山泉往上行进到了离阿卡塔格山脚不远的风景优美的亚什尔库里湖。于是我们就在这个小湖岸边扎营住宿。

到达亚什尔库里湖的当天,我就派一名曾经来过这里的向导到阿卡塔格金矿去。从这里到金矿约有14俄里路程。这名向导的任务是到那里找到一名熟悉周围地区情况的人,并请他前来我们的住地做客。

傍晚,我的使者同矿上工作组长和3名当地人回来了,其中两个人是猎人。我请他们到我的帐篷喝茶,向他们咨询了许多有关周围地区的情况,但是不可能在一夜之间将所有问题都搞清楚,所以请他们留下住一宿。第二天大部分时间我都用在了向他们了解情况上。这些人直到傍晚才返回金矿。

根据我向组长和猎人们了解的情况分析,阿卡塔格雪山是昆仑山东支脉的延续部分。我们从塔什库里湖向南行进时曾两度穿越过它。这座支脉在其延伸过程中逐渐向东升高并达到了雪线,其终年积雪群峰出现于车尔臣以东的子午线上,且其数量在同一个方向逐渐增多。离金矿以西和以南,古格尔玛河源头附近有3座相当高的雪峰,在其东边是一排终年积雪的大山,这就是当地人称为阿卡塔格山在东边的顶端。他们认为离金矿270俄里以东的吐蒙勒克塔格是这座山的最高峰。离开这座山峰,阿卡塔格山开始向东南转弯并一直延伸到喀什噶尔人不知道的无名地。这里植被很少,只是北边的山脚一带有茂盛的奇普茨草。阿卡塔格山区的哺乳动物有牦牛和盘羊,在其山脚地带有鼠兔、旱獭和大群的野驴及藏羚羊。这些动物也常常到北边的谷地来

155

饮水。

在阿卡塔格山和托库斯大坂及其东边延伸部分穆孜鲁克山之间有个宽广的谷地。这个谷地有好几条河发源于阿卡塔格,然后穿过穆孜鲁克和托古斯大坂:金矿以西15俄里处是深峡谷中的古格尔玛河。古格尔玛河从阿卡塔格山后,先是向东,然后向北,最后是流向东北。古格尔玛河源以西约60俄里处,帕特卡克勒克河同样也发源于阿卡塔格山。帕特卡克勒克河与古格尔玛河汇合后形成为穿过穆孜鲁克山的乌鲁克苏河或上车尔臣河。离帕特卡克勒克河再往西约40俄里处,从阿卡塔格山发源的还有奇库尔赛河。这条河穿过托库斯大坂后,在延达木附近从左边流入车尔臣河。奇库尔赛河以西约20俄里处,铁尔特拉河也发源于阿卡塔格山。铁尔特拉河穿过托库斯大坂后,在出山口向西北转弯处流入车尔臣河。

上述宽约30～50俄里的谷地并没有什么统一的称谓,只是从中流经的各河流域分别称为帕特卡克勒克赛、奇库尔赛和铁尔特拉赛。

阿卡塔格山脚附近河边谷地有很好的牧草,大都是茂盛的奇普茨草。但铁尔特拉河以西、高度逐渐降低的南坡就没有什么植被了,只是在阿卡塔格山脚下有些贫乏的山地植物。

只有阿卡塔格金矿的猎人才到此山和托库斯大坂之间的谷地来狩猎野驴和羚羊。他们的狩猎范围也只限于铁尔特拉河一带,很少到其西边的阿羌赛,即使他们所追捕的动物躲藏到那里也不轻易去。

据我的采访人称,阿卡塔格峰以南是相当高的山冈地带。这个地带比以上述及的谷地高出许多,其绝对高度约14000英尺。从这里到附近山峰要走整整一天,其南坡到高地的南坡不长,也不陡峭。据猎人们说,人们在高地行走或爬山冈时所感到的呼吸困难完全可以证明这个谷地是相当高的。

据当地人称,在这个从阿卡塔格山向南延伸的辽阔高地,整个夏季都很冷,只下雪,从不下雨。这里没有什么高山,但却到处都布满了山丘,其间也有不少开阔的凹地。在这个碎石地表的山地戈壁很少长什么植物,只是个别地段有些贴地矮小的优若藜和苔草,很少能见到山泉,基本上没有什么河流和湖泊。地下水很丰富,凹地和浅谷的地表常常都是湿的,只要稍稍挖出小坑,即刻便冒出清清的水。

这一带动物的数量不多,且种类也很少,基本上只是牦牛,而且也只是在夏季才有。据说这里的猎人从没见到过什么飞禽、爬行动物、两栖动物和昆虫类。牦牛食用的是优若藜和苔草,它们用蹄子将其连根挖出后,不仅吃其茎也吃其软根。牦牛一般都喝山泉水,如果没有山泉,它们在湿地用蹄子轻轻一挖便挖出个小坑,等到坑中充满水就可以饮用了。

金矿的猎人也只是在他们追捕被打伤的牦牛时才到这个云外高原来。这些牦牛夏季一般都在阿卡塔格山中度过,只是在逃避猎人的捕杀时才会跑到这个山地戈壁中来。猎人们也大都在山上狩猎,可是有时被打伤的牦牛会跑到山南地区。这时他们也只好为自己的毛驴备足大麦,跟着追捕到山地戈壁来,有时为此需要花上两天时间。找到被打伤的牦牛后,他们剥下其毛皮,割下最好的肉块,然后便用毛驴驮回矿区。

秋季,等到金矿的工人都回家后,牦牛便从阿卡塔格山里及附近的高地纷纷来到北边的山前地带,并一直待到来年的4月份,等矿上的工人又回来为止。工人们一来,这些牦牛又逃回阿卡塔格山中,直到过完夏天。这些被追踪过的牦牛变得很机灵、很警惕,一旦人们回到山上,这些动物就跑到南边山地戈壁躲藏,这里虽然植被很少,但却很安全。

金矿的猎手们整个夏天都专门捕猎牦牛、野驴、山羊和藏羚羊等。他们把这些动物的肉以廉价卖给矿上工作的人,而把毛皮带回家到喀什噶尔的市场上出售。矿上的工人都回去后,这些猎人们在这里还得待上几周,因为秋季各种动物都集中到这里,这时打猎纯粹是为了要毛皮。

到阿卡塔格山较为方便的路在古格尔玛河的上游一带。沿着这条河的峡谷上山的路多半都不很陡峭,仅是个别地方很险恶。到达山峰要经过非常陡峭的悬崖,但是下山路却不远,也不很陡。无论是从山峰上,或者是山地戈壁的山丘上,猎人们都没有看到什么高山,而连绵不断的尽是东西方向的山丘。不过也有个别山丘较高,夏天其顶峰上始终都能看到白皑皑的雪。

在我们到达阿卡塔格峰之前,这里一直是阴天,下了不少雪,白皑皑的厚厚一层雪覆盖了四周。据当地人说,所有隘口全被雪埋住,根本不可能通过。如果我们早来一个月,过山的路根本没问题,如果马料够的话还可以到两三天路程的更南边的山地戈壁去。

4—5月期间,在阿卡塔格金矿一带(约15500英尺高)几乎每天晚上都结冰,4月份的结冰厚度差不多有一指厚。6—7月的天气不很冷,尤其是7月份。从8月份开始,夜间又开始结冰。夏季总是阴天,经常不是雨就是雪。

在阿卡塔格金矿劳动的工人有300人左右,分成几个组。人们把劳动所得的一半黄金按约定的条件作为自己的伙食、衣服、工具、住宿等费用交给矿主,剩下的部分归自己。开始时,采矿率很低,后来找到了一处很好的金矿矿床,得到了很满意的回报,尤其是矿主获利更大,不过工人们对自己的报酬还是挺满意的。

我们在阿卡塔格山起伏不平的山前地带的小湖亚什尔库里岸边扎营住宿。这里的地面高度约为15050英尺,植被有无伤草、黄芪、委陵菜和冰草,不过最多的是奇普茨草。这里的牧草可以算是足够的,我们虽然停留的时间不长,但我们的坐骑吃得很饱,体力也恢复得很好。野鸭和鹬常来湖中戏水和水洼中觅食。附近的高地还常有羚羊来光顾,不过无论是在湖中还是水溪里,都未见有什么鱼类和其他软体动物。

这里白天大多数时间都有雾云,而夜间晴且寒冷。阿卡塔格山的上空总是笼罩着雾云,有时还会下起雪。这种雾云始终遮住我们的视线,使人很难看清前面雄伟的山峰,偶尔雾云散去,但时间太短暂。夜间湖面结的冰到上午10时都能融化完。8月23—24日的夜间温度是-11.0℃,这期间的最高温度是8.6℃和10.5℃。

我利用在亚什尔库里湖的三天时间,确定了这里的地理位置,测量其高度并进行了地磁观察。因为储备的粮食不足,使我们无法在这里继续考察,所以只好往回走。回去的时候,我们走的是另外一条到曼达勒克的路。

8月25日早上,收拾好帐篷,我们便上了去曼达勒克的回程路,不过走的是远离老路东边的另一条新路。开始8俄里是沿山脚下的波形路,后来下到一段多石荒漠的高原,接着继续沿着这个高原地向北行进,直到住宿地。这个一望无际的高原,有些地方根本没有植被,有几条从东南向西北边的古格尔玛河延伸的干涸的小河床和一个同样流入古格尔玛河相当宽大的季节性河道。

我们在这个荒漠高原中心地带的穆孜鲁克扎营住宿。这里有一条干河道,两岸有很好的牧草。我们在河底一块湿地挖了一个小坑,一个小时后便渗出了清澈的泉水。

太阳落山之前,雾云散去,一下变得晴空万里,始终躲在迷雾中的气势磅礴的阿卡塔格群山展现在我们眼前。据当地人说,位于古格尔玛河源头附近的雪山显得尤为高大。这座山像个顶端有个小龛的截棱锥体。在这座雄伟的大山前面还屹立着另一个矮一点的同样形状的山。这两座大山之间是宽广的雪原。根据我的概算,后山的绝对高度约23700英尺。跟我们同行的从金矿回来的当地人说,在这山后面的吐蒙勒克塔格山比它更高。吐蒙勒克塔格山在其东边,从这里到那还有9天的路程,约270俄里。

傍晚,有一匹野驴跑到我们牧放的马群附近,远远仔细观望,既不靠近也不离去,直到晚上牧工们把我们的马赶回营地,它才恋恋不舍地离去。

我们住地东边是一望无际的高原,有的只是些单独的山丘。这里有条到布哈勒克金矿的路。这条路在古格尔玛河渡口附近与我们去阿卡塔格的老路分开之后,又在南边穿过穆孜鲁克景区。从这条路的交叉点到布哈勒克金矿是12天的路程,也就是400俄里地,其中300俄里是沿着阿卡塔格山脚下的路段,剩下的100俄里路沿着曲拉克阿康河延伸。

我们的队伍离开穆孜鲁克后,向西北方向慢慢往古格尔玛河谷地北边的卡勒普能奇小山脉上行了约10俄里。在路上,我们经过了宽广的表面覆盖着一层盐霜的盐咸地带,四周光秃秃没有任何植被,远远望去就像一个大湖——说不定它原先就是一个湖呢。在这个盐土地带的北缘,离道路约3俄里的东边有一口淡水山泉,其四周的草长得很好。

越靠近前面的小山,山坡越陡峭,走到山脚下时已经很陡了。到达南山麓后,我们走进了崎岖狭窄的峡谷,走出峡谷后在隘口平坦的地方扎营住宿。这里的海拔15000英尺,从上面流出一条咸水山泉。这条山泉在半路上的碎石谷地中便干涸,其荒凉的岸边长的优若藜也很少。在这空旷荒凉的谷地中植被很少,根本见不到任何生命的气息,死

159

寂笼罩着四周。

第二天早上,我们沿着平坦的路下了山口,从那里下行来到了辽阔谷地,谷地西南边有纵横山峦,东南边能见到高耸的亚格勒克雪峰。这两座山都在东南方向缓慢降低变成低矮山峦后便延伸于前面的高原。上述山间河谷地朝着东南方向与一个有着许多干涸河道的大河床相连接。到下面,河床中开始有水,但水不大,最终流入周长约5俄里的阿奇克库里咸水湖(又称艾古奴塔格能库里)。

上述高原谷地中,除个别长矮小苔草植被的孤岛之外,再没有看到别的有生命的东西。

沿着高原谷地向西北行进,我们不知不觉来到了山缘一块相当平坦的高地。从这个海拔16000英尺的高地,我们顺着其十分陡峭的山坡下到了一个直向西的又深又窄的谷地。就这样,我们很快从荒凉的高原来到了植被情况大不同的谷地。越往下走,看到的植物品种越多,随着地势的下降,其长势也越来越好。

离山口约6俄里的地方,在一口山泉附近,我们扎营住宿。第二天,我们仍沿着第一天的峡谷下到了乌鲁克苏河右支流卡勒达里亚河谷地。这个西北方向的谷地,其四周被穆孜鲁克山庞大的支脉环绕着,好像要把其东北支脉分割为独立的山体。

卡勒达里亚河谷地到了隘口末端变得相当狭窄且多石,但随着坡度的缓解植被情况明显好转。这一天,我们的队伍在卡勒达里亚河上面离其河口约2俄里处,一个狭窄的峡谷中停下来扎营住宿。这是一块到处长满艾蒿和优若藜的不大的开阔地。

第二天离开峡谷后,我们沿着陡峭山坡行进到上面有数条涧沟的高原,然后继续向前来到了流入大谷地的乌鲁克苏河边。接下来,我们沿着这条河右岸的陡坡行进约6俄里。在这里,乌鲁克苏河流进峡沟后,在幽静的山间急流。山路在此处绕开峡谷,离开河道转往东北方向,并顺着狭窄的谷地向海拔15000英尺高的克孜尔博依隘口延伸。上隘口的缓坡路很长,差不多有15俄里,但路面挺平坦。在这里,穆孜鲁克山的主峰是马鞍形山体像个大门,并向东山峰急速上升到雪线以上,而其西面却缓慢向乌鲁克苏河倾斜。

　从隘口顶峰沿着狭窄干涸谷地下行的是一条坡度相当大的向北的

道路。我们在山脚下,离开无水的河谷地后,向东转弯到大路对面,然后到了一小河边,并在这里扎营住宿。这就是叫克孜尔乌贵的小山村,人口不多,大都是山民——塔戈勒克人。这里的房屋都是直接在陡岸上挖的洞式土房。已经下山的村民们热情欢迎我们,并请我们喝酸牛奶。

8月30日,一大早就开始下起了大雪,足足有2俄寸厚。因为天气不好,我们只好等到下午完全不见雪了才起程。

沿着小河前行一段路之后,我们的队伍顺着穆孜鲁克山麓波浪形地带西行约8俄里。天快黑时,我们来到了乌鲁克苏河宽广的碎石谷地。发大水,根本无法过河,我们不得不在乌鲁克苏河的植被很少荒芜的右岸扎营住宿。

乌鲁克苏河穿过穆孜鲁克山后,离渡口约10俄里处,从狭窄谷地中冲出,流入北边昏暗陡峭的峡谷中。不要说骑着马,连徒步都很难通过这个峡谷。

一夜间河水水位下去很多,第二天我们没费什么气力就过河到其左岸了。道路从渡口一开始是向西,然后转向西北,前半段沿着锯齿形陡峭山路行进。穆孜鲁克山的高高山前地带从这里开始,向车尔臣河谷地倾斜。沿着这个起伏不平的山前地带有两座突起的山峦:南边一条稍高些的从乌鲁克苏河到其支流穆孜鲁克河;北边的一条不长,到半路即中断。

乌鲁克苏河出山之后,约在15俄里处接收从东边奔流而下的阿拉亚勒克山河,然后几乎直角转向西流去。从这个转弯处,这条河便开始称为车尔臣河,并一路接纳众多支流在广阔的山间谷地奔流。

走完漫长的40俄里路之后,太阳落山之前我们来到了车尔臣河谷地的巴什玛尔贡。我们就在这个周长约30俄里的开阔地扎营住宿。这里的植被很丰富,是个有名的好牧场。到处长有被当地人叫作玛尔贡的植物,这里也由其得名为巴什玛尔贡;而在盐碱高地上,长的是白刺和其他耐盐碱植物。巴什玛尔贡这个地方有很多山泉,并汇流成大大小小的湖泊,到夏季有很多水禽到这里筑巢栖息。

到秋天,下山的山民们把畜群就牧放在巴什玛尔贡草场,直到冬天才赶回家。春天开始转牧场时,山民们还是先到这里放牧,一直到6月这里出现蚊子为止。

沿着巴什玛尔贡南缘行进约7俄里后，我们继续沿着穆孜鲁克河穿过的荒凉沙土地带行进了7俄里，而剩下到曼达勒克的8俄里路段全是结了碱壳的疏松盐碱地带。在这里只有几条踏出的路可以轻松通行，离开踏出的路到其他地方行走非常艰难，只要马一踏下去，碱壳根本承受不住马的重量，走一步陷一步，很伤害马蹄。

9月1日，我们一到曼达勒克就受到了考察队留守组的热烈欢迎。我们不在的这段时间，当地人常到他们这里做客，相互之间处得很亲密。

回来的第二天我便去查看骆驼和马的情况。在这两周期间，这些役畜都恢复得非常好，曼达勒克的山地草场把马喂得肥壮，足能承担远行到边境的任务。

9月3日，罗博洛夫斯基他们也回来了，19天行程约700俄里。他们翻过穆孜鲁克山后，沿着同一名称的隘口先顺着乌鲁克苏河上行，然后沿着古格尔玛河转到去布哈勒克的大路。罗博洛夫斯基到达阿卡塔格山麓后，沿着东行，经过周长约75俄里的咸水湖阿奇克库里湖之后，来到了从阿卡塔格北边流出来的别铁里克河岸边。从这里，他们沿着这条小河到了其流入卡拉乌塔格河的谷地。卡拉乌塔格河在此处连接着两个大湖：淡水湖琼库木湖和咸水湖阿亚格库木湖。[1]罗博洛夫斯基沿着阿亚格库木湖南岸，在车尔臣河右支流阿拉亚勒克河上游穿过穆孜鲁克山脉之后，来到了这条河的谷地。

罗博洛夫斯基返回之后，我们的考察队开始积极准备回国。我确定的路线是：经过罗布泊、库尔勒、焉耆和迪化到达俄国第一个居民点——斋桑哨所，总长约为2000俄里。

在返程路上，为了把我们的考察范围扩大到罗布泊湖，我建议罗博洛夫斯基带着一名哥萨克人和两名当地人沿车尔臣河下行。他们要顺着楚卡大坂隘口，翻越阿尔金山，下到山下继续沿着山间路到达巴瓦什沙里。从这里再向车尔臣河转弯，并顺其流向直行进到其河口。考察

---

① 普尔热瓦尔斯基称其为"不冻湖"——原注。

队剩下的人,根据当地人的建议,要走另一条路。这是一条高原山地路,开始向东北行进,然后转向西北,最后经阿尔金山向北到达罗布泊湖。这条路从曼达勒克开始,总长约600俄里。

9月7日起程之前,附近的居民都前来住地和我们告别。他们的头人——一个小老头帮了我们不少忙,我予其丰厚酬金以示感谢。除此之外,给他还留下了我们的帐篷及其他家什。当我跟他握手告别时,他恸哭起来,边抹泪边说:"愿你们平安回国!"对他如此诚心诚意的祝福,我表示衷心感谢,并祝他生活幸福。我们也重重酬劳了那些为我们提供马匹的人,他们也深深感谢我们,并热情告别。

我们这一组人和山民们及罗博洛夫斯基一组人——他们也跟我们同时出发,不过往相反方向进发——告别之后,离开曼达勒克向巴什玛尔贡行进。据当地人说,我们现在要到罗布泊差不多需要一个月的时间,并且这是一条荒无人烟的道路,路上要是碰到些人的话,那可能就是从布哈勒克金矿回家的工人和猎人。原先这里是蒙古族人的游牧区,50年前他们迁移到柴达木之后,这里便成了荒无人烟的地方,不过至今仍保存有不少当时的遗迹:如敖包、山口垒起来的石头堆、灶坑、圈养家畜的石头围墙等等。

在巴什玛尔贡我们住了一夜,带上足够的饮用水,第二天下午我们便离开了这里。一路前行经过了5条车尔臣河支流之后,向东北方向行进。从渡口开始是向阿尔金山麓延伸的上坡碎石路,再继续都是平坦的沙砾石路段,只是个别地方有些小冲沟。

傍晚,我们在一块光秃秃又没有水的空旷地段搭帐篷住宿。从这里可以有效地欣赏夕阳照射下的邻近阿奇克阔尔山的雪峰。一开始雪山发出浅紫红色,然后是金黄色,最后是淡红色光芒。

下面的一段路全程都在东边与穆孜鲁克山主峰相连接的阿尔金山和阿奇克阔尔两条山之间的逐渐升高的谷地行进。穆孜鲁克山从乌鲁克苏河的峡谷开始稍许向东北转弯,然后几乎完全向北拐弯与东西走向的阿奇克阔尔山连接,其西半部分终年积雪。阿奇克阔尔山和穆孜鲁克山之间有一条植被丰富的阿拉亚勒克河谷地。这里有一条从车尔臣河谷经穆孜鲁克山的阿拉亚勒克能阿塔斯山口到布哈勒克金矿的路,但因这个山口非常险峻,很少有人经过这里。

● 阿奇克阔尔山的北坡

　　阿尔金山和阿奇克阔尔山之间,我们走的谷地逐渐向东北方向变狭窄。这是个有着许多山峦的谷地,而且车尔臣河的右支流迪木纳勒克小河就来回在这些山峦之间流淌,不过只是汛期如此,其他时间离河口约10俄里地段便消失。随着地势的下降和谷地越来越狭窄,植被长势也明显好转。

　　行进20俄里之后,到达迪木纳勒克河边我们便停下来扎营住宿。这个峡谷地,尤其是在其山脚地带艾蒿和奇普茨都长得特别茂盛,我们一天都没吃没喝的马吃了个够。

　　从迪木纳勒克开始,路的坡度逐渐升高,我们走出8俄里后通过了连接附近山脚的慢坡高地。迪木纳勒克河在这从两座小山之间流过时留下了深深的峡谷。我们从这个缓坡高地下来之后,直接向东拐弯继续沿着迪木纳勒克河上行约6俄里到达卡拉楚卡景区后便扎营住宿。

　　迪木纳勒克河山间谷地,从上述缓坡高地开始向东扩展,其南边是阿奇克阔尔的雪峰,北边是不很高但很长的阿尔金山的支脉卡拉瓦塔格山。阿尔金山从这个支脉分开之后,向东北急转弯并迅速升高到雪线以上,然后又迅速下降之后向东北地平线伸展。当地人把阿尔金山的这个突出部分叫作苏兰塔格山。这座山由许多一个接一个的冰川雪

164

● 从东南边看苏兰塔格雪山群

峰组成,然后向东南下降并成为恰卡勒克河的源头。恰卡勒克河开始向东北流,然后转向北,插入到阿尔金山。根据我在卡拉楚卡的测量,苏兰塔格山最高雪峰的高度是海拔19170英尺,其东南边的雪线高度是18560英尺。

阿尔金山的东支脉卡拉瓦塔格山向迪木纳勒克河谷缓慢下降,其长长山坡插入到北边相邻的高原中。从南边好不容易才能看到其山峰,可有些地方又像是在慢坡上独立的山峦。从北边看,这个山峦又像是在高原上高高屹立的山峰。

我们在卡拉楚卡停留期间,从布哈勒克金矿返回车尔臣的猎人到我们住地来访。根据他的述说,这个金矿位于曲拉克阿康河或克孜尔苏河流域,离曼达勒克东南方向有20天的路程。这一流域的植被相当不错,从西北到东南有不高的山峦成为天然屏障。每年4月份到布哈勒克来淘金的人约有100名,他们大都从车尔臣来,一直劳动到8月底。夏天,柴达木的蒙古族人赶着羊带着大麦面粉到这里来换取黄金。金矿附近还有牦牛、狗熊、野驴和羚羊出没。这一带,除了矿上的工人、猎人和从柴达木来的蒙古人以外,根本没有人住。

我们给猎人送了一桶火药,并要求他用火绳枪射击靶心。原来他是个射击高手,100步外打中了很小的靶心。

我们从卡拉楚卡出发,沿着阿奇克阔尔山和卡拉瓦塔格山之间宽阔谷地向东行进。离我们宿营地不远的迪木纳勒克河只是汛期有水,其余时间都是沙砾石的干涸河床。不过这里也有些小块湿地,证明有渗下去的地下水。

我所述的这个山间谷地的西半部分没有什么植被,其东半部分个别地方有些绿色小岛。

在缺水的达夫巴干勒克住了一宿之后,第二天我们继续沿着这个谷地上行。这个谷地东半部分地带有很好的植被。我们的队伍走完一半路程后到达了平坦的隘口古尔扎大坂,其海拔高度为14150英尺。在这里,阿奇克阔尔山的南雪峰与卡拉瓦塔格山的北山峦连接之后便成了向东向西流的山河的分水岭。

下山路也跟上山路一样,坡度不大。山顶的路逐渐向无水荒漠地段倾斜,这里横穿的干涸河床都不宽,只是个别地方长有矮小的优若藜。从隘口行进16俄里之后,我们到了向东流的古尔扎河岸边的伊内克阿康,并在这里扎营住宿。

从住地伊内克阿康出发,我们的队伍沿着古尔扎河的下坡路下行。一走到谷地就遇到了强西风,这风每天从上午9时刮到下午4时,非常准时,有时刮的时间还更长。❶这股冷风虽然是顺风,但也很刺激我们的马,所以不得不加快速度来暖身。

沿着古尔扎河下行30俄里之后,我们在冬萨依停下来休整了一天。在这里,我派科兹洛夫带着一名哥萨克和向导去实地勘察卡拉瓦塔格山及其北边的高原地带。在这里进行两天勘察以后,我们才搞清楚,这座山向北倾斜且坡度大,而其南边古尔扎河谷地带都是慢坡地,与其相邻的北边高原的地势比谷地低许多。从卡拉瓦塔格山上在西北边看到的可能是苏兰塔格山的延伸部分,不过不是雪山;而在东北边看到的是与卡拉瓦塔格山峦相连的玉素普阿勒克塔格山的西端。玉素普阿勒克塔格山体有不少又深又长的山鞍,于是卡拉瓦塔格山从北边古

---

　　❶　普尔热瓦尔斯基称这个谷地为"风谷"——原注。

尔扎谷地看起来就像是在其轴心有着许多单独低矮的缓山体。

古尔扎河谷地南边是阿奇克阔尔山的一个挨着一个的圆顶群山，其间也有些终年积雪高峰。阿奇克阔尔山的北坡比南坡短且陡峭。据当地人说，阿奇克阔尔山的南坡缓慢向阿拉亚勒克河倾斜，且其上面分布着许多植被长势很好的谷地。这条从北到南 30 俄里宽的山区有两个山口：一个是从卡拉楚卡山到阿拉亚勒克河谷的别萨特萨依山口，另一个是从冬萨依景区到托格勒萨依的嘎尔萨依山口。这两道山口都非常难走，只有单骑或轻装驮畜才能通行。阿奇克阔尔山在这两个山口之间与穆孜鲁克山西南边的一条主峰直接连接。从嘎尔萨依山口往东约 20 俄里是阿奇克阔尔山的雪山群，其最高峰约有海拔 2 万英尺，比其他山峰都高。从这个群山开始，阿奇克阔尔山就像下台阶似的突降，接着向东北分出短岔后，向东远远延伸，且其各段的称谓都不一样。

我们在冬萨依休整的两天时间，从早上 10 时开始到太阳落山几乎都在刮强劲的西风。中午 2 时，风力差不多达到 20 米/秒，强劲的风把我们的帐篷震撼得摇摇欲坠，我们都觉得帐篷马上就要倒下来似的。据当地居民称，在古尔扎河谷地，一年四季大部分时间都刮这种强风，其危害对植物生长十分严重。看来也的确如此，谷中部地区的草木长得又矮又小，好像都要钻到地底下去似的，同样的植物长在避风的峡谷或凹地的就高得多且茂盛。

一般到傍晚风就会慢慢停下来，雾云散去，天空闪烁着星星。夜间的最高和最低温度是 −17.0℃ 到 −15.0℃，中午两点时温度为 5.0℃ 甚至是 7.0℃。

我们的队伍离开冬萨依住地后，沿着向东北急转弯的古尔扎河行进约 10 俄里之后，再往前走的是阿奇克阔尔山脚下相当平坦的碎石道路。这个荒漠的山脚地带在北边稍许突起，阻挡了古尔扎河向东去的路，迫使其流向东北。我们继续前行 18 俄里之后，就在托格勒萨依河边扎营住宿。托格勒萨依河发源于穆孜鲁克山东南坡，然后横穿到阿奇克阔尔山的深峡谷中。托格勒萨依河谷地四周有阻挡从西边吹过来的强风的山坡，所以这里的植被都长得相当茂盛。这里有古尔扎河上游地区没有的蒿子和优若藜。邻近阿奇克阔尔山坡植被的长势也不错，有不少野驴和羚羊到这里来吃草。

考察队下一站要经过的路段是阿奇克阔尔东北方向不是很高的一条支脉。在此处,这一支脉的许多岬角楔入于托格勒萨依河。后来的10俄里路程,我们是沿着托格勒萨依河右岸行进的,这里必须从一个岬角翻到另一个岬角。这许多岬角之间的峡谷都非常狭窄,只是朝向河流的一面才开阔。我们的队伍停留在其中的一个叫戈沙的峡谷中扎营过夜。我们来到住地约两个小时后,有人在附近的高坡上发现了几群吃草的野驴,四名水平高的人到那里去打猎。到傍晚,他们带着7只野味回到营地。

　　托格勒萨依河和古尔扎河下游的广阔谷地北边有东西方向延伸的玉素普阿勒克塔格山脉。戈沙峡谷西北约30俄里处,玉素普阿勒克塔格山与卡拉瓦塔格山相连后再向西扩展便和宽广的高原地带连接。戈沙西边有座雪峰,据我测量其高度为海拔20160英尺,而其南坡雪线的高度为18830英尺。这座山以西还有座雪山,但没有前者高,其东边是楔入于其中的深深的峡谷。从这里开始这座山逐渐降低,也不见雪峰了。

　　托格勒萨依河在戈沙峡谷下面,绕过上述阿奇克阔尔支脉东北方向的岬角后,向东南急转弯,然后向东延伸。从戈沙开始,道路沿着托格勒萨依河左岸向北行进。

　　我们渡过托格勒萨依河之后,沿着其左岸行进穿过从玉素普阿勒克塔格山出来的干涸河床后,沿着这个山脉的多石山前地带向东行进约10俄里路,走的都是相当平坦、几乎感觉不到向南往托格勒萨依河下降的山坡路。我们爬上一个制高点后,在远远的南边看到了一座高高的山。这座向东延伸的山前段叫铁米尔勒克塔格山,后段称为阿木巴尔阿什干山。其北边是阿奇克阔山的东端延伸部分不很高的山峦,分别称为什皮塔格、皮亚孜勒克和奴尔滚阿勒克山。

　　从山上我们慢慢往下走,约行进14俄里后到达一个叫玉素普布拉克的开阔地带便扎营住宿。这里的高度为海拔11420英尺,周长约30俄里。这里有许多玉素普布拉克河的山泉,植被长势也很茂盛。这个峡谷地北边是辽阔的盐碱地,其表面覆盖着一层薄薄的盐霜,并闪闪发光,远远望去就像是个湖面。

　　玉素普布拉克丰茂的牧草吸引着大批羚羊,我们的猎手们整整跟踪了一天,因为地大,只打着了两只。

从古尔扎大坂隘口到玉素普布拉克,我们慢慢往下下山,最后下到了高度为2730英尺的地方。古尔扎河上游谷地的刺骨西风,随着地势的下降,到玉素普布拉克时基本上就没有了。这里的天气又暖和又晴朗,中午两点的温度是15℃～17℃,但是夜间的温度为−20℃。

晚上,我们这里来了一名从布哈勒克金矿来的猎人。他从金矿到这里走了12天。我邀他到我的帐篷里来做客,请他喝茶,向他打听金矿及路途和该地区的情况。据猎人说,布哈勒克金矿位于克孜尔苏河流域。地势平坦,植被长得也不错,夏季牧放矿上的牲畜,大都是役驴。阿卡塔格从布哈勒克向西南延伸,从克孜尔苏河谷根本看不到它。夏季,蒙古族人时常从柴达木到金矿来,向金矿的工人销售少量的羊只和大麦。

金矿周边山区有藏熊、成群的野驴和羚羊。秋天,阿卡塔格中的牦牛就下到克孜尔苏河谷来,并在这里过冬。

从玉素普布拉克到金矿的路开始是沿着该河往下向东延伸,然后转向东南沿着其右支流阿特阿特干河延伸。到中游地段,这条河向南转弯,穿过阿木巴尔阿什干山后往下流入琼库木库里湖的东端。从这里开始走出高原路到发源于阿卡塔格的克孜尔苏河谷地,并一直延伸到金矿。这条路完全适于我们考察队的行程,全程都有足够的牧草和人畜饮用水。

从玉素普布拉克出发后,队伍开始时仍然沿着原先的路向东行进,然后穿过了玉素普布拉克南边与宽广盐碱湖相连的一个不怎么宽的有植被的地段。此后,我们上了在这个谷地中像是一个孤岛的碎石高原地带。从这里能够清晰分辨南边始于戈沙地平线向东延伸的铁米尔勒克山脉。这座山在西边楔入雪线后开始下降,在玉素普布拉克对面形成长长的山鞍,其东边突起的部分便是阿木巴尔阿什干山脉。阿木巴尔山北边是逐渐向东下降的什皮塔格山峦。这座山在上面划出深深的山鞍后,转向东北形成奴尔滚阿勒克山。

我们从碎石高原下到玉素普布拉克河边后,在嘎孜勒克景区扎营住宿。这里是玉素普布拉克河岸地带,上述有植被地段在河东边继续延伸。在这里有不少山泉汇入玉素普布拉克河,当它流出峡谷时就变成了水量大的湍急大河,但在河里我们没有看到鱼类。

玉素普阿勒克山在嘎孜勒克的前面直接向东北急转弯,然后在东边分出一条与大山奇蒙塔格连接的大支脉。这是条相当平坦的山脉。于是玉素普阿勒克山和奇蒙塔格山两山之间就有了由这个缓山相连接的跨度为30俄里的马鞍形山脉。其西边是高高耸立的两座与周围低矮的山冈明显不同的群山。

嘎孜勒克的东南边是中间有一个小碱水湖的盐碱沼泽地。

据我们的向导说,在汛期,托格勒萨依河流入的沼泽地变成一个很大的湖泊,甚至和玉素普布拉克河都连到一起。

我们顺着玉素普布拉克河行进约10俄里之后,直到宿营地一直走的都是荒凉的碎石平坦路,路的南边是平坦的沙坡。这是我们在西藏高原的整个行程中唯一看到的一处沙梁。

这天我们仍在玉素普布拉克河边住宿,不过这里已经是空旷的盐碱地了,只是个别地方有些小沙堆,植被也相当稀少。我们住地的南边是绵延的山体,在北边河的后面是卡拉楚卡山峦,这座山开始时向西北东南方向延伸,然后几乎直接向东北转弯。

玉素普布拉克河从我们的住宿地向东流出约4俄里之后,急转向东北,并绕过卡拉楚卡山峦。我们继续沿着这条河下行,穿过了其右支流阿特阿特干的干涸河床。这条山河起源于阿木巴尔阿什干山的北坡。这个山门由奴尔滚阿勒克和克孜尔恰普两座山而形成。克孜尔恰普山在阿特阿特干河右岸显得并不是很高,但其东北段急促升高,穿入雪线后转向东南继续延伸;这一段山峦称为亚普卡克勒克山,走5天才能到达。

玉素普布拉克河右岸上,在其东北转弯处,能看到漏斗形小坑,坑内结有硬盐壳。很明显,每年发大水时这些小坑都充满水,然后蒸发,多年之后就形成了硬盐壳。

玉素普布拉克右支流阿特阿特干河口的下面,我们走进了长有茂密的玛尔贡草的灌木丛路段。这条河的两岸约3俄里都长有茂密的这种灌木丛。我们过到这条河的左岸后,沿着灌木丛地带向卡拉楚克山的东北端行进,并在一个有着许多山泉的巴赫图奎景区住宿。

　来到宿营地不久,看到在远远东北边有两个骑马的人牵着两匹驴驮向南行进。在人迹罕至的地方，每每见到有人来，对我们来说都是莫大的喜事。我们的哥萨克人见到对方人马高兴地喊叫起来，招手让他们过来；而对方见到陌生人，停下来犹豫不决，不知如何是好。见他们发窘，我们便派一名向导骑着马前去迎接他们，于是他们就放心地跟着过来了。原来他们是恰卡勒克村的居民，是去狩猎野驴和羚羊的。每年秋天农忙结束以后，他们都远行到西藏高原来打猎。他们纯粹是为获取毛皮而打猎。

我们买了猎人的3普特面粉，当时我们的面粉剩下不多了。见我们的高额支付，他们合计后决定不再去打猎了，而和我们一起回家。这一决定对我们更有利——有了详细了解周围地区的向导，而且他们也比我们从曼达勒克带来的向导更熟悉去罗布泊的路线。

晚上，我们请猎人来我的帐篷做客，向他们详细了解周围地区的情况。据他们介绍，当天我们到过的玉素普布拉克河在荒漠高原渡口下面约10俄里处便干涸了，汛期间可延长约20俄里。一望无际的高原，往东北延伸到三天路程的巴赫图奎，其尽头直到奇蒙塔格山的东南支脉才结束。从巴赫图奎到琼亚尔的40俄里路段完全没有任何植被。琼亚尔的地势相对较低，有不少泉水，植被长势很好，其距离约两天的路程。过去蒙古族人每年都到这里过冬，现在仍能看到一些旧村落的痕迹。现在光顾这里的只有恰卡勒克和罗布泊的猎人。到秋天他们到这里待上几周，一年四季其他时间再无人到这里来。

琼亚尔以北以东是一排不高的土山体，离其约20俄里地在荒漠高原耸立着一座西北—东南向的孤山峁，这座山离奇蒙塔格山东南支脉不到20俄里。

据这些人称，阿木巴尔阿什干和亚普卡克勒克两座山都有终年积雪的高峰，并向东南延伸到很远很远的地方。

第二天吃完早饭和备足饮用水之后，我们和猎人们一起起程，沿着沙砾石高原向西行进。开始的6俄里路，我们顺着从巴赫图奎下来的山泉行进。这条小泉水到后来就在这荒漠高原中消逝。道路两边个别地段有矮小灌木，到泉水干涸地就变成了毫无植被的不毛之地。我们走出15俄里之后，过了一条西北—东南向干河床，然后就开始缓慢地向连接玉素普阿勒克山和奇蒙塔格山的慢坡攀登。快到其南缘时，我

171

们穿过了从中出来的一条干河道。沿着这个干峡谷便是一条向北的只有单骑才能通行的山路,所以猎人们带我们走了另外一条绕道而行的路。在这里我们转向东北,沿着山前地带行进,路边植被很贫瘠。这天,我们住宿的地方既荒凉又缺水。

第二天早上,阳光灿烂,从住地附近的山坡上能很清楚地观察远处。住地北边是连接玉素普阿勒克山和奇蒙塔格山的绵延山体,其西边是高高屹立于其他小群山之上的两座同一个高度的大山体。我们住地西北边约30俄里处是玉素普阿勒克山系的两座白雪皑皑的山峰。其中的一座,我在描述古尔扎河下游和玉素普布拉克河的时候已经讲述;另一座稍高的雪峰,起初向西延伸,然后向西北又向西直到与阿尔金山相连接为止。

离我们的宿营地约25俄里的东北边是奇蒙塔格山的一座不长的东南支脉;往东50俄里处也是奇蒙塔格山向东南延伸的另一座长长的支脉。山前还有与其平行的另一条不长的草原山峦,近处是东北边有慢坡的琼亚尔山体。这个山体在这一望无际灰蒙蒙的高原上就像一块大大的黄色斑点。

猎人们领我们走的绕道路开始沿着山脚向东北行进。路上我们穿过了几条东南走向的干河床,然后向北转,沿着一个不陡的山坡爬到了上面提到的山体。山口东北约2俄里是急剧向上升起的奇蒙塔格山,西边是白雪皑皑的玉素普阿勒克山峰。

从山上下来,我们沿着慢坡谷地转向西北下到了一个落差很大并在西南边与很深的峡谷相连的山沟。顺着这个山沟,我们来到了玉素普布拉克河谷下面的山间辽阔地带,然后转向西南仍沿着上述山体的北麓行进。行程的最后,我们到达盐水小湖乌宗硕尔库里并在西南边停下来休息一天。

我们停下来休整的辽阔山间谷地的高原海拔约9500英尺,是西藏高原的下段阶地,其南端由玉素普阿勒克山和奇蒙塔格山阻截后与慢坡山体相连。在北边环绕这个阶地的是东西方向延伸的阿尔金山。

据猎人们说,奇蒙塔格山向东延伸很远,最后是否与阿尔金山相连,他们不知道,而玉素普阿勒克山北部雪峰却在西北与阿尔金山相连,其南端与卡拉瓦塔格的次等山峦连接后在辽阔高原上中止。

● 西藏高原咸水湖乌宗硕尔库里

　　位于缓坡谷地的乌宗硕尔库里湖呈椭圆形，长约3俄里、宽约350俄丈；其泥泞低洼的整个西北岸由厚厚的盐层覆盖着，而东南岸高，楔入山角的地段非常优美。乌宗硕尔库里湖并不深，只是靠山的东南边稍深些，其他地方的水都很浅，湖水的含盐度很高，所以其中不存在任何有机生物。

　　乌宗硕尔库里湖的西南边有条由许多小山泉汇合而成的山溪流入，所以这一带的植被长势非常好。

　　由于这里的地势较低（比邻近南边玉素普布拉克河谷地约低1800英尺），香蒲草长得很茂盛，整个碱滩地长有很多小芦苇。在这里，我们第一次看到了前来喝水的西藏高原羚羊。

　　我们所处的山前阶地白天的温度要比邻近的南部地区高，只是夜间的寒冷才提醒我们自己所处的是高地。

　　考察队离开乌宗硕尔库里湖之后，继续沿着山脚行进，然后转向西北顺着空旷的碎石高原前行，路边有些稀稀拉拉的艾蒿。半路上，我们经过了一条从前面提到的山体和玉素普阿勒克雪山之间出来的干涸河道。这里有一座从玉素普阿勒克山分出来，而到了谷地就中止的东北走向支脉，其西南走向的支脉消失于平原中，而西边的群山雪峰却直接

173

与阿尔金山连接。

　　离开乌宗硕尔库里湖之后,第一天我们是在既荒凉又缺水的山地过的夜。早上起来,趁收拾行李的空隙,我测量了玉素普阿勒克山的最高以及南坡雪线的几处高程。根据这次测量,玉素普阿勒克山主峰的绝对高度为19050英尺,北坡雪线的高度为17830英尺。

　　下一站,我们继续沿着这个荒凉的谷地行进,其西边遍布高高低低的山冈和山峦。最后,我们穿过了一座把阿尔金山与玉素普阿勒克山北峰相连的平坦的山峦。到达这座山的山脚地带后,我们算是来到了群山区,继续向前走了几站路后,考察队下到了从南而下的伊尔别奇蒙河谷地。稍许下行后,我们便扎营住宿。

　　第二天早上,我们在西南边清楚地看到了玉素普阿勒克山西北—北走向的雄伟雪峰。这一天我们继续沿着伊尔别奇蒙河不算宽阔的谷地向下行进。半路上,我们转到了伊尔别奇蒙河的左岸,然后穿过一座小山后沿着伊尔别奇蒙河左支流帕夏勒克河荒漠谷地行进。走出约3俄里之后,我们到达了帕夏勒克河和伊尔别奇蒙河的汇合处,于是就在阔什拉什扎营过夜。这里有两座小石头房,牧草长得很好,这是夏天罗布泊牧民来放养马群的地方,也是我们从曼达勒克出发后整个旅途中唯一有人烟的地方。从恰克勒克到西藏高原打猎的猎人们就住在这些

　　　　　　　　　　　　　　● 从阿尔金山看到乌宗硕尔库里的景观

小石房附近。晚上我请他们过来一起喝茶,顺便向他们了解有关周围地区的情况。他们证实,玉素普阿勒克塔格雪山的北峰,确实在西北与阿尔金山连接且有众多雪峰。

所以,从阔什拉什甚至单人都根本无法直接走到车尔臣河上游谷地,必须从东边绕过玉素普阿勒克山,走我们所经过的路才行。

据猎人们说,玉素普阿勒克山在西北边有两座大支脉,一个是硕尔恰普塔格山,另一个是图格里克塔格山,这两座山的众多分岔分布在从伊尔别奇蒙塔格山以西的广阔地区。这些山之间,从主峰上流下来的阿特拉什苏河从左边流入伊尔别奇蒙河。在阿尔金山南麓从左边流入伊尔别奇蒙河的还有哈沙克勒克河,两条河汇合后就流入喀什噶尔盆地。

总的来说,在伊尔别奇蒙河、玉素普阿勒克雪山和阿尔金山之间的广阔山区基本没有什么植被,尤其在靠近雪山的高山地带。这里生活的哺乳动物只有野驴。

当地猎人们还告诉我们,今年夏天他们的家乡喀什噶尔盆地及其周边地区又热又干旱,直到9月份才稍许凉快下来。

谈话结束之后,我们提议一起对准目标射击,他们很高兴地同意了。说实话,他们的射击水平着实使我们惊讶:他们用自己长长的小口径步枪射击,从100步的距离,直径4俄寸的圆圈,没有一发子弹脱靶。为感谢猎人们的出色表演,我们给他们每人送了一盒一俄磅重的火药。

离开阔什拉什以后,我们沿着伊尔别奇蒙河往下行进。往下走河谷越来越深,也越来越狭窄。路上我们还碰到了赶着马群往回去的罗布泊的牧民。他们的马一夏天都在凉爽的山上牧放,躲过了炎热的酷暑和蚊虫叮咬,个个都又肥又壮。

这一天我们走完9俄里的路程后,就在伊尔别奇蒙河岸边的达坂图别地方扎营住宿。再往前,我们穿过阿尔金山沿着塔什大坂山口行进。这是一段很长的缺水路程。

第二天吃过早餐,带上足够的饮用水便起程,沿着伊尔别奇蒙河下行到其向西急转弯处,我们就脱离这条河开始逐渐向阿尔金山的南麓进发。快到山脚前,我们直接向西穿过阿尔金山的一条峡谷,然后就向有小山冈和小山谷的高原地带行进。从这个高地上远远向南望去,伊尔别奇蒙河以西以南辽阔空间尽是悬崖峭壁，到处是深深的凹沟，从侧面呈现出月牙形轮廓。这些西北走向的山脉实际上就是玉素普阿勒克山雄伟雪峰的分岔，平时在云雾的阴天，从远处我们是根本看不到的。我们从高原上下到了一个深山沟中，行进约1俄里之后来到了一个右边有山沟、左边还是山沟的狭窄的开阔地带。从这里继续前行，向东北直接转弯来到了阿尔金山另一条很深的谷地。我们就在这里扎营住宿，这里虽然缺水，但艾蒿长得却很茂盛。

　　第二天早上，我们继续沿着这个谷地向东北行进，然后向北转弯到了塔什大坂山口的谷地。沿着这个相当陡峭的谷地，我们靠近了阿尔金山的山峰。根据我的测量，从南面向上爬其陡坡为30°，驮畜只能绕行才能通过。我们的考察队和驮着装备的骆驼途中休息多次，艰难爬行两个多小时才爬到了上面。从其海拔12490英尺的高地完全可以观察到伊尔别奇蒙河和阿尔金山之间的整个辽阔山区。从南边可以清晰可辨地目睹玉素普阿勒克山的雄伟雪峰，从这里它开始向西缓慢下降，最后与阿尔金山相连接，其与伊尔别奇蒙河之间整个的广阔山区分布着无数个西北走向的山峦。上面已经提到过，这些山脉各个都有尖尖的高峰和深深马鞍形的众多分岔支脉。

　　塔什大坂山口的下坡路比上坡路还陡峭，而山沟中绕行的碎石路路程很短，所以其坡度也并没有减缓多少。

　　从高山上很快下来之后，我们沿着一条开始很狭窄，到后来稍许宽阔的谷地行进。走出约20俄里路之后，我们就在这个谷地停下来扎营住宿。在这里还是没有水，我们只好到附近的色菲布拉克打水。不过这里的艾蒿长得非常好，打水时必须得小心翼翼地提着水桶一步一步地从高山上下来。这口山泉被恰卡勒克的猎人色菲所发现，故当地人以其名字命名，而色菲本人打猎时在与大熊搏斗中丧命。

　　离开宿营地，我们继续沿着谷地向西行进，快到山脚下时，越往前走，山谷就变得越深。走出约10俄里下到山脚下后，我们转向西北沿着从谷地出来的更狭窄的峡谷行进。进入这个峡谷之前，顺着横穿的是阿尔金山西支脉库博音山口的陡坡。从这里山路开始向上升高，我们十分艰难地上到这个隘口之后，从上面又沿着陡峭的山坡下到邻近的山前高地。之后又下到一个深沟中后，就在阿夫拉斯布拉克山泉附近停下来途中休息。就在这一天,我们的队伍垂直向下行进约半俄里之后,便把寒冷的西藏高原连同周围荒漠山区抛在后面,来到了温暖的喀什噶尔盆地的前沿地带。

我们在阿夫拉斯布拉克待了两天。饱受西藏高原的寒冷天气之后,在这里充分体验了山下地带的舒适温暖。这里中午两点的温度是15℃,夜间下降到零度。河边的芦苇和各种灌木丛还都是绿绿的。

总之,环绕西藏高原北部的阿尔金山的边缘山峰是西南—东北走向,只是苏兰塔格群峰在雪线以上(这座山的西部山区有玉石矿藏,但没有金矿。据当地人说,也从没有见过旧金矿的遗迹)。罗布泊对面山的宽度约40俄里,接近顶峰部分几乎都是慢坡,而其北坡或者内坡却比南坡长许多。阿尔金山有四条通道:楚卡大坂、哈达勒克大坂、塔什大坂和库尔干大坂。库尔干大坂离阿夫拉斯布拉克地区的距离约100俄里,其路况要比塔什大坂好且方便,而哈达勒克大坂只有单骑才能通过,就这样也非常难行。

阿尔金山的高山地带,由于雨水多,有些地方的艾蒿和奇普茨都长得很好,而在山腰和山脚地带雨下得少,植被也不多。据当地人说,在那里山泉不多,但可以肯定山泉是有的,只不过是他们不知道罢了;否则,很难解释山中盘羊的存在。如果没有水源,这些动物当然很难生存。阿尔金山不少地方也有雪鸡和石鸡,这同样也可以说明,山中肯定是有泉水的。

穿过阿尔金山的只有两条河,通过西藏高原时分别称为恰卡勒克河和伊尔别奇蒙河。伊尔别奇蒙河出山后被称为扎汗萨依河。恰卡勒克河发源于苏兰塔格雪山,开始时向东北延伸,然后向北转并流入山脚地带。伊尔别奇蒙河发源于玉素普阿勒克塔格雪山的诸山泉。这条河流从这里向西北延伸,转向西方从左边吸纳阿特拉什和哈沙克勒克两条支流后再向北方并穿出阿尔金山的一条又深又险峻的峡谷:这是一个塔什大坂以西25俄里的峡谷,在离山脚30俄里处的沼泽地中湮没。

我们在阿夫拉斯布拉克休整之后,继续沿着这条小河行进。这条河流经的山沟,下行约2俄里之后,变成非常狭窄的峡谷。两边巨型凸出的沙岩体,像高墙一样对立着,成为深邃阴森的山中走廊,使最普通的声音一旦发出即刻变为响亮的回声。看来山泉的冲击力对山墙的影响很大，山体倾斜很厉害，好像即刻会倒塌似的。

走到下面，山中走廊逐渐变宽，其两边的悬崖也变得平缓许多，而山泉却在崎岖蜿蜒的沙河床中干涸。

沿着干涸河床行进约10俄里之后，我们走上了阿尔金山平坦的碎石山前地带，接着继续向西北进发。开始走的是到恰克勒克村的大路，后来向右转弯后走的是小路。这条小路经过的阿尔金山山前荒漠地带，实际上是向北倾斜的沙砾平原地带，植被不多；从中横穿出来的阿夫拉斯布拉克的干河床，到下面就成了一个冲沟。走到最后的时候，平原上开始出现一排排山丘。我们就停留在这个没有水的地方扎营住宿。

第二天早上起来，我们继续向北边沙砾石平原走去，沿着倾斜的阿尔金山前地带行进了约6俄里路。山脚下的平原上有许多短而细窄的山丘。这些山丘之间，大都是由沙土沉积后形成平整的槽沟，然后就与萨依地带连接起来。我们从山前地带下来后，沿着萨依地带继续行进。在这里，我们经过了一段长约20俄里、宽2俄里的沙丘地带。离大路6俄里的东北边有一处旧要塞的遗址。要塞为宽20俄丈、长40俄丈，呈四方形土墙建筑，围墙已毁坏，且堆满沙土。院内房屋等的轮廓依稀可见。院外树墩仍保存完好，除此未见其他设施的痕迹。除了传说是古代要塞以外，当地人未能给我们提供其他任何有关这一遗址的信息。

走出沙漠地带以后，我们很快来到了扎汗萨依河右支流域，并沿着河边往下走，来到了其与左支流汇合处。从这里再前行少许后，就停留在米兰景区扎营住宿。

扎汗萨依河谷地从其支流汇合处开始是一条宽宽的胡杨林带。这里的各种灌木丛和草本植物也都长得很茂盛。在米兰一带还有些罗布泊人的庄稼地，而且他们的农田一般都在扎汗萨依河谷地带，因为在湖边的盐碱地根本不能种植粮食作物，不过罗布泊人种的地也不多。

米兰地区的地势为海拔3000英尺，气候也比阿夫拉斯布拉克一带暖和。这里的芦苇、草本植物、灌木丛和大部分树木都还是青青的，只是部分老树的叶子开始发黄。

178　　　晚上，恰卡勒克村的村长带领村里的几位长者来看望我们。他们按当地的习惯给我们送来了水果、烤饼和煮鸡蛋。这些礼物对我们这些从荒漠戈壁回来的人再珍贵不过了。当时我们除羊肉、粮食加上无味的羚羊肉以外，再没有什么其他食物可品尝。

村长告诉我，当时恰卡勒克村有60户人家和260余名村民，主要从事农业生产。每年秋天农活结束之后，有部分人到西藏高原去打猎，一般为期两个月，打的都是野驴和羚羊。

离开米兰之后，我们沿着扎汗萨依河行进。整个扎汗萨依河谷都长满了胡杨和各种灌木丛。扎汗萨依河离开米兰约6俄里之后，分为众多支流并流入芦苇沼泽地。走出沼泽地后，我们沿着长有芦苇和红柳的地带行进了约10俄里，路边有时也能看到不大的胡杨林。走出芦苇地后，我们就来到了一望无边的布满塔头墩子的盐碱地带。这种地方根本不长任何植被。我们在这里穿过一个西南—东北走向的沙丘后，继续沿着盐碱地行进。走出12俄里之后，便来到了长满芦苇的叶尔羌河谷地。在这里，我们受到了罗布泊头人昆奇干伯克的热情欢迎。他是带领着村里的长者们特地步行到这里来欢迎我们考察队的。我下马和伯克大人握手问候后，去见先期从奇格里克坐船到这里来的罗博洛夫斯基。

我们在叶尔羌河①右岸，离其流入罗布泊湖6俄里的开阔地扎营休整。我们在此处停留的时间会较长。

---

① 此处以及第七章所提及的叶尔羌河均指现今塔里木河下游河段。——编者。

179

第
七
章

从罗布泊到库尔勒

　　我还在车尔臣时，就请一位去罗布泊的商人给昆奇干伯克带去一封信，告知他探险队到达湖区的时间，并请求他为探险队采购去库尔勒所需的物资，如米面和其他食品。可敬的伯克在我们到达之前已经十分认真地按要求备好了所需物资。经验证，这些物品的质量良好，剩下的就是打包，为继续北上做准备。为此只需两天就足够，但我认为有必要给疲惫的队员和牲畜较长的休整时间。我们在叶尔羌河下游地区住了5天。在这期间，我测定了宿营地的地理位置，多次测量其高程（经几次气压表测量，罗布泊水面的绝对高程为2650英尺），同时进行了地磁观测。除此之外，我所有的时间几乎都用在向当地人调查罗布泊盆地及其周边地区。

　　我询问过的当地人，大都异口同声地证实，现在罗布泊的广阔水面大部分都长满了芦苇。芦苇长得异常茂密，又高又粗，有的高达4俄尺、粗1英寸多。湖为椭圆形，长由西南向东北为100俄里、宽40俄里。昆奇干伯克告诉我，他每天行程50俄里，用5天的时间绕湖一圈。由此可以推算出，湖的周长大致为250俄里。这位伯克说，湖区周围布满无法想象的盐碱化塔头土墩，有些地方为有贝壳状覆盖层的不毛之地。

马匹在凹凸不平的坚硬地面上很难行走,只是在芦苇滩边缘较松软的地方才能通行。湖泊周围地区,伯克徒劳地寻找适合居住的地方,这里根本不存在一处这样的地段。

叶尔羌河口附近湖的西南部,可以遇到周长为10俄里、深度为2俄丈的没有生长芦苇的水面。这种大面积开阔的水面在湖区中很少,其余的都比它小很多。在湖的这个区域有一条长约20俄里的狭长河流,在河中缓慢流动的是叶尔羌河的淡水,而在河两边长满芦苇的湖水是淡咸水。

离河口向东北20俄里处,芦苇的密度增大,开阔的水面较少见,水的咸度增加。离河口30俄里外远处,5月份最高水位时用最小的船也无法通过;其余时间,只能划到20俄里范围内。湖的东北区域是否还有开阔且没有芦苇的水域无人知道,因为当地人无论是夏季划船或者冬季从冰上行走都从未到达过那地方。昆奇干伯克绕行罗布泊探险时发现,岸边的芦苇大部分生长在浅滩泥泞的淡咸沼泽地,只有湖的西半部的有些地方生长在比较浅的咸水中。

我询问过的当地人一致证实,罗布泊逐年在变浅。老人们的回忆中,早先湖的面积比现在要大得多,而且开阔的水面也较多。在叶尔羌河入湖处往上4俄里的阿布达尔村,我们遇到了110岁的阿布都尔克力木老人。他这漫长百年的一生是罗布泊所发生的自然变迁的活生生的历史见证。虽然他精神很好,也能自由行走,但吐字已不清楚,只有其52岁的儿子阿尔洪江能听懂。他用自己年迈父亲的话说,他年轻时这里发生过很大变化。老人承认,如果他早年离开这里,不是亲眼看见后来发生的一切,而晚年时再回来,他肯定认不出故乡。罗布泊湖在阿布都尔克力木的年轻时代,也就是90多年前,其西南部看不见芦苇,只有窄窄的一条平缓的岸边,广阔的水面在东北方向一望无际。当年叶尔羌河的入湖口在今日入湖口以西4俄里处,正好在现在的阿布达尔村的对面。

当年湖水比现在深,在岸边有不少村庄,现在只剩下不易发现的遗迹。由于湖水的消退及芦苇的生长,这些村庄的居民不得不迁往车尔臣河流域。这里的土尔库里、巴亚特、罗布和喀拉库顺等村庄便逐渐消失了。

当年湖中的鱼比现在要多,而水獭早已销声匿迹。岸边筑巢的水鸟不计其数。传说两百多年前叶尔羌河比现在的河床往北一些,并流入与罗布泊湖相通的小湖乌曲库里。这种传说由阿布都尔克力木证实,他祖父在世时,叶尔羌河尚未改道。叶尔羌河的古道还能找到,现在称为什尔尕恰普坎。河的两岸以前老树桩很多,周边村民都挖来当燃料用,现在已所剩无几。

当地人一致认为,罗布泊湖逐渐在变浅。罗布泊湖地区较平缓盆地曾经存在过相当辽阔水体的痕迹完全证明了他们的这种说法。沿西北和东南湖岸,叶尔羌河入湖口处附近,椭圆状的几乎与湖岸平行的沙岭,其特征是古老广阔湖边的沙丘。除此之外,在环绕罗布泊湖盐地,远离现在湖岸四周的盐碱地能找到大量现仍在湖中生存的软体动物的贝壳。昆奇干伯克在环行罗布泊湖时,在远离湖边的芦苇滩中也捡到过类似这种软体动物的贝壳。还有,湖周围大面积的盐碱地也说明了昔日湖泊的宏大规模(参见原书附注43)。

罗布泊湖西南40俄里处,有另一个周长为60俄里的名为喀拉博音的大湖。得名于从湖对岸切入湖中的两个深色长沙滩。喀拉博音湖与罗布泊湖一样,其大部分区域都长满了芦苇。它的西边有不少面积较大的开阔水面,湖中的淡水异常清澈,周长8俄里、深4俄丈,湖东也有较小面积的开阔水面。据当地人说,喀拉博音湖中的鱼比罗布泊湖多得多。

叶尔羌河和车尔臣河向喀拉博音湖供水,叶尔羌河流入其西北部,车尔臣河流入其西部,湖的大部分水由叶尔羌河补充,其水量一年四季都比车尔臣河大。两条河的汛期不同,叶尔羌河的汛期为5月份,车尔臣河为7月份。在湖的芦苇丛中,从叶尔羌河口处绵亘着一条狭窄的运河,有些地方扩散成湖泊,其流速不大,可以划船通过。

叶尔羌河水流出喀拉博音湖时为淡水,可是透明度不如罗布泊湖水。喀拉博音湖到罗布泊的河床弯弯曲曲,河岸较高,宽度不超过25俄丈,流速为每秒4英尺,河水较深,总长约60俄里。很早以前,叶尔羌河在今日河口以北7俄里处流入乌曲库里湖时,喀拉博音和罗布泊之间并无任何通道。两湖由宽为40俄里的地腰隔开,各自由不同的河流供水:罗布泊由叶尔羌河补充水,而喀拉博音湖由车尔臣河补充水。当时喀拉博音湖的水面比现在大好多,并且大部分为开阔水面,只在岸边有芦苇。传说叶尔羌河自己冲出向南的新河道流入喀拉博音湖,四年后又冲出喀拉博音湖流向罗布泊,连接了两湖。而乌曲库里湖则逐年变浅,最终干枯,其湖床仍留存至今。现在两湖中有五种鱼类,当地人称之为噢土尔巴勒克、明来巴勒克、铁则克巴勒克、额格尔巴勒克和伊特巴勒克。

随着5月的到来,叶尔羌河的汛期开始,水量增多,两湖的水位开始上涨,最高时比冬季正常水位增高近5英尺,之后逐渐下降。到7月份在车尔臣河的汛期,两湖水位又一次升高,但增高的程度远不如上次。与湖水中水量增多的同时,鱼也从叶尔羌河洄游到湖中。据当地渔民说,水位高时鱼的数量比低水位时要多。随着湖水水位的下降,鱼又开始返游到叶尔羌河上游地区。到了冬季,湖里的鱼所剩无几。

过去在两湖岸边的芦苇丛中,有数量可观的野猪生息,老虎的数量也不少。老虎大量捕食野猪,结果野猪的数量大幅度减少,导致其仇敌——老虎的数量也少了很多。在此地还有狼、狐狸、猞猁、银鼠和野兔。

春季候鸟迁徙途中在湖地停留的数量很大,到夏季留下的数量比过去要少得多。常在芦苇中的鸟类主要有野鸡,但数量不多。

罗布泊盆地的夏天异常炎热,持续时间为3个月。夏季在盆地出现无数种双翅类昆虫,如牛虻、马蝇、蚊子等,使牲畜无法躲避,饱受其害。夏天,当地人将马群赶往山里,躲避炎热和害虫的侵扰。盆地的冬季不十分寒冷也不漫长,水面冰封期只有3个月(12月至次年3月),冰的厚度也只有15英寸。雪下得很少,很快就融化。风季主要为早春,几乎都是东北风。沙尘暴是常客,常常连续几天天昏地暗。正常降雨一般在5月份,从西南方向飘过来的云带来少量的雨。

罗布泊盆地的盐碱土地不适合农业,因此自古以来其居民以渔业为主。只是50年前湖中鱼的数量大幅减少时,他们才开始少量从事农业生产。如前所述,罗布泊人的农田在离罗布泊4俄里米兰的加汗萨依河的谷地,可是罗布泊盆地当地人的主业仍为渔业。

5月份湖水较多时,捕鱼收获最大。从4月末流入两湖的叶尔羌河水开始增多,湖潮一直持续到5月底。湖水增多的同时,鱼群也来到较平静且水温较高的湖边产卵。在5月份一个月内产完卵的鱼顺原路返回到叶尔羌河中上游。

5月里，人们不失时机地辛勤捕捞湖中的鱼，划着独木船在鱼躲藏的芦苇丛周围撒开袋形网，之后进入苇丛用手中的桨拍打水面，往渔网中赶鱼群。

当地人将大部分收获的鱼晒干备用，取出内脏后不放盐直接晾晒在阳光下。新鲜的罗布泊鱼又嫩又好吃，加点佐料更美味，只是刺较多。无盐的干鱼腥腻，口感不佳。

夏季捕鱼方式为撒网，置上袋状网及鱼钩，秋季用鱼叉，到冬季湖面结冰后，基本上停止捕鱼，只有少数人用网捕捞少量的鱼。

捕获的鲜鱼和干鱼都是当地人自己食用，只有少量的鱼卖给游商。除渔业外，罗布泊盆地的居民在春季候鸟飞来时，还用撒在湖边浅滩上的线套捕猎野鸭。一部分鸭肉乘新鲜食用，另一部分制成腊肉储存起来备用。野鸭羽毛外销给商人，少量鸭皮由罗布泊人制成熟皮自用。

如上所述，罗布泊人在米兰的加汗萨依河谷种田，一部分人在较近的恰卡勒克村耕种，小麦的产量平均为种子的10倍，玉米为20倍，大麦为10倍。

在湖的周边浅滩大量生长有罗布麻——肯德尔，其纤维是当地人用以织布及织渔网的原料。刚长出地面的鲜嫩苇根是他们的美味，同时还可提炼出食糖。

在罗布泊盆地，大牲畜马、牛、驴饲养得不多，可是他们拥有相当数量的不同于喀什噶尔的大尾羊。

该盆地的居民也从事狩猎。秋季，当地猎人们去西藏打野驴和藏羚羊，纯粹是为了获取它们的皮毛。也有人向东去库木塔格沙漠中狩猎野骆驼。除此之外，当地的居民冬季在苇丛中用捕兽器捕猎野狼、狐狸、野兔，有时也捕老虎。

整个罗布泊盆地包括昆奇干伯克居住的恰卡勒克村在内，现在只有160户近800人，其中300人居住在恰卡勒克村。1890年冬春，这里天花来势凶猛。据昆奇干伯克推算死了约三四百人，大多数为儿童和年轻人，男女都有，天祸却没有殃及中老年人的生命。

　　罗布泊盆地的居民就地取材,用芦苇建造简陋房屋——萨特马,由10～20户组成一个居民点。房子先用木杆搭成框架,墙壁用一捆捆扎紧密的芦苇固定而成。屋顶为平顶,也用相同的材料铺成。屋子内都用苇子隔成不同用途的若干间,前厅有炉灶,在屋顶其上方开一口排烟道。其他房间,如卧室、储藏室等也都开天窗。每户都有用同种材料围起来的带有很小辅助房屋的小院落。由这种易燃材料建造的房屋无法防火,一旦发生火灾,整个村庄有可能一夜间被烧成灰烬。

　　据当地人讲,罗布泊以东七天路程处是大片盐碱不毛之地;再往东是阿尔金山脚下绵亘近两天路程的库木塔格沙漠,直到绿洲桑株。古代有过从车尔臣直通该绿洲的路,如今早已废弃了。骆驼的饲料到处可得,而马要吃的草料则少得可怜。水十分缺乏,有水站点间的距离长达70俄里。

　　库木塔格沙漠中有很多野骆驼,秋冬季节常有罗布泊和恰卡勒克的猎人来这里狩猎。为了击中头部或心脏,猎人们尽可能靠近吃草的野骆驼。据猎人们说,受轻伤的野骆驼能跑出很远,根本无法跟踪它们。猎人给我们拿来两张野骆驼皮,可惜它们不能制作标本。库木塔格沙漠的猎手们十分肯定地说,库木塔格沙漠的野骆驼比在瓦石峡以西沙漠中见到和捕获过的野骆驼要大些。

　　库木塔格沙漠以北是绵亘一日路程的盐碱地,再远是西北—东南走向较宽的荒凉的库鲁克塔格山地带。从库尔勒到桑株的延伸线,与阿尔金山边缘山峰之间为广阔的盆地。盆地的南部是布满了沙丘的库木塔格沙漠,沙漠西部宽为三天的路程,库鲁克塔格东部边缘变窄,只有两天的路程。

　　据当地人说,两湖以北与叶尔羌河道、什尔尕恰普坎及库木塔格之间也有无名沙漠。当地人根本不了解这片沙漠,从中无任何路经过。冬天当地人只能到其南部边缘打柴。那里的沙漠由不太大的长有稀少红柳的较平坦的沙包组成。再远一些,在沙漠深处是荒凉的不毛沙包,见不到高大的沙丘。

　　收集罗布泊及其周边地区资料时,我也向当地人询问过遗迹之事。他们都肯定地说,除米兰以东的较小的城堡废墟外,不论是在盆地还是在平坦的阿尔金山山前地带都没有任何遗迹。可以说,如此贫瘠的盐碱化土地排除了关于在这个盆地有农业村庄存在的可能性。

我们在叶尔羌河下游停留期间,再沿其向上游考察时,我从当地人处收集到有关俄罗斯旧教徒来罗布泊盆地的一些情况(普尔热瓦尔斯基在其《从固尔扎经天山到罗布泊》(1878)一书中提起过他们曾来过罗布泊)。当地人讲,1858年沿叶尔羌河谷从库尔勒来了个高个子且体魄强壮、力气大的名叫伊万的俄罗斯人。和他一起来的还有与当地人能自由沟通的柯尔克孜族翻译。他们去过叶尔羌河口处的阿布达尔村、加汗萨依河,环绕喀拉博音湖观察湖泊周围地区和奇格里克,然后沿河返回库尔勒。第二年,伊万带领其他8名俄罗斯人和上次的柯尔克孜族翻译一起来到叶尔羌河。由数十匹马组成的驮队运来大批各种物品,成年男女都带有枪支,在旅途中男人们有时去打猎,而妇女们始终紧跟队伍而行。

新来的居民与当地人之间关系非常友好,无任何欺压行为,他们用银子购买当地人的牛和羊,从不赊账。当地人说,新来的人在饭前是"用手这样"——用手划十字,如果当地人碰过他们的餐具,他们一定要洗刷干净,不让别人使用自己的餐具。当地人问他们是从何地方来时,新来的人说,他们是从克木齐克(叶尼塞河上游的左侧支流)地区来的。

新来的居民沿叶尔羌河来到奇格里克村后,转向西南,在现在的罗布村定居下来。他们给自己建造土屋住下后开荒耕地、打鱼和打猎。在此居住的两年中,他们与邻村的当地人之间从未发生过任何争端,在来往中突出表现出自己平和、诚挚及善良的本性。

新来的居民定居在此地的第二年,清政府从吐鲁番派遣官员劝说他们返回俄国。再过一年后,新来的人用剩下不多的马匹,带上自己的家什沿叶尔羌河向上游返回库尔勒,停留几个月后,向北迁走(参见原书附注44)。

考察队从叶尔羌河下游出发前,我们将马匹和骆驼泅渡到河的左岸,用独木舟组成两个渡船运输行李物资。

10月11日,考察队全体人马从叶尔羌河流入喀拉博音湖入口处附近的奇格里克村出发。这段路全程为不太宽的盐碱地带,路边是河流和喀拉博音湖边的苇滩,路北是邻近沙漠的小沙丘。我们走的第一站被灌溉小渠隔开着。当地人从叶尔羌河引水灌溉自己的草场,长出的嫩小的苇草是冬季牲畜的好饲料。

在叶尔羌河岸边过夜后,第二段路程走的几乎都是坚硬的盐碱地带,也有些是有着淡水软体动物贝壳的泥土地带。只是路途的末端是向湖延伸的平坦沙包地带。

过夜后,终于在与喀拉博音湖连接小湖群英吉库里的苇滩上完成了第三天较短的行程。我们宿营在叶尔羌河岸奇格里克上方不远的小村子,村子有16间由芦苇建造的房屋。

在这里,我们的队伍必须再次渡过叶尔羌河。为此,和我们同时划独木舟到达奇格里克的昆奇干伯克安排村民用自己的5条独木舟组成一艘较小的渡船。用这船分批运送所有物资、行李、马匹和骆驼。为此,我们在奇格里克忙碌了两天。

离奇格里克以西15俄里处开始是沙石混合的死亡沙漠——库木塔格。这是内陆塔克拉玛干大沙漠的东北边缘。据当地人讲,库木塔格沙漠的南北走向巨大的沙峰之间绵延有多个全是碎石的荒漠平原。奇格里克的居民只进入到15俄里以内的死亡大漠,因此不知道再往西是否与他们村庄周围相同。

几乎与叶尔羌河下游平行的柯特克塔里木河的古河道沿库木塔格东部边缘延伸。此河在孔雀河口以西15俄里处流出叶尔羌河谷地,在奇格里克西南15俄里处的罗布村附近终止。30多年前,叶尔羌河洪水季节,其中还有水流,如今已经无流水。在河道的上半部,尚可看到一些湿地,表明叶尔羌河水在地下的渗透。这里也有一些胡杨树,在其下游还残存着曾经遮蔽过叶尔羌河支流的树桩。

从奇格里克出发,考察队转向北,沿叶尔羌河上游方向行进。前10俄里的路程为长有芦苇的盐碱地。在叶尔羌河左岸9俄里处,我们经过了土堡垒。阿古柏入侵时期,这里驻有少量维持秩序的官兵,后来在喀什噶尔恢复清朝统治后被废弃。

堡垒以北滨河小湖后边,呈现的是叶尔羌河的胡杨树地带,几乎延伸至莎车。河右岸的树林可达5俄里的宽度,而左岸的只有不到2俄里。这个林带由杨树及灌木丛组成。河边的树木比远处的稀少,但长势良好。沿途靠近河边偶然遇到或长有芦苇或布满软体动物贝壳的旷

187

地,也有矗立着枯死的高大树干的陡峭的黄土包地带。这种地貌从叶尔羌河下游河谷的土堡垒,一直保持到孔雀河口处的艾勒尔干。这个谷地的树林中有老虎、野猪、草原羚羊、猞猁和少量的野鸡。

这一段叶尔羌河的宽度不过30俄丈,可是很深,流速为每秒5英尺。河中的鱼异常多。如前所述,在汛期这些鱼到连通的湖中产完卵后又回到河中。

奇格里克到艾勒尔干的路经过叶尔羌河的右岸。要通过这段路对我们的大队人马来说基本没有什么问题,只是其后半段是难走的冈峦起伏的松软黄土地带。

在叶尔羌河河谷路段,牲畜尤其是骆驼吃的青饲料十分丰富。每一站都有很多芦苇,其未脱落种子的穗不仅骆驼爱吃,马吃得也很香。芦苇之外,有不少翦股颖、甘草及各种猪毛菜;到处是可烧的木材。

在叶尔羌河谷行进的头几天,从太阳升起到中午,河谷上空经常飞过从遥远的北方向南飞的大群灰雁,雁群保持人字队形,沿河的主干道飞行,整个上空充满悦耳的雁鸣声。叶尔羌河的下游,好像是这些候鸟定期南北往返漂泊的大道,巴格拉什湖尤其是罗布泊湖是它们的栖息地。在罗布泊休养后,到秋天,这些羽族旅行家们经阿尔金山沿着加汗萨依峡谷,然后经琼牙尔和大湖群向东南,再经过阿卡塔格后面的高原沙漠飞往西藏。

我们的向导说,离奇格里克往上25俄里处,在河的左岸有几乎直角从叶尔羌向分离出去的故道——什尔尕恰普坎。河水在这里转弯,向东流去,然后给自己冲出向南的一条路直奔喀拉博音湖。

离奇格里克50俄里,喀巴尕斯附近有一条水量丰富的孔雀河支流汇入叶尔羌河。1880年,孔雀河在其上游35俄里处,从东南方向冲入更深的谷地后成为一条大河并流经这个谷地时,形成四个深湖:齐门勒克湖、塔尔克衣钦湖、索果特湖和托库木湖。这些湖长5～7俄里,宽2～3俄里,湖边长满了高高的芦苇丛。大量的鱼从相连的叶尔羌河和孔雀河游入这些湖中。随着鱼在湖中的出现,部分叶尔羌河河谷地的居民迁入这里。现在他们主要从事捕鱼业,部分人从事畜牧业,在春季捕猎水鸟。

　从喀巴尕斯直到艾勒尔干,道路的西侧南北方向延伸的是塔那巴格拉干沙漠的巨大沙峰。往西边是柯特克塔里木的干枯河床,其后耸立着一望无际的死亡沙漠的巨大沙峰。

我们到达艾勒尔干之前,在河边最后一次宿营时,有两个新湖区的人划独木舟经过营地。我们看见他们后,想请他们到营地来。当他们得知我们是从罗布泊来时,尽管我们费尽口舌解释,但他们还是拒绝上岸。当时在罗布泊地带当地人中流行的天花疫十分严重,他们只是短时停留在河边。我从他们的口中得到了有关叶尔羌河下游以前的情况,向奇格里克向导收集到了有关新湖区的补充资料。据新湖区人的说法,除从托库木湖流出的小支流在喀巴尔斯附近流入叶尔羌河之外,还有一条从离叶尔羌河只有3俄里处的塔尔克衣钦湖流出的较短的小支流,离第一个入口处往上12俄里处,流入叶尔羌河。他们告诉我湖的大小,同时也肯定了这些湖的确都很深,多鱼,岸边芦苇丛生。

除此之外,考察队从奇格里克到艾勒尔干,全程没有遇到过任何人。叶尔羌河的这段河谷地无人居住,只有暂住的奇格里克渔民及往返于罗布泊的行人。在罗布泊盆地流行的天花疫情,使这里的人际交往几乎完全终止,从孔雀河到奇格里克的叶尔羌河谷地带完全荒芜了。

考察队用四个独木舟组成的渡船第三次渡过叶尔羌河后,在其左岸宿营。叶尔羌河在此由西向东流去,宽度不超过15俄丈,水深且湍急。渡河处以下2俄里狭窄平静,但很深,曲曲弯弯,有着陡峭河岸的孔雀河从左边流入叶尔羌河。

从艾勒尔干往前是沿孔雀河延伸的一段路,其前半段是长有红柳、时有枯萎杨树的黄土丘陵地带或长有芦苇的平地。第二段为平坦的长满芦苇、岸边长有一丛丛胡杨的滨河地带。路的西侧几乎整段为喀仑库木沙漠的荒漠地带。

考察队在离艾勒尔干26俄里处孔雀河右岸的喀仑库木宿营一夜。我们刚一到宿营地,邻近的英吉苏村的村长便来营地表示欢迎。按常礼请他进我的帐篷喝茶时,我向他打听周围地区的情况。村长告诉我:1880年孔雀河在喀仑库木以上15俄里处的迪尔吉依分成为两条支流。那里,它向东南冲出一条流向深谷地带的新河道;而另一支流仍在老河道中。新支流夺去了一半的水量,在离迪尔吉依25俄里处形成齐门勒克湖,从这里流出后,几乎直奔向南,在流经途中,还给索果特湖、塔尔

189

克衣钦湖和托库木湖三湖供水。其中,中湖塔尔克衣钦湖和下湖托库木湖由两条短小的支流与叶尔羌河连通。在那里居住着少数从叶尔羌河过来的居民,他们以渔业为主;同时春天候鸟多时,捕猎飞禽和水鸟;养殖少量牲畜,多为羊;无可耕之地,也无农业可谈。

据村长所述,孔雀河新支流以东地区是波浪式沙包间或与萨依地带交替的不毛沙石戈壁,它在东北边与库鲁克塔格山相连接。库鲁克塔格山在喀仑库木以东约五天的路程。据走过从吐鲁番直通沙洲这条路的人说,这个沙石戈壁从库尔勒一直延伸到沙洲,且其宽为三日的路程。

我原打算从喀仑库木继续沿孔雀河行进,可是村长和从英吉苏来的当地人都说,如不熟悉路况这条路单人行都很困难,大队人马就更难了。孔雀河边只有一个居民点——特克力克。这里没有上行到库尔勒的路,所以村民只能沿叶尔羌河绕道而行。这些理由迫使我放弃了继续沿孔雀河行进的念头。

从喀仑库木考察队转向西北,沿罗布泊道前往叶尔羌河。这条路大部分要通过芦苇地,有时有胡杨树小林子及黄土岗地带。在平坦处遇到过淡水软体动物的贝壳及干枯湖泊的显著痕迹。护送我们的村长和当地老人都肯定地说,30年前此处有过与孔雀河连通的不大的湖。走了20俄里,我们到达叶尔羌河,沿其岸到达英吉苏后宿营。

以后的路,考察队继续沿叶尔羌河谷到达其与左支流——乌根河的汇流处附近的喀鲁尔村。喀鲁尔村上面,叶尔羌河的流向几乎为纬线方向,在这里,路离开叶尔羌河转向北直向库尔勒绿洲。从英吉苏到喀鲁尔的距离为100俄里,我们走了8天。其间只是在与孔雀河连接的多水的支流——阔克阿尔从叶尔羌河流出处,休息了一天。

第一天,英吉苏至乌依曼库里村我们走的是长满红柳、间或长有枯萎杨树的黄土丘陵地带。马匹艰难地通过了黄土岗之间弯弯曲曲的松软路。在接下来的两天路程至柯尔钦村,大部分为长满芦苇、时有杨树的小林子,只是间或穿过几乎平行楔入黄土岗的河谷盐碱地。

到柯尔钦村的半路,那斯尔伯克前来迎接考察队。他管理着从乌根河至孔雀河的叶尔羌河盆地辖区。这个地区称为喀拉库里,有12个村庄。那斯尔伯克住的中心村柯尔钦,是在整个地区唯一有土屋的村子。他直接服从于王公，其大本营在人口多的鲁克沁庄。罗布泊盆地的昆奇干伯克也服从于这位王公。那斯尔伯克护送考察队从柯尔钦村出发经过了四个站的路程。他始终和我一起赶路，并告诉我有关他统治区的不少有趣信息。

从柯尔钦我派遣科兹洛夫和一名哥萨克、两名当地人去特克力克村。他们的任务是从这里沿孔雀河上行，绘制一份库尔勒至罗布泊的路与经过这条河的交叉点的地形图。

自柯尔钦之后，考察队经过的路线基本上为开阔的叶尔羌河的河谷盐碱地。这里长有芦苇，间或长有杨树和个别杨树丛。在很多地方，还要经过叶尔羌河秋汛以后已经结了一层薄冰的泥泞的水洼地带。沿路的右边为小山地带。

从柯尔钦出发过两站后，我们在阔克阿尔从叶尔羌河的出口处休整了一天。阔克阿尔连接叶尔羌河与孔雀河。离开住地渡过这个支流的七个分流后，接下来我们走的整个路程是长满灌木丛及胡杨树的地段。

到喀鲁尔村的最后一站路，我们多次经过了已结冰的水洼及支流开阔的部分河谷地段。叶尔羌河岸在这一站段十分低矮，尤其是左岸，有两处修筑防护道路的防汛土堤坝。

10月30日，考察队到达乌根河（这条河为叶尔羌河较长支流）上游不远处的喀鲁尔村。在这里，大路离开叶尔羌河谷地，转向北直指库尔勒。

在从英吉苏至喀鲁尔的叶尔羌河谷地路途中，我询问过那斯尔伯克和其他许多当地人，调查有关他们故土的情况，根据收集到的资料，写出了如下关于叶尔羌河下游盆地的随笔。

叶尔羌河和孔雀河流经喀拉库里地区，这两条河之间的距离为25～40俄里，这里是连绵起伏的黄土地带，几乎到处都布满小土丘。这些小丘的形成原因，一是高原表层的风化，二是红柳的生长。最主要的原因还是风吹过来的沙子和富含矿物质的尘土被红柳丛挡住，逐渐形成了小沙丘。大部分小丘的表层被风吹来的沙子覆盖了薄薄一层。沙丘上都长有红柳，有些由于缺水已枯死。在沙丘之间的洼池或盆地，有时可以看到枯萎的胡杨树和这种树的灌木丛。

191

上述黄土高原在大多数地方形成陡坡直下、地势低的叶尔羌河河谷地带,只是在少数地方有不易发现的缓坡。有些地方直楔入河道,形成高起的岬角,还有些地方远离河道达10俄里。

叶尔羌河平均近50英尺高的左岸和上述高原之间是不宽的河谷地带。这个地带有一些湖泊,有些地方被其支流切断。胡杨树林主要生长在其东南部的少数地段,而在其西北部到处都是芦苇丛。

叶尔羌河在喀拉库里地区流经地势较低的地带并经常改道而流。有些地方它快速冲刷河岸,而在其他地方造成沉积土。据当地人说,叶尔羌河洪水泛滥时在喀拉库里地区来势之凶之快,使得当地居民不得不经常从一个地方搬迁到另一个地方。一旦发洪水,有些地方河道阻塞,水渠冲毁或淤塞,而另一些地方牧场被淹甚至变成沼泽地。这些变化迫使叶尔羌河盆地的居民时不时地抛弃自己的家园,搬迁到新的地方居住。由于当地人的芦苇房屋结构十分简单,所以迁移未给他们造成多大困难。当地人给我们说了几个村庄,其居民在近十年内都曾从故居搬迁到3~10俄里以外的地方去居住。

除短期自然变化外,喀拉库里地区也和罗布泊盆地一样,这里的河水也在逐渐缓慢地减少。据当地人说,以前叶尔羌河一年四季都有水,量比现在大得多,周期性汛期也比现在长得多。

在喀拉库里地区,叶尔羌河的宽度在100~150俄丈之间,最深处可达3俄丈。10月下半月,水量减少时的流速为每秒4~5英尺。河流的主航道变化多,出现新浅滩、小岛、支流及河边小湖的形成是正常现象。

由于昆仑山和天山的冰雪融化而导致喀拉库里地区叶尔羌河下游水量的增多,只是在8月末才明显。此后的一个半月时间内,河水逐渐上升到比平常水位高出1俄丈。10月中旬水位开始下降,到河水结冰时,水位下降差不多1俄丈。

由于叶尔羌河夏季的水位低,喀拉库里地区的当地人春夏两季根本不能灌溉自己的农田。等到9月份水位上升到一定高度时,他们才开始灌溉自己的田地。整个秋季土壤吸收足够的水分,到了冬季,连续不断流进来的水形成厚厚的一层冰甲。来年春季,冰层开始融化,给吸足了水的土地又补充新的储备,土壤变得更加湿润。虽然空气十分干燥,但土壤吸收的水分非常多,在整个生长期内庄稼不仅不需要再进行任何人工灌溉,而且收成还很不错。

春季,叶尔羌河的水位会上升一些。这是因为冬季冰汛期在其低矮岸边上堆积的冰开始融化。而其支流孔雀河靠天山供水,山上雪的融化而造成的春汛水量相当大。5月份,喀拉博音湖和罗布泊水位的上升,是这两条河的春汛及车尔臣河较弱的春汛共同作用所致。

喀拉库里地区的冬天比较暖和,几乎不下雪。河面结的冰有15英寸厚,而结冰期也只有三个月:12月、次年1月和2月。下雪少,存留时间不到一周,厚度一般不超过4英寸。在特殊情况下,可存留三周左右,厚度可达8英寸。

这里从2月份开始刮东北风,到3月底终止。风力极大,吹来大量沙尘,经常出现晦暗阴天。3月初,冰融河开,飞来的无数候鸟和水鸟又急急忙忙向北飞去。岸边堆积的大量冰融化,使河水水位少许上升。接着湖冰融尽,就开湖了。

5—9月,无法忍受的炎热统治着盆地,出现铺天盖地的牛虻、马蝇、蚊子、苍蝇及蚋,牲畜无法躲避致其疲惫不堪。9月和10月为一年中最好的季节:这时候天空晴朗、风和日丽、天气温暖,那些令人厌恶的血吸虫消失,牲畜快速长膘。盆地降雨的日子极少,降雨云经常从西南或西北方向飘过来。一般的彩云也从这个方向升起。

叶尔羌河下游盆地的植物品种十分单一。树种有杨树、小叶柳树和沙枣树。杨树林子或杨树丛遇到的不多,主要分布在东南地区。灌木丛也非常少。所到之处占优势的植物为芦苇,是当地居民建造房屋的主要材料,同时也是牲畜的饲草。经常能见到的植物还有甘草、香蒲、苔草、剪股颖、猪毛菜、泽泻及罗布麻。当地人用罗布麻的纤维制造捕鱼工具。此外,他们将罗布麻线与羊毛线混合而织成粗布,用来缝制日常穿的衣物,也编织大量麻袋卖给库尔勒的商人。

叶尔羌河盆地有马鹿、野猪、草原羚羊、猞猁及少量的老虎。孔雀河谷地区只有一个人数不多的小村庄特克力克。这里有不少森林,野兽在林中自由自在地活动。孔雀河中还有相当数量的水獭,据猎人们讲,水獭在河边筑巢,巢穴留有两个出入口,一个在水中,另一个在陆地上。猎人在陆地的出入口处设置自动射箭器来捕猎水獭。

两河水域除水鸟以外,还有少量的野鸡、黑兀鹰、伯劳、野鸽、喜鹊、鸫鸟、啄木鸟、寒雀、山雀和其他种类的小鸟。

　　叶尔羌河的西南是一大片毫无生机的沙漠,当地人称为柯特克沙尔库木沙漠。它由南北走向的巨大沙垅覆盖着,长岗之间为波浪起伏坡度不大又不很高的新月形沙丘地区。沙漠的巨大垅岗,在有些地方逼近河边,有些地方远离河道至10俄里之外,从路上都看得很清楚。这个沙漠中以前还有过野骆驼,秋冬季当地猎人曾去狩猎过,可是十多年前骆驼突然不知去向。最后一次出现是在英吉苏村西南的沙漠中,此后就再没有人能目睹这种稀有动物。当地猎人们估计,它们很可能沿叶尔羌河迁移到下游,从那里向南沿车尔臣河去了瓦石峡地区西南的大片沙石荒漠。大家公认,在那里尚有相当数量的野骆驼。

　　据喀拉库里地区当地人的讲述,该地区的孔雀河河岸十分陡峭,从孔雀河挖渠引水非常困难。因此,喀拉库里地区的孔雀河流域只有一个人口不多(20户)的特克力克村。这里的孔雀河水很深,并且鱼很多。特克力克以上的河谷有大面积的胡杨树林。在特克力克西北,孔雀河扩展开形成广阔的沼泽地,从沼泽地流出四条小支流,从左边流入叶尔羌河的深水支流——阔克阿尔河,孔雀河下游靠它补充一部分水。

　　特克力克有直通吐鲁番的道路。喀拉库里地区的居民沿这条路赶着自己的羊群去吐鲁番卖。❶从特克力克村出发后第一段路沿孔雀河谷行进,接下的两站路沿沙漠地区,之后进入库鲁克塔格后又走了三站路。中间的一站是在萨格尔乌尔腾地区,这是一个蒙古族牧民定居的人口不多的村落。从这里道路向东南形成一条通往沙漠绿洲相当荒凉的路。在晚秋和冬季,从吐鲁番和鲁克沁来的商队常沿这条路前往沙洲,有时也沿此路往该绿洲赶数量不太大的羊群。

　　喀拉库里地区总共有12个村庄,其中11个在叶尔羌河谷地,1个

<hr />

❶ 根据那斯尔伯克讲述所整理的各路站名如下:1.特克力克2.孔雀河3.营盘4.托格拉克布拉克(至库鲁克塔格山)5.阿孜干布拉克6.萨格尔乌尔腾(有1户,至沙洲路)7.乌宗布拉克8.阿齐克库杜克(苦水井、无柴)9.塔特勒克布拉克(淡水泉)10.鲁克沁(有2000户,王公大本营)11.沿河12.喀拉和卓村(150户)13.阿斯塔那14.英吉阿瓦特15.吐鲁番。

在孔雀河流域,总人口1100人左右。叶尔羌河谷地的11个村庄中只有两个坐落在河的右岸,其余的都分布在其左岸的主要支流和岸边地区。

这个地区的居民以捕鱼为主,只有一少部分人从事农业和捕猎业。他们几乎只在河边洼地形成的湖中捕鱼。这个地区居民的先辈们修筑长150～1200俄丈的渠道,从河中引水灌入这些天然的洼池,建造大小深浅各异的众多人工湖(1886年引水灌入的只有周长为5俄里的额特克巴依尔湖,其余的都很早就造完)。现在该地区这种湖有12个,其中有7个大的和5个小的,都坐落在河的右岸,湖岸都长满芦苇。最大的为英吉库里,其长为15俄里、宽2俄里左右、深达3俄丈;第二大湖是巴什库里,长12俄里、宽1俄里左右、深3俄丈,其余5个较大的湖的面积几乎都没有英吉库里的一半;至于小湖,它们的周长多为1～3俄里左右。

所有的湖都是封闭的,只是由引水渠与河水相连,无出水口,并且渠道经常用土坝与河水隔开,只是秋天叶尔羌河的汛期才挖开土坝放水,周期性给湖补充新鲜水,与河水一起有大量的鱼也流入湖中。随着河水水位下降,将渠道入水口堵死,鱼便被封堵于湖中。给小湖每两年补充一次新鲜水,大湖的水每3—4年,甚至5年才补充一次新鲜水。补充新鲜水的第二年,湖中的水即开始减少,水质逐渐变化,第三年变成咸水,第四、第五年的水已变为又苦又咸,口感十分不好。尽管湖水中盐分很高,但在叶尔羌河中,许多淡水鱼种都能生存。很多当地人和那斯尔伯克本人都异口同声地肯定,生活在人工湖咸水中的鱼比河鱼肥得多。当地人坚信最珍贵的肥鱼只生活在又苦又咸的已经四年或五年未补充水的湖水中。当挖开土坝补充新鲜水时,湖中剩存的鱼立即游向河中,而叶尔羌河的水和鱼则一齐冲入湖中。当地人得出以上结论,是因为补充新鲜水的湖里捕获的鱼都没有在苦咸水里捕获的鱼肥大。

这些人工鱼塘都归邻近村庄的村民所有,各有其主,除湖主外他人不得在其中捕鱼。捕鱼用具主要是大渔网、一般渔网和袋形渔网。用大渔网捕鱼时,湖的所有主人都必须参加。一般渔网和袋形渔网都可以各自单独使用。这些渔网一般都支在芦苇丛的边缘,然后渔民们划船进入芦苇丛中,用船桨打击水面将鱼赶往支网处。夏天鱼群就出没于芦苇丛中。冬天,捕鱼活动相应减少,只用一般渔网或袋形渔网。有时经大家协商,会将整个湖从中间用网隔开,然后人排成一队从湖边用木棍敲击冰面将鱼群赶往湖中心支网处,使鱼进入网中。捕获的鱼当地人自己食用,不对外出售。夏季捕获的相当一部分鱼不放盐直接在太阳下晒成鱼干,为冬天做准备。

冬天,当地人除捕鱼外,还做一些家务活,偶尔出去打猎。他们用捕兽夹捕猎狐狸,射捕马鹿和羚羊,用自动射击器捕抓水獭。

喀拉库里地区的居民30多年前开始从事农业,在此之前,他们全靠渔业、狩猎和部分的畜牧业生活。叶尔羌河谷地的盐碱化土壤不适合种庄稼。因此,他们的农田都在叶尔羌河和孔雀河之间的大片黄土高地上。这里的地势比河水水位还高,给灌溉带来很大困难。只能开挖较长的渠道,而且就这也只能在夏季水位高时才能灌溉。叶尔羌河有些支流流经这个黄土高地解决了部分灌溉的难题。在该地区,农田的高地势和叶尔羌河晚到的汛期相当程度上阻碍了农业的发展。

如上述,喀拉库里地区的农田只能用秋天叶尔羌河汛期的水来灌溉。春夏季节,河水水位低于灌溉渠取水口的高度,河水便无法流入开挖在黄土高地上的渠道。在这里种植的农作物只有小麦和大麦,收成中等,小麦为种子的14倍,大麦为种子的12倍。甜瓜和西瓜长势良好,蔬菜种植得较少,根本没有果树。

在喀拉库里地区,牛、马、驴养得较少,但是羊群达到了相当的数量,其中就有和罗布泊盆地相同的大尾羊。每年秋季,它们被部分销往库尔勒和吐鲁番。

日常生活用品方面,该地区的居民和从库尔勒来的游商进行交换,以物易物。他们用罗布麻织成的麻袋、毛绒,还有用马鹿、狐、水獭毛皮换回细棉布及金属制品。俄罗斯居住在库尔勒的商人也常来喀拉库里地区,甚至去罗布泊盆地,给当地人销售俄罗斯的布匹、金属制品,换回毛皮。

喀拉库里地区的当地人居住在十分简陋的芦苇房屋(萨特玛)中。造型独特的萨特玛一个紧挨着一个,与其说是定居民族的村落,不如说它更像游牧部落的营地。在多数村庄,这些芦苇房屋相互靠得非常近。有风时,一旦上风面的一所房屋失火,其后果不堪设想,整个村庄一瞬间会化为灰烬。

喀拉库里地区的居民和昆仑山的山民、罗布泊地区的当地人一样敦厚老实。考察队所到之处，都受到他们亲切而殷勤的接待及随时满足我们的各种需求。我们和这些温厚、友好的人们共处时显现出的这些美德将永存在我们的记忆中。

乌根河右岸，离其河口1俄里处的喀鲁尔村只有15个芦苇屋。村民主要从事畜牧业和农业劳动。由于在河岸无洼地可造鱼池，所以捕鱼量极少。

考察队到达喀鲁尔的当天晚上，来了三个士兵。他们是由驻扎在营房的连长派遣来护送我们到库尔勒的。虽然我们根本不需要这样的护送队，但是为了不让这位殷勤的军官扫兴，我决定留下他们跟随队伍。其中一位年轻士兵英俊、可爱，在日后的路途中还帮了我们不少忙。他帮助跟随我的哥萨克人支架平板仪，从箱子中取望远镜照准仪，并很快学会了调正平板仪的水平。

从喀鲁尔村出发沿乌根河左岸向上行进了2俄里，这里河宽差不多有10俄丈，河水较深且很平静。当天（10月31日），河面已经结了一层薄冰。之后，我们路经芦苇滩来到了正在修筑哨卡的乌根河支流的急转弯处。从此哨所考察队进入小丘陵地带，直到伊尼齐克河上的宿营地，几乎全都是丘陵地。在这一段路程里，我们横穿了前述高地西北端。叶尔羌河和孔雀河之间，东南为喀仑沙漠，西北是大片黄土高地。这些被切割成长条放射状的高坡上，到处是陡峭的小山，其间辽阔的谷地，时有苇滩和长满红柳的小盐碱土包。在许多谷地上可以看到小湖泊的遗迹。喀鲁尔的向导肯定地说，30多年前在这个谷地有许多与乌根河相连的有鱼的湖泊。当天只是在行程的末尾，我们经过了尚有鱼生存的咸水小湖伊列克湖。

过完伊尼齐克河的桥，考察队就在其左岸宿营过夜。据伴随我们的喀鲁尔的当地人说，伊尼齐克河发源于库车地区的天山山脉，与乌根河没有任何联系。整个河谷地带长的都是胡杨树，是马鹿的天堂，其数量很多。伊尼齐克河河谷地带的土壤非常适合耕种，但是由于河岸陡峭，开挖引水渠异常困难，因此至今尚未开垦。

伊尼齐克河谷地，宽不超过3俄里，河水平静地蜿蜒流淌在陡峭的河岸之间,水很深,鱼类很丰富。伊尼齐克河流入桥东5俄里处、周长近8俄里的淡水湖——琼库里。20年前高水位时,河水能流出小湖并与孔雀河相连。如今在汛期从湖中向东沿老河床流出,只能流出5俄里,流不到孔雀河就完全消失。在其他时间内,伊尼齐克河不能流出湖域,河床中无水可流。

伊尼齐克河的萎缩以及它与乌根河之间的许多小湖泊的消失是喀什噶尔盆地逐渐变干旱的新证据。我们在罗布泊盆地发现的一些现象和当地人指出的叶尔羌河流域许多地区的情况,都毫无疑问地证实了上面的结论。

伊尼齐克河和孔雀河之间的一段路,全程18俄里,是长有红柳的平顶小山丘地带。这些盐碱小丘之间是绵延不宽、东北—西南向的黄土地带。这个有着稀疏胡杨树的黄土地带,由艾沃里河干涸的河床纵切。在这个河道上,有时可见到零散的已结冰的水洼。在其两岸的黄土地上可以看到遗弃的农田。据向导说,这是两三年前由于从孔雀河流向伊尼齐克河的河水断流所致。以前,艾沃里河这条支流几乎整个夏天都不断流,其两岸的农田也没有荒废过。

最后4俄里的路,考察队沿孔雀河的右岸走完。整个这段路程,孔雀河都平行于道路,由北向南流。渡过河后,我们宿营过夜。在齐格勒克的渡口处,当地人在几名士兵的指导下,在修筑哨卡。这样,清政府就可以将罗布泊盆地从库尔勒到叶尔羌河的新营盘这段乡间土路变成为驿道,驮运队就可以沿着这条驿道从库尔勒向营盘不断运送米面及其他物资。

孔雀河渡口宽约20俄丈,但水很深,流速为每秒4英里,陡峭的岸边有胡杨树林。森林从库尔勒以下10俄里处开始,起初仅是单株树木和树丛,然后连成林带直到齐格勒克渡口,但林带不十分宽。从渡口往下,林带变得相当宽,而河床在特克力克村附近变为辽阔的湿地,河水流淌在宽阔的林带之间。林中无人居住,偶尔有库尔勒或叶尔羌河谷地的猎人来打猎。

我们从齐格勒克渡口向河的上游走了一小段路后,向西北方向急转弯,开始是森林带,以后走的是盐碱质的平顶丘陵地带,然后从丘陵地带进入了开阔的平原。在这里,我们路过了废弃农田,可以清楚地看到灌溉渠道的遗迹和土房屋的废墟。向导们说，从前这里是史涅尕村民的广袤的农田和他们干农活临时住的小土屋。几年前，孔雀河水位下降，无法从其引水灌溉他们的农田，所以被迫遗弃，使其荒废。

走过这些过去的旧农田，我们又横穿盐碱土丘陵地带，之后是芦苇地带，再进入碎石和沙石平原。从昆仑山脚下一路走到这里，第一次遇到了碎石。在这个平原上走过5俄里后，考察队到达史涅尕村，并在其南边宿营过夜。

库鲁克塔格山在史涅尕村以东5俄里处，其不高的山峰，早晨短暂显现在我们眼前。前一天它始终隐藏在昏暗的尘埃之中。

史涅尕村的房屋不多，零零星星地散布于广阔的绿洲之中。离开史涅尕村后，考察队先在台形高地及锥形迷你小山的沙砾石地带前行，后穿过芦苇及沙丘地带之后，我们又走进沙砾平原，一直走到库尔勒绿洲。在其东边，孔雀河支流卡拉苏河岸上我们安营扎寨。

第

八

章

从库尔勒到迪化

　　库尔勒绿洲归喀喇沙尔地区管辖,位于孔雀河两岸,沿河长12俄里、宽6俄里,面积约50平方俄里,该地区的人口居住非常分散,也和北部地区一样,全都是土坯房屋。大多数院落根本没有什么围墙或树墙,只有果园才有树墙。这里已经没有黄土,有的只是不比黄土壤差的灰色含腐殖质土壤,不过可能易于流失。黄土地带的北界线延伸至库尔勒以南与北纬41°的平行线相接。这一平行线便也成了榆树和部分梭梭地带南界线。从此地往北直至国境线,喀什噶尔和准噶尔地区一路我们再也未见到黄土地带,在其南边也再未见到一棵榆树,只是在喀什噶尔的东南部个别地方长有梭梭,但也很少。

　　库尔勒绿洲的腐殖质土壤非常肥沃,农作物收成很好:小麦平均收成为种子的12倍,玉米为30倍,水稻为8倍。这里蔬菜、西瓜、甜瓜都很多,桃子、杏、苹果、梨和葡萄不多,但其品种很好,尤其是梨子。

　　库尔勒的食物价格比喀什噶尔的其他地区稍高一些。1普特筛过的上等小麦面粉50戈比,1普特玉米20戈比,1俄磅羊肉3～4戈比。

　　喀喇沙尔地区也和准噶尔一样,除清朝的铜钱以外,通用的还有银币腾格,约值12戈比。

库尔勒绿洲人口约为4000人,其中东干族(指回族——译者)约1000人。这里以及邻近准噶尔地区的回族人,大都是从内地迁来的移民。

孔雀河左岸,库尔勒绿洲的中部地区是老城的所在地,其为土城墙,高3俄丈,城区长200俄丈、宽300俄丈。城区有条长长的集市区,有许多小店铺,大都由回族人经营,其余部分都是住家院落和果园。城西约1俄里的地方,在孔雀河的右岸上,不久前建造了堡垒,也是土坯墙体,四方形城墙边长约150俄丈、高2俄丈。堡垒内驻有清军连队。军营外面,东门旁边有个不大的集市。

老城至军营之间的孔雀河上有一座小桥,人们就在这座桥旁边倾倒垃圾。据当地人讲,这样可以引诱众多鱼群前来觅食。

考察队在库尔勒停留三天之后,向喀喇沙尔城进发。从这里派罗博洛夫斯基和科兹洛夫去拍摄巴格拉什湖的景致。他们在焉耆城后面的乌沙克塔尔村又赶上了大队。

经过城堡和军队驻地,我们不久便走出绿洲来到了小鹅卵石荒漠平原,顺其到库鲁克塔格山脚下大约走了2俄里路。沿库鲁克塔格山脚下,我们来到了其美丽的峡谷。这里有湍急的、水量很大的孔雀河。河流的右岸筑有很不错的道路,路面均用填土整治得相当平坦,在危险的悬崖路段均设有土质障碍物。孔雀河四周环山,水浪滚滚,十分美观,是这个峡谷的山间风景区。沿西北方向约4俄里处峡谷中的孔雀河开始变得狭窄,再往下又变宽。此处有官方建造的不大的军营。走完这段路,我们便在孔雀河的右岸巴什阿克木扎营住宿。

晚上约8时左右,坐在篝火边的我们感觉到了轻微的地震,便迅速地站了起来。当时我正走在帐篷中的毡毯上,并没有感觉到什么震动,但坐在外边篝火边的人们都一致肯定,确实是发生了地震。博戈达诺维奇当时在帐篷外面站着也没有感觉,但是看到了我们的向导怎样从半卧着的地上急忙爬了起来,他们也证明,身子下面的地的确是震动了。

离开宿营地顺着孔雀河峡谷没有走多远,道路便开始在喀喇沙尔方向变宽并转为谷地。孔雀河通过库鲁克塔格山地的宽度不超过10俄里。据当地人说,库尔勒到库鲁克塔格山与天山分开处约三天路程。库鲁克塔格山，从源头到孔雀河的西北部非常高耸、狭窄且陡峭，全程没有任何山道，连最轻装的驼队也无法通过。在此处，这座山却像阶地一样急速向孔雀河降低，并且在其东南边分为好几个山丘后，形成较为开阔平坦的山地，继续向东南延伸直到沙洲。在这个既缺水又没有植被的山区却有野骆驼。离库尔勒三天路程的东南部地区在开采黄金，在孔雀河的西北部有铁矿。

走出峡谷后，急转向东的孔雀河便留在了我们的后面。我们继续沿着小石子平原前进，不时能看到台形高地。走了16俄里，过了硕奇克之后，我们开始走的是芨芨草地带，然后经过平坦的盐碱地之后又进入了芨芨草地。就在这里的登吉尔小村，我们住下来过夜。我向住在这里的一位汉族村民打听到离这里不远处有座古城遗址。第二天早上，我与考察队同时出发，在向导和翻译的陪同下前去查看这些遗址。小村庄东边2俄里处，我们确实看到了一座很大的古城。古城四周有高高的长方形土围子，长约450俄丈、宽300俄丈。土围保存尚好，只是有些地方稍有些坍塌，其前面的壕沟显而易见，约宽5俄丈。从差不多高3俄丈的土围中突出有细泥土墙的残根，其上面耸立着高约1俄丈的射孔。围墙内是高高低低非常不平整的地坪，还有各种建筑物和一个很大的房屋遗迹。

在遗址周围离土围1～3俄里范围可见扁平土丘，同样也能看到泥土建筑物的痕迹，这很可能是古代的瞭望台。

根据我向中国人所了解到的资料分析，这是1200多年前唐代古城遗址。他们在这里已经进行过多次挖掘，拿走了很多家什和古钱币。在登吉尔小村首先向我报告这许多有趣消息的中国人给我送了一枚他们称是唐代古城的钱币。

从登吉尔出发，开始都是芨芨草路段。这条路经过许多搭建在从焉耆河引出的农田灌溉渠上的桥梁。冬季在这广阔田野居住着蒙古族人，夏天他们一般都带着自己的畜群上天山，基本上是在大、小裕勒都斯（今尤鲁都斯）的盆地度过。他们中部分没有牲畜的人，一年四季都在山下耕种一些农田。部分富裕的蒙古族人，虽然夏天待在山上，山下也有农田，主要是同族极穷的雇工为他们代劳。

到焉耆的最后6俄里是芦苇路，这里有不少蒙古包和畜群。快到城区时,我们坐两条大船渡过了焉耆河,当时河里已经有了冰凌。过河后,在左岸上离渡口不远处我们便安营扎寨了。

焉耆绿洲位于喀喇沙尔河(今焉耆河),当地蒙古族人称开都河,流入巴格拉什湖以上约25俄里处的左岸地区。焉耆绿洲总面积约40平方俄里,人口约11000人,其中回族占绝大多数。其土壤也和库尔勒及其他位于北纬41°以北的地区一样,都是褐腐殖土。小麦的平均收成是种子的10倍,玉米为35倍,稷米为100倍。该地区基本不种植水稻,蔬菜种得多。回族人和汉族人一样,大量种植白菜、黄瓜、土豆,而维吾尔族人不种这些菜;他们都种黄萝卜、香菜等蔬菜。这个地区种植甜瓜、西瓜、葡萄等种类不多,但是也和库尔勒一样,都是上等品种。

焉耆有4家酒厂,汉族人可以生产不错的稷米酒。蒙古族人喜欢喝这种酒。此外,这里还有养猪场,主要是销给迪化和阿克苏的官员和商人。

地区城市喀喇沙尔位于这片绿洲的东部边缘。它是一座不大的中式围城,有长方形土墙,长约200俄丈、宽150俄丈、高约2俄丈,四角有塔楼,有3个城门。城内有地区管理部门和地区长官住所。城南是部队营盘,驻有两个连士兵;西南边是当地人居住的城区,街道又脏又窄,并分为两个集市,大的是回族市场,小的是维吾尔族商业区。这一地区的房屋大都是土坯建造,面积要比喀什噶尔的大。中式围城以西是老城,现在已经空闲,只有几家住户。

喀喇沙尔的商业相当繁荣,商人大都是回族,连汉族人都很难竞争过他们。在这里,从固尔扎和费尔干纳来的俄国商人的买卖也很不错,他们大都经营纺织品、金属制品,还有部分白糖、硬脂蜡烛和其他小百货。

如上所述,这里的回族都是后来从内地迁来的移民,在整个准噶尔绿洲和喀喇沙尔地区已占多数,只是在吐鲁番地区稍许比维吾尔族人口少。

回族人操汉语,头梳辫子,身着中式服装,住所布置及生活习俗等均与汉族相似。

回族人也像喀什噶尔人一样,娶妻不送彩礼,只是花大钱筹办婚礼,请来很多客人,设宴招待十来天。所以,一般回族人只有积蓄到50两银子时方能谈论婚娶。

回族妇女也和汉族一样,从不蒙面,喜欢戴漂亮的花帽,佩戴各种挂饰头卡、别针和大大的耳环。她们个个都是勤奋的家庭主妇和忠诚的妻子,同时特别讲究穿戴。

焉耆绿洲以东,直到巴格拉什湖的广阔平原到处都是芨芨草。我们看到这里住着蒙古族人家,他们常常骑着骏马进城又从那里返回来。

焉耆地区的蒙古族由土尔扈特和和硕特两部族组成:前者有3万多人口,后者只有8000多人。土尔扈特蒙古由其世袭汗王管辖,其王府设在离焉耆50俄里的开都河谷地。和硕特蒙古归两个扎萨克(蒙古语意为“执政官”)管辖:其中的一个达兰太居住在天山的查干屯格,另一个格木博克贝斯住在焉耆下面约15俄里处的开都河景区铁米尔特。和硕特扎萨克一般都是世袭。

如上所述,蒙古族人夏天5—9月都到天山山间的辽阔谷地大、小裕勒都斯放牧,那里有非常茂盛的草场。8月底他们便下山到博斯腾湖北边的广袤草原,在这里过冬,从秋天住到来年的春天。没有足够牲畜能养活自家的贫困牧民,除一年四季在这里种田以外,还租种夏天上山的富裕户的耕地。

冬季,等博斯腾湖结冰之后,蒙古族人便开始在这里捕鱼。捕捞上来的鱼不仅在焉耆销售而且还远销到迪化。他们捕鱼用两种方法:鱼钩和鱼叉。到冬季在冰上打出窟窿,四周用土围起,从孔中放入用绳子拴着肉饵的铁钩,等到天黑时,在上面的松土上架起篝火。然后渔民们从这里走出约1俄里,或许更远些,排成一条线,用木棍使劲拍打着冰面,慢慢向冰洞靠近。被敲醒的鱼群看到光亮便游向孔口吞吃饵食。用鱼叉捕鱼也用同样的方法。鱼叉手柄上拴有粗绳,其另一段固定在冰上的木桩上。捕获到一人无法拉出冰面的大鱼时,猎人便放下叉子,慢慢地和同伴一起将猎物拉到冰面上来。据当地人说,博斯腾湖的大鱼有一人长,很有可能同样也属于叶尔羌河和孔雀河中的鲤鱼种(我们在博斯腾湖中未能打捞上鱼,但是根据所看到的鱼叉推测,这里的鱼的确相当大)。

　　　四周由天山支脉环绕的广阔盆地中,博斯腾湖处于地势较低的地带,并且与其下面的南部平原通过孔雀河峡谷连接,而孔雀河顺着这个峡谷流经库鲁克塔格山。博斯腾湖源于喀喇沙尔河或者开都河,并且很有可能有许多湖底水源。其东西长约85俄里,北部的最大宽处为50余俄里,周长220俄里。博斯腾湖是淡水湖,从11月开始至来年3月湖面结20英寸厚的冰。不敢远离湖岸的渔民们搞不清这湖有多深,不过有时他们也去过约5俄丈深的地方。

博斯腾湖的北岸相当平坦,这是一个5~8俄里宽的芦苇地带,芦苇高3俄丈。芦苇带的路非常不好走,苇湖中有野猪和老虎。湖的南边,芦苇只覆盖窄窄的向湖面倾斜的低洼地带,这里大都是沙丘。

11月11日,我们从开都河渡口起程,走过城围后,焉耆就留在后面了。焉耆至迪化的大路顺着绿洲的西北边缘延伸,在路边的空旷地有零零散散的回族人的房屋。个别房院才有榆树和小果园,大多院落都不种树,既没有果园,也没有围栏,从外表看起来在无边的田间就像是孤零零的草棚。大路的东南边是从未开垦过的荒原,只有不多的村庄。

我们行走8俄里经过最后一个小村庄后,便走上了到处都是扁平土丘的盐碱地带,沿其约行进7俄里之后,从西北边绕过一个广阔的长满芦苇的沼泽地,就进入了芨芨草地带。我们从这里一直走到将停下来住宿的喀拉布拉克泉源。这一水泉就是塔维尔古河流入上述沼泽地托格勒库里盐湖的大支流。这个湖的西南边,就在沼泽地有排像长形岛域的沙丘群。

第二天早上,我们在北边看到了离大路很近的天山支脉。它就在我们住地的对面,原先因浮尘遮盖着看不到。这一段山脉叫塔什喀尔山,再往东为查干屯格山。

从喀拉布拉克河的支流出发,我们的考察队沿着芨芨草地到了这条河上的塔维尔古关卡。这条河在这里流入托格勒库里湖之后,在塔维尔古卡附近又分为三条支流,再往南汇合为较大河流后再流入塔维尔古库里咸水湖。此湖周长约6俄里,位于上述地东南约15俄里处。再往前大都是芨芨草及杨树和榆树混合地带的路,直到小村庄塔嘎尔奇都是这样的路。村旁有一条从塔维尔古河引出来的水渠。从这个村到楚库尔村都是空旷的鹅卵石平原大道。

我们从塔嘎尔奇村出发,路上开始碰到大批清军士兵。他们分成几个人一组带着笨重的食物和灶具行进。这是一支从迪化向库车进发的约500人的先遣部队。这批人在路上无序地分散为约7俄里长的队伍,只是在队尾每组100人,排成了两个方块。队伍的后面是拉运武器等装备的车队,行军时枪是不能发给士兵的,而只能同弹药和其他装备一起用车拉运。士兵只能扛着竹棍标枪行走。车队的马车上坐着两个连长和队列中骑马军官的家属。

　　军队这天从乌沙克塔尔村到塔维尔古卡,行进路程很远,约有40俄里。有些士兵饿得都不行了,很可怜地乞求我们给他们食物吃。我们分给了他们干粮,士兵们贪婪地吞吃着,抱怨发放的钱根本不够购买足够路上吃的食物,公家也不给补贴。

　　我们停下来住宿的小村庄楚库尔就位于同名河边。这里河的两岸长有胡杨树、榆树和灌木丛。当时地里的玉米还没有收割完,我们的标本员看到庄稼地有很多野鸡,但很不走运,打完30发子弹才打中了7只野鸡。

　　从楚库尔村开始是松散的沙砾路,荒漠平原北边是查干屯格山,南边是稀稀拉拉的灌木丛林。行进13俄里后,我们穿过了乌沙克塔尔很

● 托克逊绿洲的经停者

深的古河道,然后就过了这条河。再往前走2俄里,我们就到了人口不少的乌沙克塔尔村,并在村北扎营休息了一天。

乌沙克塔尔村位于从同名河流引出的大灌溉渠边,约有400人,其中回族占大多数。这里的土地非常肥沃,但果园不多,回族人喜食蔬菜,所以种植了多种蔬菜。就在村里的马路边上,有一块很大的昆仑玉石。这是19世纪准备运往北京的珍稀物,但当运至乌沙克塔尔时得知了皇后去世的消息,于是负责运送的官员在这里停下来,向迪化长官请示哀悼期间能否继续前进。结果接到了就地留下这块玉石的指令,所以这块石头就留到了今天。当地汉族人告诉我们,有不少来过这里的人都想敲下一块玉石做纪念,为此打坏了不少榔头、斧子和铁棒,但全都是无功而返。博戈达诺维奇却用自己尚好的专用锤子从这块巨石上敲下了好几块石头。

乌沙克塔尔以北约6俄里处是以上已提及的东西走向的天山山系的前山支脉查干屯格,其面向平原的南坡相当陡峭,没有什么植被,只是个别峡谷和山沟里长有稀稀拉拉的草本植物及孤独的榆树或胡杨树。查干屯格辽阔平原从南面由此山脉环绕而成。这个大平原的长度有约五天的行程,而宽度为一天的路程。从东北方向贯穿这一平原的阿尔果依河,半途就干涸了,但却碰到非常好的草场,乌沙克塔尔以东约30俄里处,便是草木茂盛的查干屯格平原,和硕特蒙古扎萨克达兰太的住地就在这里。从这里到迪化有直达路,但非常不好走,只能轻装骑着马和毛驴才能通过汗大坂山口。

从乌沙克塔尔到托克逊的150俄里邮路都是空旷的荒漠戈壁,大型驼队很难行走。路边青草很少,连骆驼都不够吃,且缺少水,根本没有什么柴火可烧。全程只有一个能买到少许饲料、食物和柴火的小村庄库米什,但这里的食物价格很高,可是在路上那些驿站里的价格更高,简直是天文数字。要经过这一难以通行路段的商队一般都在乌沙克塔尔或托克逊休整,让牲畜储存足够的气力,同时也采购所需的饲料、食物,甚至是途中要用的柴火。

离开乌沙克塔尔之后,考察队沿着碎石道路在平原上行进,头一站是灌木丛地带,有梭梭,偶尔能看到锦鸡儿。到第二站,大路南边是平整的高地额格尔奇,再往南是长长的草原山丘库古森塔格,其后面是高高耸立在云雾中的新营山峰。据当地人称,这座山连系着托克逊和鲁克沁以南天山东脉乔尔塔格山和库鲁克塔格山。

离乌沙克塔尔越走越远,到了其东边,植被也变得越来越稀少和贫瘠。我们停下来扎营住宿的头站是新建家,这里的饲草马马虎虎,骆驼可以吃,要喂马就够呛了,而且深30俄丈的竟是一个咸水井。

第二天,我们继续沿着这荒漠平原前进,越往东植被越贫瘠。大路南边约25俄里处清晰可见库古森塔格草原山丘,在其后面约60俄里处朦朦胧胧耸立着新营高峰。

差不多向着西边前进,我们快到邻近查干屯格山了。离开乌沙克塔尔到第二站时,这山开始向东南倾斜,走出20俄里之后,我们就到了这一山峦的南坡狭窄的山间,沿着弯弯曲曲的山谷约走2俄里后,我们在喀拉克孜尔驿站附近找了一块空旷地,就地扎营住宿。

从喀拉克孜尔驿站起,道路开始慢慢沿着又窄又弯曲的山谷向高山攀升,到达山顶后,从这上面要下到北边,比起南坡要陡峭得多。过完山上平坦通道之后是嵌入深山的峡谷路,然后很快就下到了上面已提及过的山间谷地查干屯格的延伸地阿肯萨依。这个广袤谷地的北边是很宽大的博尔托乌拉山脉。博尔托乌拉山在谷地以东被称为阿尔给和乔尔塔格山;而在南边是我们在前面翻越过的大山,叫喀拉克孜尔塔格山。

顺着阿肯萨依谷地往东行进约18俄里之后,我们便到达了小村庄库米什,并在这里扎营住宿。这个孤零零的小村庄共住着不到十户的回族和维吾尔族人家。其西北边是并不很大的平整的高地。小村庄以南沿谷地是深深的干枯的小河床,这里只有在下雨和山上的积雪融化时才有水。小村周边有足够骆驼吃饱的青草,而对马匹来讲就很不理想了。所以,之后为了喂马我们花钱购买麦秸和苜蓿——1普特麦秸支付50戈比,不足3俄磅的小小一捆苜蓿得支付6戈比。

小村庄库米什至阿卡布拉克哨所约为44俄里路程,这里一路都缺水。所以我们早饭后从住地出发时带足了饮用水,之后几乎是横着阿肯萨依谷地向东北方向进发。在东边,约30俄里处能见到喀拉克孜尔塔格山的边缘,约70俄里地是库古森塔格山的边缘。我们所走的荒漠道路,有时要穿过从北边阿尔给山中下来的干涸的河床。沿着这条路线我们走了一天,到天黑时抵达了这条山脉狭窄的谷地,并在一座光秃秃的山丘边安寨住宿,这里几乎没有任何植被。阿尔给山的南坡也像喀拉克孜尔塔格的山坡,都是缓斜的慢坡,全是山丘地。

我们的考察队从宿营地沿弯曲的山路慢慢爬山到达了乌孜梅店——这里的饮用水要到7俄里外的山泉中提取。

从这个驿站开始的道路,更艰难地穿梭于各山丘之间,并不知不觉地来到了相当平坦的阿尔给山峰。其北边下坡路一开始也是相当缓慢,逐渐变得陡峭,狭窄的山路越来越深地嵌入山中,最后进入峡谷中,两边的山冈于是变成了光秃秃阴沉沉的高大山体。在这荒漠山中,虽然不多,但应该有水有草,不然我们怎么可能在附近山上看到有大盘羊生存呢。我们的标本员就打中了其中的一只公羊。

离山口约12俄里地,我们找到了峡谷深处的阿卡布拉克驿站,其附近有一口山泉。这是一处寂静阴森的谷地,连阳光都很难照进来,我们就停下来,在这里过夜。暗黑的阴沉悬崖峭壁使这个峡谷显得更加阴森沉静,只要发出响声就会变成巨大的回声。

在这不毛山谷中既没有牲畜吃的饲草,也没有可烧的柴火。我们只好向中方士兵购买喂马和骆驼的麦草及烧火的梭梭,麦草得付1卢布,1普特梭梭得要支付80戈比。所以要经过这里的商队必须得在托克逊或在乌沙克塔尔备够足量的饲料甚至是所需要的柴火。

离开驿站之后,沿着幽谷在昏暗中行进了约1俄里路。这条通道宽3~5俄丈,两边是约50俄丈高的陡峭的山崖峭壁。到处都是石头,从谷底往上看只能看到窄窄的一条天空。往北幽谷慢慢变宽,在疲惫不堪的行人眼前逐渐开始展现较为开阔的景观。离开驿站行进约2俄里时,谷地的落差是5~100俄丈,同时两边的山墙也变得没那么高,峡谷中开始出现其他的小山谷。从13俄里地开始,山谷已完全开阔,周边的山坡也显得矮了许多,开始能看到风从北边刮过来的沙堆,石头谷底也变成了沙底。

行进15俄里之后,在一条河岸边,我们停下来过夜。在这里照旧按原来的价格在就近的苏巴什驿站购买麦草喂马,柴火是1普特40戈比买的。

从宿营地下来,我们顺着空旷的谷地走了约4俄里,很快便到达了苏巴什驿站,其位置离阿尔给山北麓下面不远。阿尔给山是一条东西方向相当宽阔的山脉,其东段是乔尔塔格山,很像我们在前面经过的喀拉克孜尔塔格山。这两座山的南坡上有很多圆顶小山,且都是慢坡;而其北坡均是高大山体,与南坡相比陡峭得多,到处是幽静的深沟,尤其是阿尔给山的北坡更是如此。

　　走出苏巴什驿站之后,我们的考察队从谷地走上山前地带,往东北方向行进,有时也能碰到些高地。这个山脚的坡度相当大,尤其是开始的7俄里路段,所以我们很快走出16俄里直达托克逊绿洲。经过150俄里荒漠戈壁艰难路程到达托克逊之后,不仅是我们,就是我们的役畜也都显得活泼了许多。

　　我们在托克逊绿洲中心地带的一条大渠岸边停下来休整。博戈达诺维奇中午进行观察时,在温度气压计上发现了意想不到的水沸点——100.35℃,使我们都非常吃惊。我立马拿出自己的帕罗特水银气压表挂起来,结果得出的气压是775.2mm。第二天,11月23日中午1时升到776.7mm,晚上9时为777.4mm。同期在温度计上所显现的沸点,经过正常调整之后,与气压表的数值相符合。此时这里的天气暖和,白天一般都在0℃以上,午后4时可以达到6℃以上;从西南方向吹来轻风,且不时出现乌云。所以无论如何也不能认为我们已经处在了气压表所指的最高点——通常这个时期在中亚地区温度都不高,以晴天为主,并不时有东北风或东风。根据这些情况,我们有可能,而且不知不觉地来到了绝对的盆地。后来经过四次考察,测算出托克逊的位置的确低于海拔50米或者150英尺。❶

　　对上述需要补充的是:我们进行观察的托克逊绿洲不是这一盆地最低洼的地方,好像要比盆地高出起码几十英尺(参见原书附注45)。不过,苏能巴什河确实流经托克逊镇,河流相当湍急。据当地人称,这条河湮没于离我们住地约50俄里以东的宽广平整的阿斯萨盆地中。

---

❶ 这个测算是由当时数学地理所负责人提罗做的,他是根据考察队回去后不久在离维尔内(今阿拉木图——译者)和斋桑不远的气象站的观察,以及根据28个站的观察,为确定高度所编制的亚洲等压线图,还有当时的正常海拔气压770mm作出这种测算的。1889年10月,俄国旅行家戈卢姆—嘎什麦罗兄弟到吐鲁番盆地进行考察。根据他们的确定,这个盆地东部地区鲁克沁村的位置也低于海拔50米。——原注

根据当地人的述说推测,这一长 60 俄里的盐碱洼地,很可能是干涸的湖底。这里有些杨树和榆树的混合林带,又有灌木丛和芦苇地,还能看到些裸露的沙丘。这里的夏季非常炎热,在这个季节这里不可能存在任何生机;只是到冬季,托克逊和鲁克沁人的大批牲畜才到这里牧放。

等我们弄清我们所述的地区确实有一个最低极限的盆地之后,我们才明白了喀什噶尔等地人说的,中亚最热的地方就是吐鲁番地区。当地人的这种说法不仅我们知道,其他中亚地区的旅行家也知道这一说法。虽然确信吐鲁番地区存在如此低洼的盆地,但对当地人关于此地夏季如此炎热的说法,却有质疑。我觉得,这个盆地就在山脚下,反而夏季应该是较为凉爽的。然而我们在托克逊的气压观察也在一定程度上肯定了当地人广为传播的吐鲁番的夏季炎热说法(吐鲁番夏天炎热,早在 10 世纪末宋使者王延德就提及过。他在行记中说,这里的人们到地窖中避暑,酷暑中甚至鸟类都动弹不得)。

吐鲁番以及人口众多的鲁克沁、鄯善和托克逊等地处于山间的广阔盆地,其北边是天山山系的次等山峦察尔格孜山;西边也是这一山系的主峰,托克逊到迪化的道路从这个山地长有不高植被的谷地穿过;从南边嵌入这个盆地的是上面提到的天山支脉阿尔给山,其东段被称为乔尔塔格山。乔尔塔格山的北坡比其南坡陡峭得多,且有不少幽阴的深峡谷,而其山峰高高耸立于这个盆地之上。据当地人介绍,乔尔塔格山向东慢慢变低,从鄯善到奇克台村 4 天路程以外的地方就平坦了,坡度也没有了。在同一个方向,离鄯善 6 天路程的地方,从西南方向有新营山与乔尔塔格山连接。

戈卢姆—嘎什麦罗兄弟的路线图所显示,这个盆地东边有与天山相连的乔尔塔格山不高的东北支脉。

吐鲁番盆地长 140 俄里、宽 40 俄里,地区中心城吐鲁番位于上述盆地,鲁克沁也位于盆地的东端;在东南边离鲁克沁约 35 俄里是鄯善县,最后在盆地的西边是托克逊县。

托克逊绿洲位于吐鲁番地区苏能巴什河两岸,占地面积为 180 平方俄里。托克逊的庭院,除中心地带外,都相隔很远,尤其是在边缘地区,像是独立的庄园,显得很空旷,有的地方远隔约有 2 俄里的路。这里的农田是腐殖土壤,平均年收成小麦为种子的 14 倍,玉米为 29 倍,稷米为70倍。这里大面积种植棉花,且都是优质棉。果木林虽不多,但品质都是上好,尤其是葡萄。

托克逊地区的农田均由苏能巴什河引取的水渠和坎儿井的地下水灌溉。坎儿井的水取自于天山南坡的山水。察尔格孜山前地麓,向其平坦宽广下坡方向每隔5~20俄丈都有地下水井。这些水井线长300~500俄丈不等;开口水井深2~10俄丈。同一个方向的水井均由地下通道相互连接。这些通道高约6英尺、宽3英尺,然而所有的水井或通道均没有任何护栏。据当地人称,在建造这些设施的时候,虽常有不幸事故发生,但这里的土质坚硬,所以可以挖筑这类水利设施。挖井时先挖较高处绿洲相连地北界山脚下的水井,其深不超过2俄丈。如果在这里发现有水脉,接着挖转向高处的更深的水井,然后是第三口、第四口……更深的井,最后由地下通道连接同一线上的所有水井。

只是在察尔格孜山北的山前地带才建有坎儿井,而在阿尔给山南坡的山前地带我们并没有看到有这些设施。

根据我所收集到的地方资料,迪化以东的天山南部地区缺水干旱,植被贫瘠。这里不仅没有什么像样的河流,连山泉也不多。只有在少见的山溪边才能看到枯萎的阔叶树,而针叶树根本就没有。南坡的草

　● 托克逊绿洲中的独家院落

● 天山南坡大路中的考察队营地

皮长势也相当不好。与南坡相反,北部山区水源充足,有针叶林带,峡谷长有阔叶树、茂密的灌木丛和草本植物。

托克逊绿洲的中部地区有不大的部队驻地,这里除驻有士兵之外,还有收取集市税收的地方官员。驻地旁边是由当地住户组成的好几条街道的规模不小的本地市场。该地区总人口约1万人,其中大都为维吾尔族,也和吐鲁番地区多数地方一样,这里的回族人不多,汉族人就更少了。

吐鲁番城位于托克逊东北60俄里处。吐鲁番生产优质棉花和葡萄,其绿色小葡萄干尤其有名。吐鲁番地区所生产的棉花和葡萄干大批出口到俄国。吐鲁番的农田一律由坎儿井水浇灌,但水源并不十分充足。吐鲁番以北天山山区开采煤炭,这是该地区唯一的燃料来源。

吐鲁番地区的鄯善和鲁克沁也生产棉花和葡萄,其品质也都不亚于吐鲁番的产品。

托克逊至迪化有两条路可通:一条是绕道邮路,途中有帕尔特萨尔干、达坂城、柴窝堡和杨氏店各站;另一条是从邮路西南边穿越天山后与上述路最后一站相汇的乡间近路,到迪化的全长不超过150俄里,而绕行的邮路约为170俄里。此外,从托克逊到迪化的邮路,有40余俄里的路程是缺水区,所以根据当地人的建议,我选择了乡间近道。

　　11月24日早上,我们离开托克逊向迪化进发。在部队驻地和集市的左边约半俄里处我们过了苏能巴什河大桥。这里的河水相当湍急。过桥之后,我们沿着绿洲行进约6俄里,随着离中心越来越远,村庄之间的距离也开始逐渐加大。到边缘地区时,村庄之间的距离都有2俄里了。这天我们就停在绿洲边缘最后一个有从坎儿井引出水渠的村子住宿。坎儿井出口处水渠的水温为15℃,当时空气温度为5℃。畅饮这种温水之后,我们的坐骑一个个都躺倒水渠中,好像都成了活的堤坝,而溢出来的水很快淹没了营地,我们不得不驱赶在这寒冷季节好不容易找到如此舒适去处的可怜的动物。

　　走出绿洲地段之后是平坦的鹅卵石戈壁路段。南边可见苏能巴什河右岸的吉兰勒克村,北边是与察尔格孜山平行的一条低矮的山丘。山丘北边是另一座更高的山脉,而再远的西北边是托库纳斯和卓山的雪山群。行进15俄里之后,我们走出绿洲边缘来到了苏能巴什河边。这里苏能巴什河经过很深的山沟,我们便在这里扎营住宿。

　　以上已提及,托克逊西北边的天山是平坦的鞍形山脉,其高峰不超过海拔7500英尺。这一高地只是从西南方向到东北的个别山上长有不高的植被,其他地段都是西北走向的倾斜慢坡山地。这里长有植被的各个山冈既不相互连接,也不跟像台阶的主山脉相连。其中只有两个稍高的山冈与主山脉相连:一座与鞍形山峰相接,另一座沿着主峰的东南坡延伸。这两座相连接着的山内侧坡度都不大,它们的山峰也只是在所述高地上稍稍隆起而已;而且它们向西北和东南边的外侧坡度相比陡峭得多,且有内坡所没有的深深的峡谷。

　　据当地人所称,上述鞍形山地是个风口,一年四季周期性刮强西北风,一刮就好几天不停。我们所见到的景象验证了这一说法,这里的草茎和树枝都侧向东南方向,芦苇叶都是裂开的,可见风有多大。

　　离开托克逊的第二天,我们沿着苏能巴什河向上行进约5俄里路,再往前该河几乎直接向北流去,并改称为阿尔根苏河。在这里,道路向西北沿着阿尔根苏河右支流亚嘎奇巴什延伸。顺着这条支流我们缓慢爬行于这个马鞍形山地东南坡,路上偶尔能看到有树的丘岗。这里的植被极贫瘠,只是在亚嘎奇巴什河两岸和山溪周围能见到些稀稀拉拉的草皮。

到达途中的第一个山脚下,我们便停下来在亚嘎奇巴什小河边住宿,这里便是此河峡谷中的出口。

第二天,我们的考察队继续沿着这条长约16俄里的小河弯弯曲曲的深沟中行进。这山沟的坡度不小,且到处都长有灌木丛和芦苇草,个别地方还有胡杨树。走出山谷后我们来到了开阔的山间高地,并朝西沿着干枯的亚嘎奇巴什河床前进。只是偶尔能见到小溪,往上河床变窄,河水变湍急,周围的植被也比里面的渡口长得茂盛。

走出山沟后,我们就停留在这河边一个叫琼亚嘎奇巴什的地方过夜,其海拔约6000英尺。这里的地势虽然很高,但我们还是看到了种植大麦的农田和农忙季节住人的小土房。

从琼亚嘎奇巴什考察队进入了缓慢向达坂城进发的开阔路段,行进约10俄里后很快到达了其顶峰。这个称为大达坂的山口海拔约7070英尺,是我们从托克逊到迪化天山山区路程的最高点。从东南边向其进发并不怎么陡峭,只是快到顶峰时有些陡,就这样的路段也不长。大达坂的西北下坡路比起东南边的上坡路陡峭得多,且距离也相当长,尤其是开始时的2俄里路更如此。根据从山口自高而下的情况,周边山脉的相对高度在快速增加;在这同时,我们将要走的道路所通过的山沟的深度也在不断加深。

所述山峰既是该马鞍形山脉的最高点,同时也是其东南部和西北部截然不同植物带的最明显的分界线。东南山坡的植物种类以及长势都不如西北部的好。上到山口的最高点,一下就能看到这两地明显不同:东南坡小山丘覆盖着的只是稀稀拉拉的草皮,而其对面西北山坡到处是茂密的艾蒿类和各种灌木丛。

从大达坂口,我们沿着坡度相当大的峡谷下山,不久便来到了山脚下,这里起码比山上低2000英尺。这条起于山脚的谷地,到这里便插入山前相当平坦的山沟中。我们停下来在这里住宿,第二天行进3俄里后又进入了另一个山沟,然后顺着凉山山脚行进。最后,我们从山脚下来到了宽阔的山间谷地,在一个叫卡拉盘子的地方停下来过夜。

走过达坂城之后,我们来到了宽约20俄里向西北展开的广阔谷地。其南边是达坂城山峰,而东北边和西南边是天山的支脉东山和凉

215

山,这两座山的峡谷中长有松树林。久违之后,现在再看到这样茂盛的针叶树林我们大家都十分高兴。上次看到这种树林,还是一年多以前在托合塔阿洪看到的。

这个谷地的东南边是咸水艾登湖,其周长约20俄里;其东边有两个小湖:吐布尔库里和吐孜勒克库里,也都是咸水湖,周长4~5俄里。湖边芨芨草的长势都非常好。

在这个山谷中有不少草原羚羊,而这种动物的天敌——狼更多。我们在卡拉盘子停留期间,晚上8时左右,狼嚎得实在太烦人,我不得不叫来四个人,朝那个方向不断打枪。这个办法非常奏效,一夜再未听到一声狼叫。

离开卡拉盘子之后,在芨芨草地和芦苇丛中我们行进约2俄里,然后顺着碎石路前进。道路两边长有梭梭和红柳丛。到了这里我们走的乡间路与穿过达坂城的邮路汇合,并来到了谷地东南角的也称达坂城的回民村庄。这一地段的地势也像大达坂一样,东南坡平坦,而西北坡陡峭。

顺着平坦大道行进约5俄里之后,我们就在附近的杨氏店客栈住了下来。俄国在迪化商人的代表——阿克萨克勒接见了我们。我们整整谈了一夜,大家纷纷向他询问半年多杳无音信的国内新闻及迪化的有关消息。

从这里到迪化的最后一站,我们走的是东山东北支脉起伏不平的山前地段,并经过了几条不大的山沟。途中有时也能看到几个大车店,路的左边是住有汉人的阿尔和图小河谷。离迪化4俄里的地方,考察队从大路上转过去,在其不远的地方阿尔和图河的左岸停下来,在称为顾家湖的地方我们差不多待了4天。

迪化城位于天山北部山前地带,是在阿尔和图或凉山河的右岸约半俄里地,城市用水就靠从这条河中引出来的水渠。这座城呈不等边六角形,方圆长约4俄里,其南边为旧城区。迪化的城墙高约2俄丈,墙脚厚约2俄丈,有6座城门、炮塔和炮门,城墙四周挖有宽3俄丈、深2俄丈的护城壕沟。

城外东北方向有座大大的四方形炮台,其边长约150俄丈,西北防线也有同一类型的边长不超过50俄丈的炮台。

城内有新疆省督办公署、迪化道台驻地以及这些部门官员的住所，各类商贸、手工业者以及官吏的侍从也在这里居住。这里驻有几千人的卫戍部队，其中大部分人员都驻守在上述两个战地炮台中，城内只有少数人员住。

老城区只有一条大街，也就是市场，居住的大都是回族人和少数维吾尔族人。这里的商铺不少，有几个旅店、大车店以及马车夫。

迪化绿洲以及老城区总人口约15000人，其中回族13000余人，汉族和维吾尔族2000余人。

我们到达迪化的时候，新疆巡抚刘锦棠在北京。民众对他普遍有好感，只是对他对待县官、道台以及下属过分信任略有微词。

迪化地区的工业尚处于萌芽阶段。在这里利用吐鲁番的棉花可以生产数量不多的棉布，有两个只能生产大铁锅的小型铸造厂。迪化的商业发达，主要由回族人经营。大型商行只有3个，其他的规模都不大。中方主要销售的是茶叶和棉布，其次是绸缎、瓷器、烟草、铁制品及其他小商品，再就是少量的英国纺织品和金属制品。大批内地货物多是新年时才运到迪化。

1890年在迪化的俄国商人总共有50余人。他们大都经营纺织品、金属制品，还有少量的化学品杂货、白砂糖及其他小百货。除此之外，每年秋季和初冬都从塞米巴拉金斯克赶来大群羊在迪化销售。

俄国商人在迪化经营所得钱款大都用来购买吐鲁番地区出产的棉花和葡萄干，并运回国内销售。

离城区约2俄里处是被毁坏的旧城遗址，在其下面阿尔和图河或凉山河两岸就是迪化绿洲，其主要居民是回族人，居住非常分散，互相分隔很远，树木不多，几乎没有什么果园。这里的土壤也和天山脚下其他绿洲一样是褐色腐殖土。小麦的平均产量是种子的13倍，黍为29倍，大麦为9倍。因气候严寒，这里不种植玉米、水稻和棉花，所以桃子、杏子和葡萄也成熟不了，水果都是从吐鲁番地区运来的。迪化是缺水地区，其自产粮食远不够供应市民和驻军的需求。这个缺口只好由玛纳斯、古城（今新疆奇台）和吐鲁番来补充。

迪化地势相当高，海拔约3110英尺，且又与博格达峰相邻，故其冬季寒冷,夜也长,每次下雪后好几周都不化,池塘水渠结冰期近4个月。这里的夏天不十分炎热,有时还下几场大雨。当地老人告诉我们,如今的迪化暖和多了,老早的时候,一年要下8个月的雪,而现在只下6个月;比起现在,以前的冬天冷得多,夏天也热得多。

与迪化相邻的天山盛产煤炭,是这里的主要燃料来源。离城区两天路程的东天山有丰富的铜矿,建有公家的冶炼厂,其产品均运至迪化的造币厂。迪化西南约两天路程的凉山产石油,从那里流出来的小油泉出口汇入河水后在沙石平原中消失。有一个德国人从北京来到迪化,在这里取样做石油试验,将其净化之后灌铁灯,点起来给当地官员看,并请求当局准许他采油后以规定市价销售石油,但遭到了坚决拒绝。

迪化西北方向是高高的妖魔山(雅玛里克山),东边约35俄里处是东天山最高的雪山——雄伟的博格达峰。12月2—3日,我们遭到了东北方向的强大暴风雪,幸好住地周围有树林和灌木丛阻拦。暴风雪几乎肆虐了整整一夜,刮得3俄尺粗的树都弯下去了。我们拴到树上和木桩上的活动帐篷摇晃得很厉害,每刮来一股强风,我们都觉得马上会被扯到外面。还好,这是东北暖风,刮走了足足3英寸厚的积雪。

第
九
章

从迪化到斋桑

　　从迪化到斋桑,我想走一条欧洲人从未走过、在地图上标为阿亚尔湖附近的直路。这条经过准噶尔盆地、从未被人考察过的路,比起俄国玛图索夫斯基、提赫梅尼夫、嘎尔金、戈卢姆—嘎什麦罗兄弟都走过的从迪化到斋桑经过玛纳斯、西湖(今新疆乌苏)和额敏的大路,对我们考察队来说更具有吸引力。所以,我们在迪化第一次见俄商头领阿克萨克勒的时候就向他打听从这里到斋桑的直路。令人欣慰的是,的确有这样的路,而且大商队也都可以毫无疑问地通过这条路。这条路在呼图壁从玛纳斯大道分岔出来,经沙山子到玛纳斯河,然后一直往下经过这河形成的湖泊地带,又经过札依尔山来到萨尔古尔逊驿站附近的曲古恰克大道。

　　阿克萨克勒向我报告了这些信息之后,为我们找来了一位知道这条路的来自谢米列契耶州的哈萨克人列普辛斯克当向导。他从塔城带着商队,比我们早些时候来到了迪化。

　　几乎和我们同时,俄国商人带着商队即将离开迪化前往塔城。他们有20峰闲着的骆驼,路经玛纳斯和西湖大道时可以代运我们的重物。我雇下商队的这些骆驼后,商定将我们的大部分行李送至斋桑哨

219

卡。这样处理完考察队累赘的重物之后，我们就可以轻装前进，而且还可以保护我们早应该休整休整的骆驼。

12月5日早晨，大雾笼罩着整个郊区，我们起程顺着阿尔和图河的左岸前进，河谷个别地方有些小榆树林，偶尔还能看到离城区不远的房屋。在3俄里处我们经过了当地人居住的城区，4俄里处是驻军营地，从这里便进入了玛纳斯大道。走上这条大路后，我们朝西北方向从一座单独的小山——红山子附近经过，在这山上当地居民修建了相当漂亮的寺庙。大路两边不时可以看到榆树小林带和孤零零的房屋。除了宽阔的路面以外，旷野上到处是几英寸厚的白雪，树上挂满了雾凇。快到中午，浓雾开始逐渐散去，我们也慢慢开始辨认眼前的东西。在城市附近的大路上我们看到了繁忙的运输车队，车上装满了向迪化运送的煤炭、麦草、苜蓿、粮食和蔬菜，而从那里返回的都是农民的空车。

从迪化走出约10俄里之后，我们的考察队穿过了一个人口稠密的回民村庄，然后再通过几道垄岗后停下来住宿。

离开迪化的第二天，云散天晴，我们在北边看到了无边无际的大森林。据向导和在路上遇到的回民介绍，这一广阔的林带从东边的古城一直延伸到西边的呼图壁，其长约160俄里、宽60俄里，大都是榆树，还有杨树和沙枣树，再就是各种灌木丛和芦苇丛。这片林带南缘、迪化以北约20俄里处是散落的居民点，以汉族为主。这一原始森林的其余地段均是无人居住的荒凉地带，林中有不少野猪、狍子、羚羊和老虎。这一带也有不少山泉，到了夏天，天山的冰雪融化时有不少河水流到这里，有时甚至到达最边远的北边灌木丛林带。其以北是辽阔的沙漠地带，沙漠里有不少野骆驼、野马和野驴。这片沙漠地带始于古城以东的地区一直远远延伸到西北边的玛纳斯河边，其宽度50~80俄里。沙丘上长有高大的梭梭，偶尔能见到长有茂盛芦苇和猪毛菜的盐碱洼地。这里有不少野骆驼、野马、野驴，还有羚羊用蹄子刨出来的坑，等到洼坑灌满水的时候，这些动物就会跑出来饮水。这里的芦苇和盐土植被便是这些食草动物的饲料。这些动物有时还会光顾到古城北郊的森林，这里有十分茂密的植被，没有蚊虫，它们一待就很久，可以一直待到冬季。

从迪化开始的玛纳斯大路，沿着山脚平原延伸，其坡度向西北方向缓慢下降。到第二站的时候，由于地势降低，这里的积雪比起第一站少得多了。道路两边远远可见被废弃的空闲民房。马路边上也有些混乱年代被毁坏的汉族人房屋、回民村庄以及供过路官员休息的官办茶饮店。

从宿营地走出约20俄里之后，我们接近了古城林带的南缘，经过回民小村庄土布尔之后渡过了结冰的和巴里河。这条河的左边便是人口稠密的昌吉，我们便在其西郊扎营过夜。

位于古城林带南缘的昌吉绿洲以其肥沃的土壤和充足的水源而著称。这里的小麦平均产量是种子的15倍，黍稷为30倍，饲料豌豆为25倍，还有不久前才开始少量种植的玉米和果树，其中苹果、桃子、葡萄以前从未种过。昌吉的中部地区不少地方长有榆树、沙枣树和灌木丛。在这里有一个不大的集市和当局骑兵连戍守的要塞。

昌吉的居民多数为回族，维吾尔族和汉族少。如今从内地迁来的汉族人一般深入到古城林带的腹部，开荒造田，或者定居于驻有部队的城镇附近。回族人居住在从巴里坤经过古城、阜康、迪化、玛纳斯到乌苏的广阔地区。

据当地人称，昌吉绿洲以北约50俄里和巴里小河右岸有座很大的被称为麻雀子的古城遗址。这座遗址就位于玛纳斯到古城乡间道路的荒凉无人林区，其周长约4俄里。向我提供消息的汉族人坚称，根据遗址分析，不是汉族人所造，而是其他民族所造。遗憾的是因时间关系，我本人未能亲眼看看这一有意思的古遗址和其所处的古城原始森林。

离开昌吉后我们行进了约12俄里，一路常常能见到空废的房屋及其周围荒芜的农田。路上还有几户连在一起或独处一地的回民院落。紧靠马路边常有些茶店，都是非常简陋拥挤的土坯小房。

走出昌吉后，我们便来到了开阔的平原：其北边是青青的广阔古城林带，其边缘几乎与大路平行，在这开阔地我们穿过了古代准噶尔城堡，其边长约为半俄里，呈四方形。土质城墙保存完好，有东西两座城门，城堡内到处可见被毁坏的房屋，其中就有回族人的大车店。

离开旧城堡约5俄里之后，我们的考察队停下来在榆树沟的一家客栈住宿。这里地势平坦，不远便是早已被废弃的清军驻地。

后来的路程大都是宽阔平原。大路北边依然是绿绿的古城林带，南边是东西方向的草原丘陵，这段路上偶尔能见到些废弃的空房。行进约13俄里之后我们便进入了呼图壁绿洲，其中心地带有小集市以及清军的驻地。集市附近，靠马路边就是汉民破旧的村庄，其街道都非常狭窄。走出这个地段，我们就停在西边的呼图壁河岸边过夜。

在呼图壁我们离开玛纳斯大道，直转向北，沿着呼图壁河右岸行进。在这里我们经过了即将结束的古城林带的西南角。呼图壁河在这里分为两条支流：右支流三家渠和左支流鸡梁河。这两条河都在离分岔地约60俄里的大沙漠中湮没。我们走的大路正好从这两条河的中间经过，路边的芦苇地间隔着有农田或榆树林带。开始阶段两条河的间隔距离一般都在2~3俄里，再往北就成了20俄里。两条河的岸边都有不少榆树。

第一站，我们就停留在呼图壁河东支流的岸边下关屯住宿。这里的村民都是汉族，他们住得很分散，以家族为单位，三五户为一个小村子。他们住的是由生土坯盖的平顶小屋，院子不大，同样也是用生土坯墙围起来的，围墙都不高。每个小村庄周围都有一片不大不小的榆树林，在一望无际的芦苇地里，一眼就能认出村庄。农民们大都种收成高的水稻（收获量是种子的30倍），同时也种些小麦、豌豆和部分苜蓿草。他们养得最多的是羊，也有不少马和役牛，还养猪和鸡。

这个地区的人口十分稀少，他们向我们抱怨，自家的牲畜，尤其是羊常常被老虎吃掉。就在我们到来的前几天，在下关屯因为老虎还闹得人心惶惶。说是有天晚上，一只老虎跳墙进入一家农院，正好落到靠院墙的畜圈芦苇棚顶上，苇棚倒塌，老虎掉进狭窄圈中，好不容易才逃脱。

离开下关屯以后，路边也跟前段路一样有不少芦苇，但是杨树和榆树就不多了。杨树和榆树大都长在房屋简陋的小村庄和独家院的周围。行进15俄里后，我们经过了一处很大、起码有50户院落的旧城废墟。旧城中央有着砖结构大围墙建筑物，遗址清晰可见。从玛纳斯到古城的大路就经过这个遗址所在的林带。从这里向东走25俄里就是辽阔的古城大林区。

我们走上玛纳斯—古城大路之后，向西北行进，开始走的是林带路，路边常见破旧不堪的村庄，后来走上了长有芦苇丛的开阔地带。一路上碰到不少榆树带遮蔽着的乡村。最后我们来到黄草湖。这个村庄有近100户人家，其中大都集中在一座寺庙周围，而其余的则星罗棋布地分散于四处。经过这个村庄之后,我们停在呼图壁河西支流岸边扎营。黄草湖的大部分农田都由呼图壁河的东支流三家渠引水灌溉。三家渠长约12俄里。从村子附近经过的呼图壁河西支流鸡梁河的两岸十分陡峭,从中挖出灌溉渠很困难。黄草湖的主要农作物是小麦,也少量种植水稻、豌豆和苜蓿。这里养羊不少,主要是用羊毛制作毛毡子出售赚钱。制作毛毡的除汉族居民外还有6户维吾尔族。剩余的粮食和毛毡带到黄草湖西南边40俄里的玛纳斯城销售。黄草湖以北45俄里是古城沙漠地带,呼图壁河的上述两条支流均消失于这个沙漠之中。

在黄草湖的西边,我们从玛纳斯大道转出以后,下站路几乎都是荒无人烟的地方。开始我们走在荒漠平原上,路边只能看到矮小的梭梭柴,后来我们来到了长有芦苇的平坦谷地。这里有一个小村庄和几个无人居住的被废弃的村子。走了一段路以后,我们走上了沙砾石平原路,随后沿着这条路一直走到了停下来住宿的地方。在路上我们经过了一处被遗弃的农庄,其周围的农田依然可见。

离开黄草湖25俄里后,我们便来到了沙山子村。这里依然都是汉族居民。我们就在这里扎营住宿。

第二天,我们继续沿着这条路行进。沙山子是个十分宽广开阔的地带。路边常能看到隐蔽在榆树林后面三五不等的农户。这里的汉族居民住得十分分散,一般都以家族为单位。他们的庄子相隔半俄里到两俄里,一个挨着一个,在一个庄子里很少有住着10户人家的。村子后面是各家的庄稼地,其后面是长满灌木或芦苇的空地。离我们的宿营地5俄里处有一座大庙,其附近有几家住户。其中还有不少破烂的空房子。再远,房子就越来越少了。

沿着沙山子绿洲行进23俄里之后,探险队停到一个村子附近扎营住宿。我们走到大庙附近时,有两个从沙山子回家的蒙古族人赶了上来。他们是离俄国边境150俄里的和布克赛尔人。我们请他们来到住地,并劝说他们和我们的考察队一起到边界地,或者起码同行到他们该分路的地方。蒙古族人犹豫半天后,最终接受了我们的建议,结果还成了很有帮助的旅伴。他们对自己住的地区非常熟悉,并给我们提供了不少有用的信息。这两个人每年春天都到沙山子当长工,到冬天才回到和布克赛尔的家。从我们的宿营地到和布克赛尔有条向北的直路。

这条路再走25俄里就穿过沙山子绿洲,其北段叫河沙湾,西北段叫斯齐。走出绿洲之后是缺水的大沙漠路段,直到和布克赛尔的三站都是沙漠路面。蒙古族人提供的这段路线是:从沙湾北缘到东梁的沙漠不太厚,下面的几站路都得要经过新月形沙丘地带:

	里程（俄里）
沙山子绿洲的大庙	—
沙湾绿洲北缘	30
东　梁	42
骆驼脖子	38
三　户	40
和布克赛尔	37
总　　计	187

　　头一站的地面沙漠不算很厚,而其他地方尽是高高的沙丘和梭梭柴,这一庞大沙漠地带始于古城以东,终结于玛纳斯河边地带。从沙山子到和布克赛尔的大路经过的地段叫扎额斯特额里逊,其东边的沙漠地带叫扎额斯特额里逊布格拉,西边靠玛纳斯河一带叫硕步古尔布格拉。据同行的蒙古族人说,在这个沙漠中有野骆驼、野马和野驴,到了冬季来过冬的羚羊也很多。从和布克赛尔到沙山子通过沙漠地带的直线大路只有冬天可行,其他时间即便是骆驼也因缺水很难通行。

　　从玛纳斯河引出的大渠灌溉沙山子的农田。这里的腐殖质土壤非常肥沃,小麦、水稻和豌豆的收成都很高。因地大物博水多,这里的人都生活得很富足。这里的居民都是清政府军队进入准噶尔盆地时,随军来到这里的内地移民。沙山子一带的居民大多为回族。

　　我们的蒙古族旅伴在沙山子已经劳动了5年,在这期间和当地人一起生活,和他们已经很熟悉了。据他们说,多数当地人不仅生活得还可以,甚至很富裕。有不少富人雇用好几个长工来种水稻。这些雇主自己根本不需要劳动,只是安排和管理就行了。不论是富人家还是穷人家,妇女都不需要去参加田间劳动,只是管管菜地就行。

内地到这里来的新移民,创业头几年会遇到一些困难,其中实在很艰难者会向同族老住户乞讨,一般给的都是粮食,很少给钱财。

沙山子人都种植小麦,还有少量水稻、豌豆和饲料作物苜蓿。种的蔬菜有白菜、黄瓜、小萝卜、黄萝卜,每家都种大量的土豆。农民们养牛不多,而养的马不少,养得最多的是羊。他们几乎不喝牛奶也不吃任何奶制品,从来不挤牛奶和羊奶。除节假日外,当地人很少吃肉,满足于吃粮食和蔬菜。

我们到玛纳斯河的最后一站,走的是沙山子的西北地区——斯齐。这段路上的村落比前一站要少得多,其间隔一般都在5俄里。走出一半,路急转向西,其北边是从古城沙漠中分离出来的沙丘地带,一直延伸到河边。走出最后一个村庄,再继续走5俄里荒漠路段后,我们便来到了玛纳斯河边,就在岸边扎营住宿。

玛纳斯河是一条湍急的大河,我们所处地段的水深约1俄丈,河宽20俄丈,当时只有岸边结冰。玛纳斯河左岸边有宽约2俄里的榆树、杨树和沙枣树林带。林间还有茂密的芦苇、沙棘、野玫瑰和其他灌木丛。这些树林中有野猪、老虎和野鸡。到达当天,仅一个小时,我们的猎手们就打到了17只野鸡。当天和他们一起打野鸡的还有从沙湾来的猎人。因这些人不会在野鸡飞行时打枪,所以只好等它们傍晚落到过夜的树上时,才悄悄靠近射击。这一天,在夜幕降临之前噼里啪啦的枪声一直不断,想必他们的收获也一定不错。

沙山子以西,中间隔着玛纳斯河,是辽阔的沙湾绿洲。这里的汉族农民也和沙山子一样,居住得很分散。沙湾的农田由玛纳斯河引水灌溉,另一条灌溉渠是玛纳斯河左边支流以南,从由泉水形成的树界河中引出来的水渠。

12月14—15日,夜间温度为-20℃以下,玛纳斯河除个别急流外,都结了冰。我们收拾好行装,沿着玛纳斯河的右岸行进。这条路前两站地段的东北边是小沙丘地带,有些靠近大路的地方有锯齿形坡面。我们走的大路有时得要穿过这些楔入谷地的突出地带。玛纳斯河右岸的这个地段长有茂密的芦苇丛,只有个别地方是灌木丛地带;而其左岸是宽约2俄里的长着榆树、杨树和沙枣树的混合林带,而且其间长有芦苇和灌木丛。

第一天,我们沿着玛纳斯河谷地行进20俄里之后,就在其右岸上停下来扎营住宿。当时河面的冰结得已经很厚，从冰上面完全可以自由地来回行走。

玛纳斯河谷地下一站路，开始走的是一个叫巴什奇依的地方。这是个芨芨草滩，这里有几顶哈萨克牧民的帐篷，他们牧放着很大的马群。芨芨草滩从玛纳斯河的巴什奇依才开始出现，所以该地也以"奇依"命名为上芨芨草地（巴什奇依）。我请了一位当地的哈萨克族人给我们当向导，带我们去离巴什奇依有两站路的另一个牧场。

第三站路约16俄里，沿玛纳斯河谷地延伸，然后就走上靠近河边的沙丘地带，并顺着向前走了约10俄里。从这长满梭梭和蒿子的沙丘上，在其西边的林带后面，我们看到了远远向西延伸到地平线的同样的沙丘地带。和我们同来的哈萨克族人说，这个沙漠地带很长很宽，从玛纳斯河开始向西延伸直到乌苏—额敏大路为止。这是一个像沙漠半岛的地带，始于玛纳斯河以东的古城沙漠，一直向西延伸，约有三天的路程。哈萨克族牧民告诉我们，在这些沙漠的高大梭梭林中有野骆驼、野马和大群的野驴。这些动物一年四季都自由自在地到这里来吃草饮水，碰到没有人的时候，待的时间就更长。

在沙漠途中大路分为两条支路：一条是东北方向的荒漠路，另一条是沿玛纳斯河谷的绕行路。哈萨克族人建议我们走绕行路。我们转到向西延伸的大路后，很快从沙丘上下到了玛纳斯河谷地，并在一个叫肯图别的地方扎营住宿。这里有废弃的农田，但没有发现任何建筑物的痕迹。

离开肯图别之后，我们继续沿玛纳斯河谷地行进。开始的4俄里，路边常能看到些废弃的农田和水渠的遗迹，但其中没有建筑物。接下来是离河边约3俄里的盐碱地荒漠路段，这里只有些矮小的梭梭和红柳。到肯图别下面，玛纳斯河左岸多为矮小的榆树林带，其西边的沙丘地带往东约延伸30余俄里。在沙丘和玛纳斯河空旷的平原上尽是又窄又矮的垄岗。

肯图别下面18俄里处，玛纳斯河右岸有一个大村庄遗址，四周有围墙，墙内房屋地基明晰可见，小庙保存几乎完好无损，围墙四周有茂密的榆树林。

这一天，我们停留在玛纳斯河边一个叫达盖楚格的地方扎营住宿。在这里我们又碰到些放马的哈萨克族人。我向他们说明，我需要观测玛纳斯河流域及其三角洲地带,而哈萨克族人坚持说,玛纳斯河下游的40俄里路只能徒步行走。他们告诉我们,达盖楚格下面25俄里开始是玛纳斯河的芦苇盆地,在这个一望无际的盆地有许多大大小小的开阔水域和几个相当大的湖泊。走出15俄里后,在芦苇丛中玛纳斯河像是一条又窄又深的水渠,汇入淡水湖铁里淖尔湖中。冬天,带着大批人马在冻结的芦苇丛中行走确实很艰难。我不得不放弃继续前进的念头,于是叫我们的人沿着哈萨克族人告诉的绕行路,甩掉这个盆地,从西南边绕道前行。

第二天,我们从冰上渡到了玛纳斯河左岸。玛纳斯河到下游开始变窄,这里宽度约10俄丈,并转向东北延伸。在这里我们走上了小沙丘平原高地。从这里离大路约4俄里的地方我们看到了8峰野骆驼。我们的4名哥萨克带上枪开始悄悄靠近这些动物。猎人们刚走出还不到一里,这些机灵的动物个个伸长脖子静听片刻后,拔腿就跑。这些骆驼跑得如此快,再好的马也不可能追赶上它们。不到十分钟,这些野骆驼从高地下到平原之后,便从人们的视线中消失,只是在远处模模糊糊能看到它们奔跑时扬起的尘土。再过十分钟,连这些尘土也看不到了。

从高地下来,我们在空旷的盐碱地行进8俄里路后就在上面提及的盆地西南端扎营住宿。这是个东北至西南走向的盆地,长约60俄里、宽约30俄里。这里除岸边的狭窄地带不长芦苇外,到处都是茂密的芦苇。芦苇丛中有许多小湖泊和一个稍大的湖泊索果特湖,其周长约18俄里。盆地的东北边是大淡水湖铁里淖尔湖。这个湖当时已变得很窄,但很深。河的两边长满连绵不断的榆树。盆地西南边也有同样的小沙丘地带。平坦河岸地区长有梭梭、猪毛菜、芦苇丛以及香蒲草。

阳光照耀下的早晨,从我们住地能够清晰地看到西北边的札依尔山脉。

这是一座向东南边盆地缓慢倾斜的山。我们收拾好行装,经过一个结冰的小芦苇河湾向西北行进。半路,我爬上一个小山冈观察盆地四周。从山顶上我看到了在灰黄的芦苇丛间有几个覆盖着雪的小湖泊,在盆地的西南边有一排排沙岛。再往前,我们又走上了一个从西南边靠该盆地的高地,从这里能看到更小一些的湖泊,其中有两个湖的周长只有5俄里。只是在盆地的西南角看到些沙岛,在其他可见之处没有发现任何沙岛。

从这个高地附近走到乌尔禾的大路后，我们再从西南边绕过该盆地，沿着这条路向东北行进。在这条新路上，我们遇到了赶羊群的哈萨克牧民。他们是去玛纳斯卖羊的，足有700多只。他们告诉我们，札依尔山北坡的雪很大，路很难走，根本就不可能从那里直接到额敏去。所以他们建议我们继续沿着盆地的西北边缘经铁里淖尔湖到乌尔禾，再到玛特尼庙，那里有一条很好的路可以直接到达斋桑口岸。他们还告诉我们正在绕行的这个盆地当地人叫萨勒库里，这里有许多大大小小的湖泊，都能从札依尔山上看到。据他们说，这里的芦苇丛中有很多野猪，到夏天还有不少水禽到这里来筑巢孵雏。

我们沿着这条新路向东北行进约9俄里后，停下来扎营住宿。这里也和我们前面住过的地方一样，有些地方的芦苇就直接长在湖水中。现在湖面已结冰，我们就在冰下打水饮用。这里都是淡水，但带有芦苇味和硫黄味。

我们的下一站路，仍继续向东北沿西北边札依尔山的盆地行进。札依尔山脉靠近盆地的西南—东北走向的山坡坡度不大，也未见从其峡谷中有水溪流入盆地，连一条干涸的山洪河道也未见。

最后，我们继续沿着原来的路前行，在前方索果特湖的东北方向看到了两个又长又窄的湖泊。在半路上，我爬到札依尔山一个平坦山头观察时，在东边发现了铁里淖尔湖。这是一个南北长约25俄里的湖，最宽处约15俄里，周长为70俄里。湖的西南岸芦苇长得很高，湖的东岸是高地，布满了沙丘。这就是铁里淖尔湖东南边的古城沙漠前沿地带。其对面，远远地在地平线上能看到东北—西南走向的高高的沙梁。根据我们的测量，铁里淖尔湖的平均深度只有4英尺，所有冰上打出的孔眼中的水均为淡水。据当地蒙古族人说，湖中有很多鱼，夏天很多水禽到这里来筑巢孵雏。

根据我的测量，铁里淖尔湖所处的高度为海拔960英尺，从其中流向东北的霍尔河虽然又细又平静，但河水很深。这条河的两岸很陡峭，且长有芦苇，流出70俄里后消失于古城沙漠中分出来的南北走向的半岛形沙漠地带。这个沙漠半岛就位于霍尔河消失地和咸水湖喀拉达布逊淖尔之间，正好成为它们的分界线。喀拉达布逊淖尔是一个周长约

10俄里的湖泊,看来这个湖的水是霍尔河从沙漠中渗出来的水。

南边沙漠地带的野骆驼和野驴都到铁里淖尔湖和从其中流出的霍尔河来饮水。在乌尔禾河流域过冬的蒙古族人,每年都到这里来打猎。霍尔河宽约3俄丈,其源头附近有座桥。我们从肯图别出发到玛纳斯河谷地时所走的沿着铁里淖尔湖东岸延伸的大路就经过这座桥。

沼泽盆地西北边的札依尔山缓坡逐渐向东北下降,随着山坡的向下倾斜,从中横穿而出的无数槽沟变得越来越陡峭,到后来都变成了小山谷。

我们是在铁里淖尔湖西岸边的芦苇地附近过的夜。第二天早上穿过在这个湖的西北边中止的开阔河湾之后,离开这里,沿着空旷的碎石平原路向东北行进。

上述河湾附近的札依尔山东南支脉向北转弯之后,延伸到20俄里处后终止。这座支脉的西北边在同一方向延伸的也是这个山系的另一个支脉,其后面能看到第三座山的高峰。这座山同样也是开始时向东北延伸,后来转向北。这些在铁里淖尔湖西边终止的山脉之间是开阔宽广的荒漠谷地。

我们在广阔平原路上行进时,经过了一条从西北流入铁里淖尔湖的小泉,其细窄的谷地长有芦苇、灌木丛,个别地方还有些小胡杨树林。再往下,在一个平缓的山坡上发现有一眼温泉,从中流出来的水形成了一条小河。在这里,我们通过了从东边绕过铁里淖尔湖去额敏的大路。从这里继续往前走就到了扎营住宿的萨勒库里湖。这是一个慢坡高地的下游地带,有很多水量充足的泉水,有胡杨树、灌木和芦苇地。

离开萨勒库里湖以后,我们走上了多石的平原地的路段。因为天气晴朗,可以观察到四周很远的地方。在西北边,我们清楚地看到了塔尔巴哈台的西南支脉乌尔卡沙尔山,看起来整座山都被雪覆盖着;在同一个方向还能清楚地看到札依尔山所有其他三个支脉的北缘。

我们走的这个平原高地有一处由吉林布拉克山泉形成的很深的山沟,并长有些稀稀拉拉的胡杨树林。穿过这个山沟,我们继续沿着比旁边东南方向的戈壁还高的沙砾石平原行进。从这里,我们在东边离大路约8俄里的地方看到了艾里克淖尔湖。这片湖长约7俄里、宽2俄里,周长为17俄里。乌尔禾河从西边流入艾里克淖尔湖,但不再从中流出。这是个咸水湖,所以湖中既没有鱼类生存,也没有其他软体动物,但每年有4个月的结冰期,其盐碱岸边是寸草不长的平原地带。

走完9俄里路之后,我们下到了乌尔禾河陡峭悬崖包围的又深又宽的谷地。整个谷地长满了芦苇和各种灌木丛,远处河边还有胡杨树。这个谷地东北边有好几座蒙古族牧民的帐篷,离他们不远处我们扎营住宿。我们和这些热情的蒙古族人一起欢度了这一年的圣诞节,此时我们的故乡离这里仅仅只有120俄里了。

我向住在乌尔禾的蒙古族人了解到了不少有关这一地区的情况。他们向我们详细描述了从铁里淖尔湖流出的霍尔河和这湖往东北还有两天路程的喀拉达布逊淖尔湖。蒙古族猎人每年冬天都到霍尔河谷地打野骆驼和野驴。他们说乌尔禾发源于在东边是哈腾乌拉或斜米斯台分支、在西南是乌尔卡沙尔分支的塔尔巴哈台山脉。乌尔禾河开始流向东南,然后向东,最后还是向东南延伸。这条河的右边有条由札依尔山主峰北缘地带的众多泉水形成的莫合台水系。莫合台水源充足,植被长势茂盛,是整个地区有名的平原牧场。这里茂密的灌木丛中有成群的野鸡。从这里以北的准噶尔盆地的其他地方是见不到野鸡的。

根据蒙古族人提供的情况分析,从艾里克淖尔湖往东北两天路程的地方便是辽阔的相当低洼的和布克赛尔盆地,从塔尔巴哈台山西北流出的和布克河也就在这个盆地中消失。和布克赛尔盆地长约30俄里、宽5俄里,有很多咸水泉,到处长的都是芦苇和灌木,个别地方也有些杨树。附近地区的蒙古族人大都到这里来过冬,夏天这里炎热,伤害畜群的蚊子肆虐,所以基本上没有人居住。

我们在乌尔禾河告别了从沙山子就和考察队同行的蒙古族人向导。他们要回自己的老家和布克赛尔,从乌尔禾下游往东北沿着荒漠戈壁走两天才能到达。同时,我还从这里另外派出两名蒙古族人前去斋桑边卡,通报考察队不久将返回,望他们为我们准备好住房。

12月26日,我们沿着乌尔禾河河谷上行过了一个小站,到了这里,河道转向西南。虽然天气很冷,乌尔禾河仍有不少地方尚未结冰。过完这个湍急的河,我们就来到了一个被清政府放弃的要塞。现在哈萨克族人在这里过冬,其附近有不少哈萨克族人的帐篷和畜群。

　乌尔禾河河谷由其居民自然分为两半:下面,从这个旧要塞到艾里克淖尔湖住的是蒙古族人，要塞以上地带住的是哈萨克族人。在要塞下面有条从又窄又深的山沟中流出的小河从左边注入乌尔禾河。

从要塞到肯德尔布拉克水泉我们走了约7俄里的林带路，之后就在这里扎营住宿。这片由许多小溪汇流而成的水泉形成一个咸水湖乌鲁斯土淖尔。这个湖位于乌尔禾河河谷东北缘一个陡峭悬崖附近，其周长约6俄里。肯德尔布拉克水源上面，乌尔禾河从西向东走向约有40俄里的流程，是在环抱有悬崖的细窄谷地中延伸。

离开肯德尔布拉克后，直向北转弯，沿着谷地行进少许就走上了高高的河岸，并在这里过了土冈乌尔禾能乌拉。从这座土冈上我们下到了荒漠平原斯尔亨戈壁，并一直沿其行进到晚上。

斯尔亨戈壁是个辽阔且相当平坦的凹地，在西南边有宽广的浅谷与乌尔禾河河谷的山沟相连；其南边有乌尔禾能乌拉土冈阻挡；从东至西有孤立的草原山峦哈拉斯尔克和阿拉特；北边有斜米斯台山脉的平坦山前地带。我们下一站就要经过那里。

我们走的最后8俄里路是一段到处都是大大小小的山冈和小冲沟的高坡地段，在这里扎营住宿的地方叫托莱布拉克。

我们行进的下一站路沿着斜米斯台山的荒凉山前地带延伸，并逐渐向上靠近其山脚地带。一路上，我们只是在巴尔特布拉克水泉边见到了细长的植被地带。

我们到达斜米斯台山脚下后就在巴音布鲁克水泉边扎营住宿。从旁边的一个高地上能很清楚地看到东边的一座孤山萨尔别尔。这座凸起的孤山远远望去好像就高高屹立在底座上，而向导所说的在西边离我们住地有两天路程的乌尔卡沙尔山，我们却没有看到。

从南边上斜米斯台山的路并不陡峭，尤其是开始阶段。这条路沿着巴音布鲁克水泉的狭窄谷地向上延伸，从山脚上行12俄里就到达额勒尔滚大坂的顶峰。额勒尔滚大坂山口的高度只有海拔4530英尺。这个山口的下坡路比上坡陡峭，但不长。我们沿着山谷很快下到山下后，继续沿着山脚前行3俄里来到了和布克河谷。在这里正好遇上了暴风雪，又是雪又是沙尘连眼睛都睁不开。在暴风雪中我们沿河谷向西北行进9俄里之后，便在一口泉水边扎营住宿。

斜米斯台山也就是在山脚下向东南拐弯的塔尔巴哈台山的东支

231

脉。这座山的南坡坡度不大,而北坡很陡,尤其是额勒尔滚大坂以西一带:约15俄里向上到达制高点之后几乎垂直向北降落。据当地蒙古族人说,因为北坡十分陡峭,从这里没有一条山河流入和布克河,但是每次下大雨总要发大水,而且雨一停洪水也即止。斜米斯台山除额勒尔滚大坂外还有两个山口,梅什勒特和斯大坂,离额勒尔滚大坂以西分别在10俄里和16俄里处。这两个山口的北坡非常陡峭,几乎无法通行。

额勒尔滚大坂以东15俄里处,斜米斯台山转向东南继续延伸20俄里到和布克河右岸为止。从这里往东南两天路程的地方便是上面提到的盐碱洼地和布克赛尔,再往南一站路的地方是咸水湖哈拉达布逊淖尔。这个湖很可能是由在沙漠中消失的霍尔河的渗水而形成。

沿着和布克河河谷行进很长一段路后,我们来到了玛特尼佛教寺庙。这个寺庙是30年前由土尔扈特蒙古王公玛特尼建造,为纪念他而得此名称。现在已空空如也,也很少有信徒前来光顾,原先庙中有不少喇嘛,殿堂中的藏文佛经也很多(参见原书附注46)。

这天晚上我们就住在喇嘛庙里,其海拔高度约5650英尺。当时和布克河河谷地寺庙附近雪的覆盖厚度约为7英寸。12月30日晚上的温度是-27℃,第二天早上就下降到-40℃。

天气寒冷,我们朝西行进,向在西北与有着很高雪峰的萨乌尔山连接的塔尔巴哈台山进发。从玛特尼喇嘛庙到斋桑口的路必须要经过克尔根塔斯隘口,穿过塔尔巴哈台的马鞍形山口从这里往北就像是台阶一样突然升起,然后与萨乌尔山相接(参见原书附注47)。

过塔尔巴哈台山开始的一段路,我们走得还算顺利,到后半段,下到狭窄的查干果尔河谷时遇到了大雪。这里的雪很厚,我们的骆驼每走一步都很困难,有时陷得深了必须将货物全部卸下来,把牲口扶起再把东西重新又驮到驼背上。费了很大气力,我们才走出雪地,找了一块草长得很好的空地扎营住宿。在这个高地上快要落山的太阳就像是在4月的平原一样,照得人很热乎。一路疲惫不堪的马和骆驼一见那青草就欢快地吃了起来。

早上的温度是-30℃,我们缓慢向海拔6360英尺的克尔根塔斯山口行进。在山顶上,我们在边界标志地进行高度测量。与此同时,历经长年漂泊之后,我们感觉到了又踏上故土的喜悦。工作结束之后,我们开始下山,半路又遭遇了暴风雪,大风一直持续到天黑,快到达奇里克廷斯克时风仍然很大,在结冰的路上连骆驼都走不稳,经常摔跤。

一路上又累又冷,我们好不容易才来到了在奇里克廷斯克的临时住地。这是我们的先遣队夏天住的简易房舍。

我们就在这样恶劣的天气、恶劣的环境中迎来了1891新年的第一天,同时就在这一天,我们踏上了返回故土的路。

下一站我们走的是奇里克廷斯克高原的山间路,大风后的第二天是个风和日丽的大晴天。

高原上到处长着奇普茨和艾蒿,大路两边有不少哈萨克族人的冬窝子和他们的畜群。我们就停到哈萨克族人的牧场住宿。他们安排我和同伴们住在一间铺有地毯的土屋,这对长期住惯露天帐篷的我们来说,感觉好像住进了豪华大客房。

离开哈萨克族人的冬窝子,沿着奇里克廷斯克高原前行3俄里之后,我们开始向从北边包围这个高地的曼拉克高峰行进。曼拉克山的下坡路比其南坡陡峭许多,距离也长。这座山的北坡有很好的植被,尤其是山谷地和山沟里的草长得更好。这里有很多哈萨克族人的冬窝子,满山坡都是他们的畜群。我们选了一个山沟停下来住宿,他们给我们腾出来一间房子睡觉。这屋布置得比先前的还好,屋子里也很暖和。从斋桑前来欢迎我们考察队的县长助理很晚才到达我们的住地,这给我们带来了很大鼓舞。

到斋桑的最后一站路,我们是沿着曼拉克山行进的,在阳光照耀下,从其上面能够清楚地看到西北边的斋桑湖。从山顶上看斋桑湖就像是镶有黄色芦苇边的一面巨大的椭圆形镜子。下到山脚下,在路边我们还看到了从斋桑边境哨所到斜米巴拉金斯克的电线杆。

在离边境哨所还有3俄里的地方,斋桑长官A.K.林登率群众代表前来欢迎考察队,并向我们致敬问候。我们与熟人们一一拥抱问候,感谢前来欢迎的代表们之后,坐上雪橇来到了哨所驻地。通往我们住处的街道两边站满了人,大家都想亲眼看看从遥远的异国他乡考察而归的自己的同胞。

附　录

一、为确定地理位置而进行的天文观测

　　为了进行天文观测，我准备了以下仪器设备：(1)中星仪，是在等高处观测天体的仪器；(2)2个座式和5个便携式天文钟，其中3个处在工作状态，而其余2个在备用状态；(3)夫琅和费天文望远镜，其物镜的直径为3英寸，放大倍数为96倍，备有坚固的金属三角支架；(4)小型万用布劳威尔仪，其两个轮盘的精确度均为20″。

　　我将自己的万用克恩仪，在总参谋部军事地形测绘局的机械厂改造成能够测量时间和纬度的中星仪。中星仪是物镜直径为1.7英寸，放大倍数约40，并由水平轴从侧面照明的折射望远镜。它装有竖直的轮盘式取景器，精确度为1′，在水平轮盘的精确度为10″。将水平仪用石膏嵌固定在铜盒焊接中，并用螺钉固定在垂直轮的照准部上。铜盒上盖有玻璃直角等边棱镜。通过这个棱镜能够非常方便地观测到水平仪的读数，其一个半刻度的值为284″。

　　用垂直轮子取景器的照准部照准所需的高度后，先将其用螺钉与

轮子压紧固定,然后用手动方式转动,使照准部的水平仪大致处于水平状态。之后,仪器水平轴用压紧螺钉固定在手柄上,通过精调使水平仪的气泡对准零刻度,微调要用带手柄的螺丝进行。

在望远镜的隔膜上绷有相距120″～150″的七条横丝,相距82″的两条竖丝。

处在工作状态的5个天文钟中,2个按星际制走时,其余3个按中部制走时:

座式 { PihlNo.67　　　　　　星际制
      TideNo.274　　　　　　中部制

便携式 { WirenNo.31　　　　　　星际制
        DentNo.6705　　　　　中部制
        HautNo.32　　　　　　中部制

天文钟每天都要进行比对,除此之外,在使用前后也要进行比对。它们都保存在罩有白毡防尘套的大箱子中的两个小箱子里。无论在行军途中或宿营时它们都要放在严格防尘的同一个大箱子中。天热时,每天三次——早上、中午、晚上将毡套轻微弄湿。这种我多次使用过的方法,保证了天文钟走时的稳定性。冬季寒冷时,为保证箱内恒温,每天根据温度变化更换4～6次热水袋。在行军过程中,装有天文钟的箱子始终驮在同一峰骆驼的背上。用骆驼驮运天文钟的经验证实,驼背在其行走时有节奏的摇动对钟的稳定运转影响不大。

天文钟的相对运转和与其纬线的整合,明确证实,座式天文钟的运转比便携式的均匀。因此,我在最终确定纬度时,对3个便携式纬线仪的平均值和每一台座式纬线仪的监测数,给予了同等分量。

用夫琅和费天文望远镜观测由月球遮盖恒星和木星第一卫星的星座,由此取得大致纬度。

小型万用布劳威尔仪应用在地磁观测中确定天文方位,以及在西藏高原和塔什库里湖周围地区布置小规模三角测量网中,测量三角形的角度。

　　用青格尔法❶测定时间时,我观测两侧伏角相差不小于2°,同时经过在卯酉圈附近的同一个地平纬圈的,包括四等星的两颗星。

　　在测定纬度时,同样用向子午圈的同一个方向移动的,与其相距在从10°～35°的不同恒星,在对应高度经过同一个地平纬圈,每颗恒星的经过都在五条横线上观测,对应恒星经过的时间间隔不超过5分钟。每次的经过都在竖轮取景器的水准仪取读数。

　　大部分地点的经度,都要用转移经线仪来测定,而支撑点有:普尔热瓦尔斯克市、托合塔阿洪、喀拉萨依——斋桑市、喀喇沙尔市和罗布泊上的点。1892年,大地测量学家施密特上校在相对具有电报经度的维尔内(哈萨克斯坦阿拉木图),对普尔热瓦尔斯克的经度进行了校定。❷

　　由我测定的34个地点中,有8个在大清乾隆皇帝年间(1760—1765年)由耶稣天主教传教士加列斯塔因和艾斯品测定过。至于他们用什么天文仪器设备,用什么方法测出地理坐标,不得而知。至今留给我们的只有他们测定的地点及地理经度和纬度的数据。传教士们测出的纬度数据,只有迪化还差得不多,怀疑可能是笔误。而经度绝对、相对数据非常不可靠。据传教士们的测定,库尔勒在喀喇沙尔以东6′,据我的测量,喀喇沙尔在库尔勒以西25.1′处。

二、地磁场的观测

　　地磁场的观测:包括用多韦磁倾仪测量磁倾角,用带有镜筒的罗盘及能测量天文方位角的小型万用布劳威尔仪测量磁偏角。

　　多韦磁倾仪两轮盘的刻度都为半度,其游标的精确度可达1′。在

---

❶　H.青格尔.论确定不同的星座相对高度的测定时间.科学院论丛(第25卷附录),圣彼得堡,1874年。
❷　俄国皇家地理学会普通地理学论丛(第17卷),No.5,圣彼得堡,1887年。所指明的坐标与观测点相对的,与最后一栏的正定值来进行修正。

竖轮的照准部,成直角固定两把铜尺,在其两端有微型显微镜。用照准部的微调器将显微镜的丝轮对准指针的两端。在磁倾仪的水平轮盘上备有水平仪,每次测量时使水平轮盘处在规定状态。

我所使用的测量磁偏角的罗盘仪由心轴和带有平衡螺丝的三脚架相连、直径7英寸、能在水平面上转动的普通圆盒组成。它具有镜面底,借助大倍数的放大镜准确度能够达到十分之一,即1.5′。在罗盘仪圆盒的90°～270°的直径方向固定了两个有槽的支柱,在槽中放入带有水准仪、放大倍数为12的望远镜的横轴。

罗盘仪的缺点是不能用内环的不同刻度对同一目标重复观测同一个磁方位角。为了避免在测定磁方位角时出现严重错误,我仔细研究过用来测量这些方位角内环的0°～30°、150°～180°、180°～210°和330°～360°的刻度。研究的内容是用这些刻度范围内测定的地面不同目标物的磁方角的值与用万用布劳威尔仪测定的相同目标物的测量值之间的差别。结果显示,没有出现严重差错。

为了测定磁倾角,使磁倾仪的地平经圈处于水平状态;然后使垂直圈处在磁子午线面内,而磁针的横轴用杠杆轻放在水晶体的棱上。等磁针静止后,轮流将显微镜的丝对准磁针的两个尖,并在垂直圈的度盘上分别读出度值。之后,用杠杆将磁针升降使其在磁子午线面内摇摆,再重复读出度值。此后,将仪器的上面活动部分转动180°,再进行与之前相等次数的测量。再把磁针的轴转动180°,在槽中交换位置后进行与换位之前相等次数的测量。最后,为了消除由于磁针重心与重锤点的不相重合,对磁针进行交换磁化,再重复在交换磁极前的一整套测量。每次测量磁针静止时,水平仪都要进行调零,使其气泡与零刻度重合。

普尔热瓦尔斯克、托合塔阿洪、和阗和尼雅的磁倾角用3个磁针进行测量的,其他地点只用了2个磁针。从观测值的整合来看,精确度可达2′。总之,多韦磁倾仪所得出的结果很好,只是使用时非常劳累。

磁偏角的测定包括用罗盘仪测量标杆方向的磁方位角和用万用布劳威尔仪测量同方向的天文方位角,标杆和观测点的距离不能小于100俄丈。

标杆经常立在圆周第一或最后一个象限中,从东—北算起。罗盘仪调正水平后,将其望远镜对准标杆放下磁针,用放大镜读出两端的度数。之后,罗盘仪的圆盒在水平面上轻微转动,用杠杆使磁针摆动,望远镜再一次对准标杆,当磁针停止摆动后读出两端的度数。此后,将磁针上下翻转180°,重复同次数的测量。然后,将望远镜经顶点转换,罗盘仪的盒转动180°,再进行相同次数的测量。

为测定天文方位角,我总是用万用布劳威尔仪观测北极星。仪器的竖向轮在不同状况下,我做了8次观测。同时对挂在标杆上的灯也进行了8次测量。

从测定磁和天文方位角的测量数据的整合来看,磁偏角的误差不应该超过2′。

三、利用气压计测定高度

为进行这些测量,我持有No.67的帕尔罗特气压计,其贮槽有活栓,刻度盘的最小刻度单位为毫米。考察队出发前气压计在物理总观象台校对时,其校正值为+0.5mm。回来后,在总参谋部军事地形测绘局与标准气压计核对时,其修正量成为+0.8mm。

除帕尔罗特气压计外,我们考察队还有博登沸点测高计和牛顿无液气压计No.1376。这三台仪器都在物理总观象台核对过,在考察过程中常与帕尔罗特水银气压计进行比对。沸点测高计几乎成为考察队地质学家K.H.博戈达诺维奇的专用仪器,在整个考察过程中很好地保持住了相对于帕尔罗特气压计的修正值。牛顿无液气压计的修正值在昆仑山和西藏高原的高海拔区经常发生几毫米的变化,因此,罗博洛夫斯基只是在考察不太高的喀什噶尔盆地时用这个仪器进行测量。

测量气温用的是2个灵敏度很高的,出发前在物理总观象台校对过的摄氏温度计,由机械师米勒制造。为了观察空气的湿度,用木支架、水杯和这2支读数十分吻合的温度计组合成干湿球温度计。除以上仪器之外,考察队还拥有8支同一技师制造并由他亲自校定的备用温度计和1支索许尔温度计。

下例各地点的高度都是我亲自用帕尔罗特气压计测量后,与邻近气象站的观测结果校核审定的。在天山山区的高度用维尔内的测定;

喀什噶尔盆地的西部和南部地域的高度用喀什噶尔的测定；在昆仑山和西藏高原的高度用英国在拉达克的列城气象站的测定；喀什噶尔盆地东北部地区的高度用维尔内的测定；准噶尔地区的用斋桑的测定。以上各气象站的高度，除列城气象站，都是由物理总观象台在多年观测基础上测算出来的。我从该台1891年和1892年的年鉴中引用的数据为：维尔内为732米，喀什噶尔为1219米，斋桑为612米。根据英国三角测量的结果，列城的高度为3506米。

高差不超过500米的用拉道[1]查算表进行测算；500米以上的用物理总观象台的"气象站工作细则"中、严格按照吕勒曼公式编制的"湿度查算表"测算。

某些离两个气象站等距离的地点的高度用这两个站相应的观测结果测算。这些测算的结果如下：

直接用气压计测定高度外，我还借助于小型万用仪、平板仪及其望远镜测定了昆仑山的一些著名的山峰、雪线和冰川下线的相对高度。这类高度列入为测定海拔而进行几次气压表观测的地点。在西藏高原塔什库里湖周围，我用绳尺量出1600俄丈的基线，并用小型万用布劳威尔仪进行了由7个三角形组成的三角测量。用这种方法测量出邻近雪山的山峰、雪和冰川的下线及这些目标之间天顶距离。在测量其他目标的相对高程时到山峰和雪线突出点的距离是用平板仪采用三角测量法。用精确度为1′的平板仪望远镜进行天顶距离的测量。为了在测量天顶距离时计算出折射，观测了气压表的读数和气温。

四、气象观测

由于考察队经常迁移，每天所到之处的纬度也在发生变化，有时绝对高程的变化相当大，所以我认为，正常的、定点的观测不会有满意结果。因此，我在考察队迁移时只进行了不定期的气象观测，目的是比较绿洲和其周围沙漠的夏季在同一时间的气温和空气湿度，同时也测量

---

[1] Radau.Tables barometriques erhypsometuiques.Paris,1874。

喀什噶尔盆地、昆仑山及西藏高原的晴天和阴天的昼夜变幅。除此之外,我努力观测云彩移动的方向、沙丘形成的构造、岩石的风化状况,向当地人采集有关喀什噶尔地区气候的资料。

考察队冬季在尼雅停留期间,我建立了气象站。在这里,1890年前四个月的每天早晨7时、中午1时和晚间9时,我对大气压、气温、湿度、降水和风进行了规范的观测。

测量大气压的帕尔罗特气压计挂在考察队的房间内。干湿温度计钉在木板上,木板固定在前厅离地面高7英尺的窗户上。窗户框为格栅状,外面的空气能够畅通进屋。在同一块木板上,挨着干湿温度计还有锡克斯温度计和索许尔毛发湿度计[1]。风向用风向标来测定,风力用罗宾逊速仪测定,并用米/秒来表示。云量用数0～10来表示,0为晴,10为云覆盖整个天空。在以下图表中列出了在尼雅进行气象观测的结果。在N、NE、E等字母下方的数量表示每月内观测相对应方向风的期限时数,风力为米/秒。

尼雅村,1890年

纬度 φ=37°5′

经度(格林尼治)λ=82°40′

海拔 h=1360米

根据我亲自观察及向当地人收集到的有关风向、风速、云量、降水量、河流封冻解冻和尘雾的资料,对尼雅村气象观测的结果,我认为有必要进行一些说明。

据我询问过的多数当地人异口同声地证实,在喀什噶尔一年四季都是西南和西风占优势。接下来,在其西半部西北风占首位,在东部是东北风。我在整个旅途中仔细观察过的沙堆构造证明以上结论无误。在喀什噶尔西南部,从莎车到和阗的途中,我们遇到过的不宽的新月形矮沙丘,其凸面几乎都指向正西,而凹面指向东。沙丘西侧凸出的坡比凹下去较陡的东坡要宽得多。这证明了西风占优势。在地区的东部,

---

小的沙堆积由西北向东南延伸的沙垄组成。这些沙垄的两侧,坡度不相等,东北侧比西南侧坡度大。覆盖塔克拉玛干沙漠的巨大沙山,几乎都沿子午线方向延伸。在尼雅村周围,我观察过沙岭,其西侧坡度比东面坡度大很多。

植物的茎和枝明显向东倾斜,证明在喀什噶尔西风的统治地位。

1889年和1890年的夏季,我们在喀什噶尔的西边和南边地区观察到了一种奇怪的现象:从晒得极热的塔克拉玛干沙漠中吹过来的凉风,风的方向不是水平,而是从上与水平面成5°～10°的角。在本书的第五章中,有关于这种现象的说明。

据山民们讲,在昆仑山的高海拔山区,几乎每年冬季,周期性的,一周甚至一个月,从西南方向刮暖风。在这期间天空晴朗,气温上升不少;而在低海拔盆地,这时的天气则相当冷。因此,牧民们为保护自己的牲畜,暂时到高海拔山区放牧,直到天气转暖。

在喀什噶尔,多风季节为2月、3月和4月份。在这三个月内,经常刮风,风暴也不是稀客,尤其是在三四月份。到4月底,开始平静,夏季比冬季风少得多。9月和10月份,天空晴朗,平静无风。

据我个人观察,在喀什噶尔,云彩只从西南、西和西北方向移动过来。在其他方向移动的云彩我没有见过。我询问过的所有人都证实了我的关于云彩移动方向的结论。

考察队在叶尔羌河盆地考察期间,我记录到的最高气温是1889年6月底的38.9℃,而此时的最低气温为20.4℃。被树荫笼罩,有许多灌溉渠的绿洲的气温比周围沙漠气温低5℃～6℃,而晚间气温相同。可见,昼夜温差在沙漠中,有时比绿洲高10℃～12℃。1889年6月份和7月份,我观测到绿洲中的昼夜温差达到15℃,而在沙漠中达到20℃。在这期间,天空中漂浮着薄云,而夜间几乎都是阴天。在同一时期,白天绿洲中的绝对湿度变化在10～12mm之间,而早晚在8～10mm之间。在沙漠中,午间时分的绝对湿度在5～7mm之间,早晚在4～5mm之间。在山区,尤其是在西藏高原,夏秋季节的昼夜气温较差高于喀什噶尔地区,而在多云天气只达到12℃。[1]在这期间,空气的绝对湿度变化在2~4mm之间。

每年冬季的三个月,即12月、1月和2月(旧俄历),喀什噶尔的河流、湖泊的水面被冰层覆盖。在北部地区,其最大厚度约20英寸,而在南部只有15英寸厚。在喀什噶尔南部有大量候鸟过冬,到夏天飞往高纬度地区。

总之,喀什噶尔地区的降水量极少。在喀什噶尔腹地下雨次数较少,降水量也不大。降雨季节集中在六七月份,在其他月份几乎不下雨。在盆地周边山区,主要在7月份下雨,这里比盆地的雨量大,时间也长,可是也不能满足庄稼生长的需求。喀什噶尔山区都是从河中引水人工灌溉的农田,全靠雨水的农田在那里根本不存在。而在俄国处在相同纬度的土耳克斯坦地区,只靠雨水,不再用人工浇水的旱田十分普遍。还应该补充的是,降水量向东北方向逐渐减少,包括昆仑山。这一特征使植物区分显得很清楚,同时山民们也这么证实。

在喀什噶尔,雪也是稀客,下雪后能存留的时间只有两三天,在非常情况下能存留10天。雪的厚度在1~10个刻度线之间,特殊情况下可达4英寸。在周边高山上的降雪量相当多,存留的时间也很长。

只有西南风、西风和西北风带来降雨、降雷雨、降雪的云彩,而其他风向时从不会出现雾云。从孤立在山顶上、四面八方都无遮挡的山岩的风蚀程度,可以准确地判断湿润风的方向。在方便的情况下,我不失时机地仔细观察这种山岩。在昆仑山上,观察这种现象的结果显示,其西侧面的风蚀程度比其他侧面的严重。西坡上见到的崩离体、岩屑堆、堑沟、断层、裂缝比其他侧坡上的多。此外,南侧的岩石受破坏程度重些,可能不是湿润风的作用,而是昼夜温度差造成的结果。

在喀什噶尔,尘雾也是正常现象。形成尘雾的条件是只要有风。因此,在风多的月份,尘雾天最多。每次风暴过后,都伴随出现浓重的尘雾,甚至白天在院内都无法看书。大风过后,虽然天气已经绝对平静

---

[1] 我们在昆仑山及西藏高原考察时几乎都是阴天。因此,我们未能由最高—最低温度计读出一个晴天的连续气温的最高值和最低值。

了,然而尘雾天能持续两天甚至三天。在这期间,飘浮在空气中的微小矿物质尘埃非常缓慢地不断往下散落。有时散落在地面上的一层尘埃的厚度可达2～4个刻度线。在这一层矿物质粉末上,人、牲畜、禽类及野兽留下的足迹很明显。

伴随尘雾而来的总是阴天,而且随着尘雾浓度的增加,云层也加厚。依我的观察,雾云的出现不是在先而是随浮尘而来。一旦浮尘的浓度开始增加,紧接着云层也开始加厚。反之,随着尘雾的稀疏,云层也开始稀薄。

有浓重尘雾的时候,太阳只在中午时分能见到,时间不超过1小时,而且也不是经常。这时的太阳像无光泽的浅紫色的圆盘,不仅用肉眼观测时无任何不适感,而且还可以用小型便携式无有色玻璃保护的天文望远镜观测。月亮在尘雾天气,在天空中任何不小于30°的高度,其颜色几乎不变,只是发光度减弱了许多;而处于地平线且夹角小于30°时,月亮的颜色成为浑浊的紫红色。

由于没有精密垂直圈仪,未能进行我非常感兴趣的在尘雾天气中测量太阳光的折射实验。对此,我感到非常遗憾。

五、稀薄空气中声音传播速度的测定

高程约海拔13880英尺,大气压456.8mm汞柱。

为了做这个实验,我从圣彼得堡带来了非常好的能够精确测量小间隔的计时仪;在普尔热瓦尔斯克,在西西伯利亚军区骑兵山炮队队长柯罗尔克夫上校的协助下得到了一门口径为2英寸,带有炮架的小炮。

计时仪上一次发条连续行走的时间为1分7秒,经仔细、多次与座式天文钟对比,在1分钟的运行时间内,没有发现任何不变的偏差。但是,为了以防万一,从开炮火焰的出现到听到声音的非常小的时间间隔,我用表盘的不同位置测量,得到的数据同样显示它们之间无任何不变的偏差,出现的不相同的偏差都在观测误差范围内。

这个实验我在西藏塔什库里湖以北、海拔13880英尺的辽阔砾石高原上进行。在布设小规模三角测量网时,我用绳尺反复测量2次,测出一条南北向的基线。在基线北端的土台上放置了瞄准基线南端的小炮,小炮后边立有挂灯的竖杆。在灯罩上的平凹透镜能把灯光汇聚后射向基线南端。在离炮筒口1598俄丈处的基线南端,放了上面架设望远镜照准仪的大木箱。黑夜借助于灯光,将望远镜对准了炮口,用来观看从炮筒口喷出的火焰。

在我的助手科兹洛夫的监视下,从晚上9时30分至10时25分,每隔5分钟准时开炮。在规定时间之前,我仔细核对计时仪走的情况,然后把手指放在计时仪的按钮上,等待火焰出现在炮筒口的一刹那。火焰在望远镜中呈现为光芒四射的光亮小盘。当看到光的一瞬间,我启动计时仪,炮声传到耳边的刹那停止计时。

进行实验的当天晚上,即新俄历1890年7月3日晚和之后的几个夜晚,天气为多云、无降水,而且是完全平静的无风夜晚。我的助手从晚9~11时,每隔10分钟,用帕尔罗特水银气压计对大气压、气温,用干湿表对空气湿度进行过测量。地点为宿营地——基线南端不远处,在实验前30分钟开始,实验后15分钟结束测量,其结果的平均值如下:

塔什库里湖边宿营地,新俄历1890年7月3日。

纬度　　　　$\varphi = 36°34.9'$

经度　　　　$\lambda = 84°26.3'$(格林尼治)

绝对高程　　h=13880英尺

气压0°时　　456.8mm(汞柱)

气温　　　　10.5℃

绝对温度　　2.8mm

相对湿度　　31%

测定声音在空气中传播速度的实验进行了12次,由此可见,声音平均每秒传播1598×7/10.436=1073英尺或327米。这个数字与海拔不高处的实验数据相差无几。

原 书 附 注

1. 伊阿金夫（比丘林）：俄国旅行家，19 世纪前叶对中国蒙古等地的考察者。他把许多中国的地理著作翻译成俄文，其中主要的有《西藏概况》和《西藏和青海的历史》。别夫佐夫提及的著作和另一部比丘林的著作《蒙古纪事》，都包含着他作为俄国 1806—1821 年宗教使团团长在中国蒙古等地旅行时所见所闻。

瓦里汉诺夫：哈萨克族，多面学者、教育家、中部和中央亚细亚的著名研究者。1858—1859 年，受俄国皇家地理学会的委派到喀什噶尔进行考察。在那里搜集到的广泛的自然、历史资料，发表在别夫佐夫提及的文章以及《准噶尔概要》中。（《俄国皇家地理学会论丛》，1861 年）

P. 沙乌：英国茶叶种植场场主。1868—1869 年，他从印度经西藏，穿越昆仑山到喀什噶尔旅行考察。渡过叶尔羌河到达喀什噶尔后居住了 4 个月。别夫佐夫提及的书中记述了此次旅行。

戈罗木布切夫斯基：俄国旅行家。第一次到中部和中央亚细亚的旅行从奥什市出发，经喀什噶尔、莎车，到达和阗和桑株。之后，沿原路经莎车返回到奥什。别夫佐夫提及的著作中，叙述了此次旅行。戈罗木布切夫斯基第二次到中亚的考察与别夫佐夫的昆仑考察为同一时间。

库罗帕特金：1876年，率领俄国宗教使团来到阿古柏侵占下的"哲德沙尔城[●]"。库罗帕特金在这次旅行时到过的城镇有喀什噶尔、巴楚、阿克苏、库车、库尔勒和墨玉。随队的地形测绘员A.苏纳尔古洛夫途经阿克苏和乌什时，绘制了这段路程的地形图。后在别迭里山口越天山，经扎乌克到达卡拉科尔（普尔热瓦尔斯克）。在别夫佐夫提及的著作中，库罗帕特金详细讲述了此次考察经过。

福赛斯：英国派往喀什噶尔短命的"哲德沙尔城"使团团长。福赛斯于1870年和1893年两次到过喀什噶尔。第二次旅行时，有贝尔优医生伴随。他们分别叙述了使团从印度经拉达克到达塔里木的路线。别夫佐夫提及的正是这些著作。

彼得罗夫斯基：俄国驻喀什噶尔总领事。他收集了整整一套出土文物，其中一部分保存在圣彼得堡的埃尔米塔日博物馆，另一部分保存在俄国考古学会的博物馆。他著有一系列有关塔里木古迹的著作。

泽兰得：俄国旅行家。1886年到喀什噶尔考察，别夫佐夫提及的正是此次游记。

里特：19世纪前叶的德国著名地理学家。他自己不是旅行家，可是他在与一些旅行家的交往中所得到的资料，成为别夫佐夫著作提及的基础。俄国地理学会于1850年着手翻译出版里特的《普通自然地理学》部分章节。B.B.格里戈里耶夫对其中的《中国新疆》进行了翻译，并以最新资料为基础加以评论和补充。格里戈里耶夫所做的补充，在许多地方驳斥了里特不正确的见解。有重大意义的是第二卷——《历史地理卷》，包含了新疆很全面的历史资料。如今，里特的著作已无多大科学价值，只有历史意义。

2. 盘羊是较大的野羊，羱羊类的个体较大的变种。

3. 最初这个山口拼写为 Бедэль。 当代地图上写的是 Бедель，Бадэль 不常见。这个山口是穿越科克沙尔山较方便的通道之一。地

---

❶ 阿古柏是中亚浩罕汗国军官，于19世纪60年代入侵中国新疆，建立侵略政权，在南疆建立"哲德沙尔城"，史称"阿古柏之乱"，后被清朝陕甘总督左宗棠平定。

形测绘员苏纳尔古洛夫首次较精确地测出此山口的绝对高程大约为4600米（15000英尺）。普尔热瓦尔斯基引用的数字为4175米（13700英尺）。别夫佐夫测得数据约为4238米（13860英尺）。

现代地图上标的是4225～4272米，与别夫佐夫的数据接近。

4. 在别夫佐夫进行考察的时期，塔里木的定居居民不分部落或民族，都称为萨尔特人。塔里木的俄国移民把所有非游牧的定居民族统称为萨尔特。可能由此，这个称谓便进入了地理书籍。可见"萨尔特"一词，不是民族学术语，而是普通名词，现在已不用。

5. 再往后，读者会不止一次地看到，对中亚各国都富有特征意义的喀什噶尔地区的尘雾和沙尘暴的描述。这种现象给人们的生产生活带来极大危害。出现这种现象的原因，在大多数情况下都是土地的不正确使用。耕作时土地表层的疏松或沙质土壤地上植被的破坏，都为风吹走大量土壤微粒造成了有利条件（风蚀）。土地的干旱当然促进了这一现象的发展。被高山包围的喀什噶尔盆地晒得很热，导致大量空气激烈运动，从而加大了土壤的干旱程度，也大量长距离传送空气中游动的微粒。此时，空气中的土壤微粒多到太阳也显得像无光泽的紫色圆盘，人们常感到呼吸困难，眼睛发炎。普尔热瓦尔斯基有趣的观察佐证了喀什噶尔空气中粉尘的量。他写道，在克里雅绿洲下雨时，"下来的不是水滴，而是黄土微粒在空气中被水珠捕获后形成的泥丸。还曾见有这种情况：从天上降下来的不是雨，而取而代之的是在高空由雨水的黏合作用形成的似罂粟籽的小干泥粒。"[1]

6. 关于黄土的来源，至今仍然无统一的看法。有些学者认为，黄土是风从沙漠中吹来的土壤微粒沉积的结果。别夫佐夫和他们一样，也支持这种由风形成沉积物的论点。其他学者则认为是冲积物，即水流淤积物所致。

别尔格院士的最新理论认为，黄土和其他任何一种土壤一样，由含有各种土壤微粒、富含碳酸盐的岩石经过风化和土壤形成过程而沉积成的。

---

[1]　普尔热瓦尔斯基中亚之行的科学报告：气象部分.圣彼得堡，1895年，227页。

别夫佐夫的多次观测,都有偏向于风成沉积物的理论。

7. 现代地图上称喀什噶尔山的萨勒阔尔山属于昆仑山系。

8. 喀什噶尔的主要定居民族为维吾尔族。

9. K.H.博戈达诺维奇两次穿越了了解不多的昆仑山系的萨勒阔尔山。第一次沿通往慕士塔格山的路线,从英吉沙出发到小喀拉库里湖。第二次为返程路,从塔尕尔玛河上游到莎车。考察的结果是弄清了山体岩石和沉积岩的成分及该区域总的地质构造特征。

10. 东干人(指回族人——译者),定居民族,在中国西部、哈萨克斯坦、吉尔吉斯斯坦都有。东干人说汉语,在生活上与汉族人无差异,居住的房屋及屋内用具都相同。

11. 玉石为一种异常紧密、细结晶状、交织纤维构造的物质。这些特征使其具有很强的韧度及机械强度,颜色丰富,从绿到奶白色都有,色泽美丽。

在东方国家,自古以来玉石就为崇拜物。在中国,它以"神圣的玉"闻名。玉石被雕刻成各种各样的器皿、崇拜物、珍贵的乐器,以及徽章、钱币、工艺品。玉的主要产地是中亚的昆仑山地区。

苏联研究中亚和蒙古的学者穆尔扎耶夫认为喀什噶尔的名称由"喀什"——"玉"和"噶尔"——"石"组成。❶

12. 这次探险活动中,博戈达诺维奇走过了450千米的异常复杂、缺乏研究的西昆仑山区。其结果是,他确定了西昆仑山区山岳形态学的主要特征,是弧形凹曲的山脊的延伸,在山经过的东部昆仑山区的走向为NE—SW,而在西部变为NW—SE走向。这些山的双重山岳形态学特征表明了个别山脊的山峰肢解得极其严重,经常无法判断山体的走向延伸。有些地区的山呈现为一群一群的山峰和山顶,不可能找出它们之间的山势关系。❷

博戈达诺维奇解释由于山区地形的严重肢解,普尔热瓦尔斯基也发现在昆仑山的其他地区也有这种情况,因此在当地居民中根本没有

❶ 中亚和中央亚细亚的地名研究.地理学问题.第九期,1949年,175～177页。
❷ 西藏考察工作总结(第二部).新疆的地质考察.圣彼得堡,1892年,13～14页。

明确的山名。博戈达诺维奇写道："他们(当地居民)给山起名非常随意和不明确,或以流经的河流命名,如帕和图塔格、齐合硕塔格、古萨斯塔格等;或以山隘命名,如塔合塔阔鲁木、库鲁木巴格拉等;甚至以附近的村庄命名。常出现同一座山名在不同地区居民的叫法也各不相同。"

几个雪山垭口的翻越,给博戈达诺维奇提供了测定雪线高程的机会。这个地区的昆仑山北坡地带的雪线高程为4800米左右,南坡为5100米左右。

13. 在现代地图上,这条山脉被称为特孜纳夫。别夫佐夫描绘了这座山及西昆仑其他山岭的山坡被许多不宽而蜿蜒的河谷和晦暗的峡谷切断后严重分岔的情况,并解释这是由于昆仑山绝对高程高的缘故。他认为只有在起侵蚀作用的情况下,处在塔里木盆地较低处的罗布泊的河流谷地才会出现这种形态学的特征。其他消失在山麓沙漠地带的河流的河谷都不太深,虽然横切这些河谷山岭的海拔也不比罗布泊地区河流流出的山岭低。

14. 这条路在别夫佐夫的地图上未注明。

15. 后来其他探险家们的考察证实了别夫佐夫关于在塔克拉玛干沙漠中存在古城遗址的报道。在今日中亚地区荒漠中文明城镇消亡的原因,有的地理学家(E.格廷顿)试图用自认为这个地区现在仍在继续枯竭的观念来解释。苏联地理学家别尔格院士否定了这一不正确的理论。

塔克拉玛干大漠中的城镇遗址是由于战乱或流经这些绿洲的河流改道而被遗弃的。

中亚盆地的河流,在遇到不十分大的障碍时极容易改道而流,因此这类河流的学名为游移—迂回河流。

16. 1885年,普尔热瓦尔斯基来和阗绿洲考察时测算出这里的人口为30万。探险家根据自己的推理所得数据,比别夫佐夫的数据更准确。下面介绍他的十分有趣的推理。

"东起卡拉苏河,西至扎瓦库尔干之间的和阗绿洲的总面积约600平方俄里,即6万俄亩。如果从总面积数里减去荒地和城市占用面积数,剩下的5万俄亩地为可耕农田。现在应该说明,该绿洲的人口密度异常大。除少数富裕户,每户的平均播种地为5恰勒克种子地,相当于半俄亩少一点(双收割,收成非常好)。宅基地和果园的面积与农田相等。这样算起来,在和阗每户所占有的土地大致为1俄亩。这样,在和阗总面积为5万俄亩的土地上,居住有5万户居民。在这个数字上,应该加5000户(比当地人所指认的数字少),无土地的打工户10000户,三个城镇的大致人口加起来总户数为65000户。第二种测算是,如果按每农户占1.5俄亩地算,农村户为35000户左右,再加上13000户无土地的打工者和城镇居民户,总数为48000户。从两种测算的数据中取平均值,结果为56000户。如果按每户为6人算,则总人口数为33.6万人;按5口算,则为28万人。从两组数中取平均值,总人口为30万人左右。这个数字(无其他更好的数据来源)可能更接近和阗绿洲的实际人口数。"[1]

普尔热瓦尔斯基还指出,由于人口稠密和极端的贫穷,在和阗绿洲出现了劳动力异常廉价的情况。"通常一个工人的年收入,除吃住外,只有32腾格,即我们的3卢布20戈比。而妇女劳动力只是为了吃、住、穿而出去打工。"

别夫佐夫在前面提起过,和阗绿洲的稠密人口造成了在某种程度上的粮食短缺。他认为,这是因为手工业十分发达的原因。

17.普尔热瓦尔斯基也描述过策勒绿洲以其果园和丰盛的水果闻名。但是"那里苹果很少。据说,由于天气炎热,苹果长不好"。[2]

18.这个不完全正确。克里雅河能流进塔克拉玛干沙漠达150千米,接近麻扎塔格的纬度。可以肯定地说,克里雅河以前流入塔里木河,从此往北,直到塔里木河都能发现被沙漠掩埋的旧河道的踪迹。克里雅河下游的干枯过程从早期历史年代已开始。克里雅河谷绿洲过度引水灌溉农田,是下游河干枯的主要原因。在现代地图上标明,沿克里雅河河谷有通往库车的驮运通道。

19.别夫佐夫和他的随行人员见到了1885年由普尔热瓦尔斯基发

❶　Н.М.普尔热瓦尔斯基.从恰克图到黄河发源地.莫斯科:国立地理出版社,1948年,303页。

❷　Н.М.普尔热瓦尔斯基.从恰克图到黄河发源地.莫斯科:国立地理出版社,1948年,293页。

现的山岭。普尔热瓦尔斯基写道："雪后复新的山脊，像一条巨大无比的白色长带，从东—北—东向西—南—西方向延伸。在这条巨大的白带上，能看出雪峰和冰川。在鄂依托格拉克的正南边的山峰（吕什塔格），尤其很高。而在奇日干河峡谷和吐玛依河峡谷之间的两个山峰也不亚于它。随后沿皮什克河峡谷，已可以看到西藏高原上高高耸立的雪山群。如上所述（根据当地人的信息），这个雪山从俄罗斯岭西边分开，向东南方向伸展，长达一个月的路程。"❶

在此有必要简要叙述一下西昆仑山的山岳形态学特征。它的庞大群山分成两大体系，苏联地质学家别里亚耶夫斯基形象地称其为"外昆仑山脉"和"内昆仑山脉"。

外昆仑山脉包括：金套山、公格尔山、恒达尔（与萨勒阔尔合并在一起）、鲁加臣、卡尔勒克和铁克里克塔格。

策勒的子午线以东，外昆仑山山系逐渐倾斜，完全融合，过渡到直接与内昆仑山山脚地的克里雅山麓平原连接。

由明显的山间低地带与外昆仑山脉隔开的内昆仑山脉包括：慕士塔格阿塔（早先也合并在萨勒阔尔体系）、塔什库尔干、拉斯柯木、喀兰古塔格、穆斯塔格及俄罗斯岭。

别里亚耶夫斯基在《论西昆仑山区的山岳形态学和地形发展学》❷一文中，叙述了关于西昆仑山岳形态学的最新观点。

20. 起源于吕什塔格山的阿羌河水灌溉鄂依托格拉克绿洲，在其山麓上的农民从阿羌河引水灌溉自己的农田。结果，河水在克里雅山麓平原南部沙漠中就断流。只有山上的雪大量融化或大雨过后，阿羌河水才能沿自己的干枯河道流到鄂依托格拉克绿洲。

21. 在罗博洛夫斯基写给俄国地理学会理事会的信中❸，可以找到有关喀拉萨依地区动植物的一些补充资料。他指认的植物种类有：艾蒿（羊群最爱吃的植物）、枝茂的灌木毛柳、菊蒿、石刁柏、芨芨草、针茅

---

❶ H.M.普尔热瓦尔斯基.从恰克图到黄河发源地.莫斯科：国立地理出版社,1948年,
258页。
❷ 苏联地理学会通报.第80册,第三版,1948年。
❸ 俄罗斯地理学会通报.第26卷,75～76页。

（几乎全部被羊吃完）、黑麦草、锦鸡儿和红柳。

罗博洛夫斯基指出的鸟类有：山雀、岩鹨、松鸦、小嘴乌鸦和鸟类世界之王——兀鹰（展翅达3米）。

罗博洛夫斯基写道，在山坡的洞穴中有数目不少的啮齿动物、狐狸和野兔。

22. 在这里必须指出，东昆仑山的异常复杂的山岳形态学关系至今缺乏研究。其中包括俄罗斯岭与阿尔金山之间的山岳形态关系尚未弄清楚。因此，正确的说法是托兰和卓河劈开的是俄罗斯岭，而不是别夫佐夫所述的阿尔金山。

23. 罗博洛夫斯基在我们提及过的写给俄国地理学会理事会的信中，关于这次探险有生动的描述，并用以下结论结尾：

"我们的这次探险已弄清楚，经俄罗斯岭边缘，我们的考察队本完全可以到达西藏高原。但是要进入其腹地，只有进行新的多次勘察后才能完成。然而，现在未必能找到十分熟悉遥远无人居住地情况的向导。"

24. 虽然土地肥沃，一年能两次收获，但是喀什噶尔的大多数居民的生活极端贫困。别夫佐夫指明过，可怜的一小块土地，其平均面积不可能养活喀什噶尔的农民，而且他们还要上缴名目繁多的苛捐杂税。

普尔热瓦尔斯基写道："要知道，绿洲大多数人的生活，甚至在自己出生有着果园的温暖的角落里也不舒坦，他们不仅耕种着少得可怜的土地，缴纳巨额的赋税，而且还备受专横霸道的掌权者和地主的剥削与压迫。"[1]

25. 普尔热瓦尔斯基在第四次中亚考察的总结报告中，对喀什噶尔绿洲灌溉系统的全景，有非常生动的描绘：

"无法排遣的贫困状况迫使当地人十分成功地利用了引水灌溉渠道，这就像动物体内的动脉静脉一样，给每一块耕地带来养分，使之肥沃。未见过的人感到惊奇，这些渠道以奇特的方式交错和分布在绿洲

---

[1] H.M.普尔热瓦尔斯基.从恰克图到黄河发源地.莫斯科：国立地理出版社，1948年，254页。

之中：它们，或在不同的高度上，在相邻的渠道中流淌；或跑在上下两个木槽中；或在房屋平顶上的木槽中流淌。水给所到之处带来生机——它不仅滋润土地，而且还带来使之肥沃的黄土。"

26. 普尔热瓦尔斯基在自己的《从恰克图到黄河发源地》一书中，详细描述了克里雅绿洲夏季雨水的情况。他在自己的观察和询问当地居民的基础上，指出每年从6月到8月中旬（有些年份到8月底）为此地的雨季，有时一整天不间断地下雨。普尔热瓦尔斯基试图解释这个现象，他认为印度洋上空大气层中的水分被西南季风带到这里后，在山区形成了雪，而在山麓地带形成了雨。

沃叶依克夫整理过普尔热瓦尔斯基的气象观测资料。他在自己的《关于中亚气候》一文中，对这个现象给予了另一种解释。

沃叶依克夫写道："我认为这件事可以解释为，我们不仅不拥有印度洋的夏季季风，甚至凝聚成雨水的蒸汽也不是从印度洋带过来的，而是在当地由于蒸发和水浇田、高原胡杨林生成的产物。吸取邻近山的地下水的较宽的胡杨林带环绕整个塔克拉玛干中央沙漠（引用别夫佐夫和博戈达诺维奇的关于西藏考察总结）。众所周知，胡杨所需的水很多，吸取得多，蒸发得也多，尤其是在夏季这里的空气干燥、炎热时，水浇田蒸发的水也不少，尤其是稻田。水汽被北风从平原地区带到山区，沿山坡上升，在山的影响下，部分由于扩散作用，冷却及达到饱和点。"

27. 由于农具十分原始简陋，在喀什噶尔耕种土地非常艰苦。但是喀什噶尔的农民为了收成，用质量补偿耕种面积的短缺，他们很尽力地耕作自己的农田和果园。普尔热瓦尔斯基指出，在喀什噶尔南部绿洲中"农田，不用说果园和菜地耕作得异常好，土地掘松得连一小块土坷垃都找不到；同时，农田被分解成小块在垅埂上播种，而垄沟中灌满水"。❶

28. 除别夫佐夫指出的手工业以外，在喀什噶尔织地毯业也十分发达。这一行业，对廉价童工的剥削达到了严重的程度。按惯例，高利润

---

❶ Н.М.普尔热瓦尔斯基.从恰克图到黄河发源地.莫斯科：国立地理出版社,1948年,253页。

的织地毯业均由外资控制。

29. 这里值得指出的是,在别夫佐夫考察的年代,与满清的官吏和商人一样,由于封有公、王、汗、和卓或伯克等高衔而享有无限权力的封建地主——巴依是喀什噶尔人民的主要和残酷的剥削者。除世俗的封建主以外,宗教的封建地主起的作用也很大。寺院成了高利盘剥已长期处于自己宗教的经济奴役之下的喀什噶尔农民和小手工业者的场所。

30. 尼雅河的水不是别夫佐夫所写的泉水,而是雨雪水。它起源于俄罗斯岭的广阔冰川,最大的水量在夏季,在绿洲地区河宽达60~70米。河水干枯断流期,绿洲的居民用井水或涝坝水。

31. 普尔热瓦尔斯基指的或许其他更确切的数据,说现在尼雅绿洲有1000~1200户、5000~6000口人。❶

32. 2月中旬,博戈达诺维奇在喀兰古塔格山上观察到一种很有意思的现象。在齐齐克里克苏河和玉龙喀什河的皮舍海拔不高的深谷中,每天都出现浓雾,并伴随异常低温天气(2月15日早7时,在皮舍气温为-19℃)。而在此时,海拔较高的喀兰古塔格山和铁克里克塔格山的高山草甸上却阳光明媚,温暖如春,阳光下昆仑山的雪峰闪闪发光。这种独特现象导致牧民们一年四季都住在降雪量不厚的海拔3000~3800米的山上。再往东,缺乏像铁克里克塔格山和喀兰古塔格山之间的(或者类似俄罗斯岭的萨勒克图孜河谷和库铁尔河谷)纵向宽阔河谷带的克里雅山的高山草甸,冬季被厚厚的雪覆盖。因此,牧民们要下到海拔2000~2500米的山脚地带或到能避风的峡谷过冬。

罗博洛夫斯基在车尔臣河谷的行程中,在喀祖克卡克特尔景区连接了别夫佐夫的地形测量和1884年普尔热瓦尔斯基的测量。这次的考察在《西藏考察工作总结》的第三部❷中有详细描述。

33. 戈罗木布切夫斯基考察过昆仑山西部最边远地区,此次在尼雅的考察行程连接上了自己与别夫佐夫的地形测量。除此之外,戈罗木

❶ H.M.普尔热瓦尔斯基.从恰克图到黄河发源地.莫斯科:国立地理出版社,1948年,251页。

❷ 西藏周边路线的考察.圣彼得堡,1896年,1页。

布切夫斯基这样写道:"别夫佐夫负责对我的所有仪器和天文钟进行校核,并在日志中作了相应的修正。我开始在尼雅和克里雅西藏考察队的天文站工作。我的工作记录得很准确。"❶

34. 别夫佐夫关于野猪偷吃尼雅羊群羊羔的报道,缺乏真实性,显然是个误会。可能由于别夫佐夫不懂得当地的语言,而被不熟练的翻译搞糊涂了。

35. 托兰和卓河源于俄罗斯岭南缘的冰川,其地下水和降水量也起着不小的作用。

36. 1885年,普尔热瓦尔斯基在托兰和卓河流入山脚地带处渡过了该河。他这样描述此河谷:

"托兰和卓河在我们渡河之处,流淌在切入面深达800～1000英尺、绝对高程为8400英尺的峡谷之中。上、下坡都十分陡峭,骆驼行走也很困难。该峡谷的底部为几乎完全贫瘠的宽为10～20俄丈的平地,其两侧为陡直的砾岩墙,高150～200英尺。这个峡谷的有些地段变窄为3～5俄丈,河水就在狭长的走廊之间流淌。我们见到的托兰和卓河宽1.5～2俄丈、深1英尺。它不仅小于喀拉穆兰河和莫尔贾河,甚至小于其近邻——博斯坦托格拉克河。"❷

37. 博戈达诺维奇在此次考察和其他考察中,相当重视对昆仑山的矿床及采矿业的调查。

在其著作中,除很有价值的地理考察,尤其是地质资料之外,相当一部分描述了开采贵重金属工人的生活环境和日常生活。在描述此次考察中去过的矿区时,他以十分苦楚和愤恨的真实感情述说了喀什噶尔矿工们被剥削的情况。

博戈达诺维奇写道:"在这里重复着有史以来最古老的故事:黄金让千人亡,一人富。到这里来做工的都是那些经济已经不牢靠,无法生活下去的人们。从整个经济体制、社会生活上来看,在一定程度上,喀什噶尔已成为真正的地主——巴依的天堂。"

---

❶ 戈罗木布切夫斯基考察队讯息.俄罗斯地理学会通报.第26册,330页。
❷ H.M.普尔热瓦尔斯基.从恰克图到黄河发源地.莫斯科:国立地理出版社,1948年,248页。

他接着写道："不仅矿工们的经济状况,而且整个喀什噶尔都不能令人宽慰,原因不在于事物本身的发展,而在于生活的临时条件。"

博戈达诺维奇结束这段描述时写道："我深信,昆仑山的含金量成为人民丰衣足食的来源的时代会到来。"❶

38. 戈罗木布切夫斯基详细和生动地描述了西昆仑山的山民。根据他的推算,在喀什噶尔的山民有近2000户。❷

39. 别夫佐夫对白天来自塔克拉玛干沙漠的凉风形成原因解释得完全正确,并被后来的研究所确认。现代科学上称这类风为"补偿风"。

40. 罗博格夫斯基这样描述西藏高原寒冷北部边缘地区："荒漠高原的松软地带,冬天常遇到显然是冬季严寒所致的很深的裂缝,见到植物只有矮小的毛柳,而且非常稀少。甚至连地衣都没找到。该荒漠高原从不会发生泛滥,一年四季都下雪,而从不下雨。在我们考察期间每天都下雪,在经常性的干旱风的作用下,很快就消失。我们没有遇见泉源和湖泊,除两条小河外,没有见过流水。在有些低洼地见到过长有稀少、矮小优若藜的潮湿地块。这里的地下水位应该不会太深。"❸

41. 有意思的是,博格达诺维奇认为,从萨勒克图孜或从塔什库里不用任何驮畜,到达西藏腹地的唯一可行的办法是徒步行走。博格达诺维奇总结为："我们这个队伍的灵活性、装备的轻装性和紧凑性是完成穿越西藏西北部这一任务的首要条件。"❹

42. 普尔热瓦尔斯基写道,在他探访采金矿区时,那里有500名左右的工人。他们大部分是来自邻近绿洲,无力交纳各种赋税,被强迫淘金的居民。❺

43. 罗布泊作为地球上罕见的"迁移湖"的例子,它的规模及轮廓,随着为其供水的塔里木河、孔雀河、车尔臣河流向的变化而变化。

---

❶ 西藏考察工作总结(第二部):新疆的地质考察.圣彼得堡,1892年,28～29页。
❷ 1889年12月10日戈罗木布切夫斯基写给俄罗斯地理学会理事会的信.俄罗斯地理学会通报.第26集。
❸ 西藏考察工作总结(第三部):新疆的地质考察.圣彼得堡,1892年,41页。
❹ 西藏考察工作总结(第二部):新疆的地质考察.圣彼得堡,1892年,34页。
❺ H.M.普尔热瓦尔斯基.从恰克图到黄河发源地.莫斯科:国立地理出版社,1948年,246页。

44. 有关俄罗斯西西伯利亚的旧教徒到中国西部之事,普尔热瓦尔斯基在自己第二次和第四次中亚考察报告中提及过。[1]Γ.E.戈卢姆—嘎什麦罗在《西部中国游记记述》(圣彼得堡,1907年,433~439页)中几乎一字不差地记述了1860年俄罗斯农民远征的参与者阿斯桑·叶梅尔亚诺夫·泽里亚诺夫的讲述。

戈卢姆—嘎什麦罗公正地指出:"如果注意到旧教徒到达罗布泊和西藏北部地区的时间,远远早于普尔热瓦尔斯基的考察队到达这些地方的时间,并且所走的路线至今有一部分尚未考察,那么不得不承认,甚至像基谢廖夫所记录的泽里亚诺夫的讲述,都是重要的地理文献。"[2]

45. 1883年,俄罗斯地理学会组建过以罗博洛夫斯基为领队的考察队。他们考察了吐鲁番盆地,在那里设立了天文观测站。根据罗博洛夫斯基的测量,该盆地的最低处为博江特湖,高程为海平面-130米。有些现代地图上吐鲁番的最低点标为-298米,毫无疑问,这是错误的。吐鲁番盆地的最新测量结果显示,其最低处湖底的绝对高程为-154米。

46. 有意思的是,别夫佐夫还在1876年自己的第一次考察报告中写道:"玛特尼庙宇或寺院除了自身宗教的重要作用外,还成了各条道路的枢纽地,因此,显现出这个地域最为生机勃勃的一处。"

47. 别夫佐夫在这里重犯1876年的错误。当时他写到了所谓连接萨乌尔山和塔尔巴哈台山的山结。详情见本书后附《别夫佐夫与俄罗斯的中亚探险》一文。

---

[1] H.M.普尔热瓦尔斯基.从固尔扎经天山到罗布泊.莫斯科:国立地理出版社,1947年,57~58页。

[2] H.M.普尔热瓦尔斯基.从恰克图到黄河发源地.莫斯科:国立地理出版社,1948年,201~202页。

别夫佐夫与俄罗斯的中亚探险[1]

Я.玛尔果林

对中亚地理和地质资料全面研究之后,使我能够肯定,俄罗斯科学家对这一广袤地域研究的贡献超过了其他学者贡献的总合。

科学院士B.A.奥勃鲁切夫[2]

米哈伊尔·瓦西里耶维奇·别夫佐夫属于20世纪下半叶为科学界重新开辟了从东边兴安岭到南边西藏、西边到帕米尔和天山的亚洲广阔天地的俄罗斯一代杰出探险家先锋人物。

对中亚各国的真正科学研究,的确始于19世纪下半叶,此前对这些国家只有零碎资料,而且往往缺乏可靠性。

此前,中央亚细亚对地理学界只是一些比非洲内陆地区稍微清楚的区域。之所以说稍微清楚,是因为虽然很含糊,但对亚洲内陆地理还

---

[1] 本文为本书俄文原版编者所写的导语。
[2] 奥勃鲁切夫.俄罗斯科学家对中亚研究的贡献.第二届全苏地理学会会议论文集.卷1.

是有着马可·波罗和中世纪探险家的游记以及汉文地理文献资料的记载。如何翻译、注释这些汉文资料以及如何与地图相对接,像阿别尔·列米扎、克拉普罗特、A.洪堡特和里特这些著名的汉学家、地图专家、地理学家付出了毕生的精力。❶

1856—1857 年,谢苗诺夫·天山斯基对天山进行的举世闻名的考察,开创了对中央亚细亚地理研究的新开端。

这次考察在诸方面都取得了良好的成绩。考察第一次确立了对天山地理、地质山脉体系的正确科学的概念,推翻了当时在欧洲学术界占统治地位的 A.洪堡特关于亚洲为活火山论及亚洲高山是火山所致的错误理论,并提供了亚洲高山为巨大的冰川作用所致的第一手资料。

最重要的是,谢苗诺夫·天山斯基通过天山考察确立了当时新的一整套地理研究方法的基础。在这方面的天山考察的科研成果远远超过了其地域范围并具备了巨大的基础地理学意义。这些基础成了系统研究自然界,包括其多样性,并严格遵循其他方面,如气候、地貌、动植物世界,最后还有能改造它们的人类作用相互之间规律性的第一个实践范例。

随后,成为俄国地理学会副主席的谢苗诺夫·天山斯基将自己的思想以及方法原理传授给了几百位俄国地理学家,其中包括中央亚细亚探险研究先锋的一代学者:普尔热瓦尔斯基、波塔宁、别夫佐夫、奥勃鲁切夫、科兹洛夫、罗博洛夫斯基等许多人。

俄国地理学历史上,未必还有谁能像尼古拉·米哈伊洛维奇·普尔热瓦尔斯基如此杰出。1870—1885 年,他对中央亚细亚,尤其是对戈壁、柴达木、西藏西部以及对库库淖尔(青海湖)地区的发现和科学考察,开创了地理学的整个世纪。伟大探险家 15 年的研究考察活动在俄国地理学界被荣称为"普尔热瓦尔斯基探险时代"。

普尔热瓦尔斯基在中亚境内度过了 9 年以上的时间。在这期间,他考察了 3 万多千米,并全部绘制成行进路线的地图。"……形成了经

---

❶ 奥勃鲁切夫.1846—1896 年俄国地理学会亚细亚大陆科学考察简述.俄国地理学会东西伯利亚分会学报.卷27,1897 年。

线撒向从北京至和阗,纬线从阿尔泰到蓝色河流的巨大网络……"❶普尔热瓦尔斯基标出了63个天文点,将其绘制的区域地图与地球其他部分的地图连接了起来。为中亚高山地貌科学增补了231个新的气象测量数据。普尔热瓦尔斯基所收集的动植物标本至今还有很高的科学价值。

"毋庸讳言,普尔热瓦尔斯基之后进行的考察,只是在他亲自领导下的四次考察,为研究中央亚细亚气候提供了极其珍贵的资料。"这是俄国伟大气象学家A.И.沃叶依克夫对普尔热瓦尔斯基气象观察资料的评价。

对普尔热瓦尔斯基多领域科学考察活动的总评价是如此,但他对地理学的贡献不仅仅限于此。普尔热瓦尔斯基同样也是第一个创立了当时用文学形式描写地理考察的新的优美写作样板。

伟大的探险家普尔热瓦尔斯基研究中央亚细亚的四部著作,无论是作为地理学专家或跟这一学科毫无直接关系的一般读者均会以极大兴趣从第一页读至最后一页。普尔热瓦尔斯基的著作中其纯真的文学光泽,通过其极为清楚、准确以及很高深的科学内容来体现。

普尔热瓦尔斯基的著作,在许多人的心中燃起了到人迹从未到达过的远方去旅行的渴望,燃起了人们不是进行冒险旅行,而是为了寻找能丰富人类科学文化的新发现进行探险考察的渴望。普尔热瓦尔斯基将自己的一生献给了这一研究事业,并成为上百位俄国探险家为祖国科学事业而奋斗的楷模。安东·巴甫洛维奇·契柯夫在《奉献的人们》一书中对前辈的简短悼词极为形象❷:

"很清楚,普尔热瓦尔斯基为什么将自己一生中最精华岁月在中央亚细亚度过,也很清楚他所经历的险恶和遭遇意味着什么,在远离故乡的地方离开人间的全部凄惨以及即使在临终之前也希望死后能够继续自己未完成的事业:用自己的

---

❶ A·И·沃叶依克夫.关于中亚气候,1895年,239页。
❷ 契柯夫著作全集.圣彼得堡.卷23,1918年。

坟墓给戈壁带来活力。翻阅他的笔记,谁也不会问:为什么?干什么? 有什么意思? 但是,谁都会说:他是对的。"

普尔热瓦尔斯基的著作在同时代人中产生了什么影响,俄罗斯著名史学家、《古代俄罗斯》刊物的创始人和编辑 М.И.谢梅卡斯基写给探险家的一封信可以做出很好的说明[1]:

"衷心感谢您! 拜读了您的《第三次中央亚细亚游记》给了我很大享受。我刚刚读完这一神奇的书,并在很激动与兴奋的鼓舞下为《古代俄罗斯》写了一篇评论。您的阐述简洁明了,毫无浮词,没有一句多余的话,同时也不干巴,而且也没有其他探险作品中常常出现的那种萎靡不振的阴影。将来必须要出版一部价钱不高,尤其适于青少年的普及读物。最后,再重复一遍,我为您的书万分高兴。好久好久读不到这样满意的书了,看完您的书,我想象着跟您从'斋桑经过哈密到了西藏,到了黄河上游'。"

正因为探险家、作家普尔热瓦尔斯基的这种吸引力和魅力,在为别夫佐夫做一简单介绍时,使我们不得不为他写下较详细的说明。

有充分根据推理,当别夫佐夫 1876 年开始第一次考察的时候,他可能已经阅读过普尔热瓦尔斯基对乌苏里边区的游记汇报报告,也有可能看了他第一次中亚考察纪实:毫无疑问,他随之进行的两次考察活动,很大程度上都是在普尔热瓦尔斯基著作的影响下进行的。

米哈伊尔·瓦西里耶维奇·别夫佐夫,1843 年生于诺夫戈罗德州。至于别夫佐夫的童年少年时代,很遗憾,我们知道得很少。其原因一方面是因为别夫佐夫非常谦虚,另一方面是因为他特别内向的性格。

别夫佐夫属于这一类型的学者:他能将自己完全投入到自己所追

---

[1] 根据 Л.C.别尔格摘录《全苏地理学会 100 周年》,1947 年。

求的事业中,并且很少考虑个人生活,自然也更不会去说它。后来成为著名探险家的别夫佐夫在自己的著作中很少提及当年考察时个人所经历的漂泊生活的艰辛和难苦。

也许别夫佐夫的这些与其著作有着紧密联系的内在性格特点能够说明,为什么我们在其作品中只能找到对个人生活简短且不完整的一些述说。提及这方面,值得指出的是,20世纪初逝世的著名中亚探险家之一的别夫佐夫,身后只留有一张肖像照片。

根据我们所掌握的不多的生平材料,探险家从少年开始生活很贫苦。7岁时成为孤儿的别夫佐夫,由其彼得格勒穷职员的亲戚收养。当时所处的极贫生活条件使其不可能有受到系统教育的机会,但因对获取知识的渴望,他努力去中学当旁听生。到后来仍然是以旁听生的身份争取到了在彼得格勒大学听课的资格。但是,一年之后艰难的生活使他不得不到军队服役并进入了士官军校。

在军校,这个16岁的士官生的爱好兴趣很快表现了出来:各门课程学得很出色的同时,别夫佐夫对历史、地理和数学的兴趣表现得尤为突出。

这种不常见的将人文科学和自然科学能够融为一体的天赋,对别夫佐夫今后的探险活动起到了巨大作用。他对中亚的考察著作中既有极为丰富和准确的天文观察资料、高程测量资料和重力测量资料,又关注人文地理。20年以后,别夫佐夫在西藏北部山区所进行的确定声音传播速度的原始实验,也同样具有特色。对别夫佐夫的生活及个人形象,从士官生学校同学的回忆录中能够找到有趣然而却非常简短的描述。"别夫佐夫在给我们朗读和讲解历史课的同时,他自己也被其深深地吸引着。克伦曼大尉听着别夫佐夫的课,不止一次为其所列举的生动历史事件惊奇。他是我们学院有名的历史学家,尤其精通数学。根据尼洛维斯基大尉的推荐,别夫佐夫多次在低年级班讲授数学和代数课程。总的来说,在学校讲授课程中,他的数学、历史和地理学得尤其出色。"❶

---

❶　К.П.林德.别夫佐夫及其游记.俄国地理学会西西伯利亚分会文集,1902年。

就在这个时期,决定着别夫佐夫将来生活道路的对大自然的热爱很明显地表现了出来。诺夫戈罗德偏僻的农村,在节假日,他常常扛着猎枪,手拿钓鱼竿和小锅整天在森林深处漫步、游猎。根据探险家本人的回忆,就在当时,他就想把自己锻炼成能够适应长途探险过程中各种艰难的人。

还在士官军校念书的时候,未来探险家的又一个优良品质也表现了出来。童年时期同伴的回忆中,别夫佐夫是一个很好的伙伴,他任何时候都能帮助别人,遇事和同伴分享自己拥有的一切。别夫佐夫一生保持了这一优良品质,于是可以想象,就是这一优点为他日后的考察成绩带来不少好处。在这方面他正符合普尔热瓦尔斯基向他提出的:"要有一种很快适应环境和赢得同伴友谊的随和性格"的要求,伟大的探险家坚信,这就是长途考察取得成就的重要保证。

1862年,19岁的别夫佐夫顺利地完成了学业并成为年轻的准尉。

随后的五年,别夫佐夫在托木斯克军队中服役。

对别夫佐夫这一阶段的生活,我们一点也不了解,但可以完全相信,即使军队的生活也丝毫没有改变其对大自然的热爱和对知识的渴求。1867年,别夫佐夫已成为俄国地理学会的会员。1868年从军队退役之后,他通过考试进入了总参谋部科学院。

重回圣彼得堡之后,除科学院的工作,他利用彼得格勒大学的图书馆和博物馆,开始更投入地研究自然科学。这段时间,别夫佐夫完全学会了做动物、鸟类和鱼类实验,并掌握了做标本以及保存昆虫和植物标本的方法。

根据当时一位同事的回忆:"别夫佐夫乘着到圣彼得堡的机会,努力将自己培养成为未来探险家,自觉培育一个自然科学家必备的一切技能。"

别夫佐夫作为科学院公共课的听课人,他跟过去一样仍对数学很感兴趣。根据个人爱好他到大地测量系去听课,并以优异成绩学完了全部课程。他常去普尔科夫天文馆具体研究当时对天体进行观察的一切方法,以及进行这些观察所使用的全部设备。

三年以后的1872年,别夫佐夫从科学院毕业,到塞米巴拉金斯克州继续工作。作为彼得格勒人,他最终亲眼看到了至今还是只能从书本上才能了解到的哈萨克斯坦草原的大自然以及其半定居的居民。他开始以极大的兴趣研究哈萨克族的语言和生活,同时刻苦钻研阿拉伯语和极为丰富的中国历史资料,对所翻阅资料,以自己固有的精确认真态度做了大量摘抄和笔记。

　　1875年,别夫佐夫搬到了鄂木斯克城。别夫佐夫在鄂木斯克度过了12年时间。他从这个城市出发到准噶尔和蒙古进行考察,并在这个城市的机关供职,然后又到俄国地理学会西西伯利亚分会从事研究工作。他的短暂的教育工作同样也是在鄂木斯克进行的。

　　别夫佐夫来到鄂木斯克不久,便被聘请为西伯利亚军事中学中级班的地理教师。他的这一短暂的教学生活留在了当时的中学教师Г.E.卡塔纳耶夫的记忆中。卡塔纳耶夫和别夫佐夫一样,成为地理学会西西伯利亚分会的创始人及其积极分子之一。

　　卡塔纳耶夫这样写道[1]:

　　　　我当时是西伯利亚军事中学低年级班的教导员和地理教师,而别夫佐夫任中级班的地理教师。记得这是个谦虚年轻的面孔(他当时还是个司令本部的大尉),认真、不引人注目——如果可以这么说,上完课就离开学校,跟其他教师和教导员没有什么特别的交往。

　　　　但是,我知道尽管他在学校的时间如此短暂,并受着严格约束,仍引来了学生和老师的不少议论。大家都说,学生们"爱他""听他的",都说在他的讲授中有一种号召力,使学生不仅愿意做按课本布置的作业,而且也愿意看那些讲述自然现象、探险、自然地理和天文学的课外书籍。都说别夫佐夫不是按课本教"从这里到这里"死教条的人,他给学生上的地理课也不再是"为某某班的某某初级教材"等同的绿皮教科书。

❶　К.П.林德.别夫佐夫及其游记.俄国地理学会西西伯利亚分会文集,1902年。

与此有关且值得指出的是：别夫佐夫不论做什么事总是富于创造性，不论是作为地理教师或作为未来的地理探险家，他从不摆弄"从这里到这里"这类死教条。比如，还是在这个西伯利亚中学工作期间，他所提出的"祖国常识"（俄国旧时学校科目的名称——译者注）与当时推荐给学校领导的任何初级地理课教材内容都不符合，对此校方犹豫不决，在教务会上别夫佐夫坚持说服，最终教委会接受了他主张的新教材。

可见，在中学任教时别夫佐夫的思想中便产生了编写新的自然地理教材的想法，有可能他当时已经开始写作。他在彼得格勒做一短暂停留时，少量出版发行了这一教材。

这部名为《数学地理与自然地理初级基础》的105页的小册子，不仅对了解教育家别夫佐夫有意义，而且对研究俄国的地理学教学也很有价值。别夫佐夫在这本书的简短序中说道"这本书应成为数学地理和自然地理的基础教材"，以作者的想法，也就是地理系统教程的引论。接着，别夫佐夫阐述了自己希望按阶段教授地理课内容的程序。

作者认为：第一年讲授祖国和家乡常识；第二年介绍课本的内容，也就是数学地理和自然地理的初步基础；然后才讲述描述地理。

课本的内容以其语言简单明了著称，其有说服力的逻辑论证更为突出。

如在这本书中对月食是这样解释的：

> 地球作为一个太阳只照射其一面的不透明体，始终向太阳相反的方向投射出圆锥形阴影，月亮绕着地球转的距离比地球黑影近，所以月亮通过交叉点的直径要比月亮本身的直径大得多。
>
> 有时月亮会被地球黑影挡住，失去自己的光亮，就会变得肉眼看不到。于是就产生了月食。当月亮完全被圆锥形地球黑影湮灭时就会发生月全食；当开始从这个圆锥形黑影中出来，只是部分黑影阻挡时就发生了半月食。可见月食只能是当地球处于太阳和月亮之间时，也就是月圆时发生。

然而,不要以为每次月圆时都出现月食。因为月亮不会每次都被地球黑影湮灭,而在多数情况下都从其旁边绕过。

　　当月亮开始被地球黑影吞没出现月食时,在亮体上会出现部分圆影,这就是地球为圆形的不可争辩的事实。

　　别夫佐夫的其他著作也一样,其通俗的语言和内容的严格科学性结合得很协调,尤其是他编的教科书(很遗憾,未能成为课本),跟当时的地理教材大不一样。

　　别夫佐夫所编的教材还有一个最大的特点是:不必由老师教,而是一部自学教材。别夫佐夫首倡"自我教育"想法,很可能跟他个人经历有关。童年和少年时代的贫困生活,使他不可能上中学,也不可能毕业于大学,如果当时有类似的教材,定能给他很大的帮助。

　　像我说过的一样,他的教学生涯不长,很快一个偶然的机会使他离开了自己的学生,给了他实现多年来到远方去、到毫无人烟的地方去考察、去旅行的梦想的机会。

　　1876年早春,别夫佐夫来到了边境小城斋桑,考察队将要从这里出发。

　　辎重队已经来到了考察队的目的地——天山北坡不大的中国城镇古城(今新疆奇台),别夫佐夫的考察路线要经过属于天山和阿尔泰山广阔地带的、很少有人了解或者根本未曾研究过的准噶尔地区。

　　哥萨克百人队负责运送食物辎重和护卫工作,对其领导的任务便落到了别夫佐夫的肩上。同时交给他的还有"尽可能收集队伍所经过地区的详细资料,尤其是至今尚未有人考察过的布伦托海和古城之间的地区"[1]。

　　5月中旬,别夫佐夫从斋桑开始了他的第一次考察旅行。摆在面前的是9000余千米艰难的漫漫长途,要经过东部准噶尔的高山及无水

---

[1]　别夫佐夫.准噶尔游记.俄国地理学会西西伯利亚分会文集.第1辑,1879年。以下凡引别夫佐夫考察准噶尔的文字,出处均同此。

的沙漠和半沙漠的广阔地带。

没有一点考察经验的年轻的考察队员在自己的第一次考察中不仅要绘制所经地区的地图,而且还要尽可能做详细记录。同时完成这些任务,给这位年轻的考察队长带来了不少困难。

翻过曼拉克小山,穿过单调的奇里克金砾石和碎石平原,并经过环绕其东边的山区便进入了中国境内。

从斋桑出发,几天之后考察队来到从未听说过的乌伦古湖岸边一个不很大的中国城镇布伦托海。

考察队到布伦托海就算完成了全程的一半。再往前就是最艰难的毫无人烟、连当地人也未能提供任何情况的不毛之地。

乌伦古河的泛滥,严重影响了考察队过河,考察队不得不在布伦托海停留了10天。趁此机会,别夫佐夫察看了周边地区和离乌伦古河7000米的没人到过的巴嘎淖尔湖。这个湖平坦的沙质岸边不长任何植物,四周枯燥单调。"因为湖水含盐量很高——别夫佐夫写道——不可能有任何生物存在。同时也可以完全肯定绝不会有游禽和鹳形目鸟类。只是有光顾这个荒凉湖泊的海番鸭像病孩的呻吟一样的凄惨叫声在四周回荡。"

考察巴嘎淖尔湖时探险队员遇到了巨大的困难,炎热和缺水使考察队员们难以忍受。别夫佐夫回忆:"到后来,我们连马背都骑不稳,左右摇晃,好不容易坚持到古城,使这些难熬的日子永久地留在了记忆之中。"

6月9日考察队离开了布伦托海,踏上了沿着乌伦古河直至蒙古阿尔泰山脚下的长途。

在我们看来,对这一地区的地理概述是别夫佐夫汇报准噶尔之行的第一部著作的最好片段之一:"从布伦托海直到南部阿尔泰山脉,这是一个缺水的荒漠高地,覆盖的植被只有贫乏的两三种帚石南属,同样也有两三种多刺的灌木丛。只是在有些反射出淡黄色沙质黏土壤的盆地才能看到贫瘠土地含有水分的可靠标志——芨芨草和矮小的锦鸡儿灌木丛。如果有朝一日有人能沿着乌伦古河上游飞过这一广阔地带,那么他眼底尽收的起初是平坦,然后逐渐开始成丘陵状,到南部阿尔泰山附近时则变成了完全是岩石和秃山的山脉地带。在这一广阔的土地上,他或许能够看到深深的盆底形谷地:开始很开阔,慢慢变窄,有些地方进入山中峡谷;如果是在夏季,他还能看到宛如大蟒蛇的中间是绿色周边镶有淡黄色的长彩带。绿色长带是生长在乌伦古河边的阔叶林,而淡黄色的镶边是生长在林带附近的芨芨草丛。在这同时,他还能发现乌伦古河上游和中游那些急剧流入山中峡谷的绿色长带明显变窄,而且那些淡黄色的镶边也完全消失,只是到了峡谷开阔地后才重现。"

考察队到达当地人称为胡图斯山的蒙古阿尔泰山脉前沿之后,离开乌伦古河谷地向南部地区进发。

不久,在水源地开恰,考察队员们第一次在地平线上看到了肉眼勉强能看到的天山最高雪峰。别夫佐夫写道:"其中最为明显的是雄伟的圆锥形博格达峰,夕阳余晖照射下,博格达峰在遥远的地平线上与其他山峰相比格外明显,尽管我们之间相隔的距离很大,但用望远镜看得很清楚。"

考察队继续向南行进,一路上经过了无数个不算太高的蒙古阿尔泰山的支脉。到后来这些都留在了后面,考察队员眼前出现的是广阔的平原——拉曼克鲁木戈壁。

中央亚细亚真正的荒漠戈壁出现了,别夫佐夫写道:"我们刚一下山即刻就感到了它的热气。"

考察队经过难行的荒漠戈壁后在绿洲嘎顺休整了三天。这一小绿洲的植被引起了别夫佐夫的兴趣:"在这里,除了我们在前面其他地方已经见到过的植物以外,其中还混杂有不少未曾见过的品种。这一看起来有些奇怪的现象实际上是因为嘎顺绿洲的盐性土壤以及这里的地势比邻近的绿洲,尤其是阿尔泰南部山脚地带低许多所致。"

考察队随后经过的是蒙古族人称为古尔班通古特的沙漠地带。

这是到达古城之前难以通过的地段。前面耸立着好似巨型壁障的天山高峰,而考察队要去的是其北坡土壤肥沃的广阔地带。

离开斋桑之后,第48天,考察队到达了其目的地——古城。8月初考察队员们抵达了古城。在这期间,别夫佐夫对当地多种成分的居民生活进行了采访,并完成了非常有意义的天山考察。

　别夫佐夫在其考察汇报中讲述了这一有趣的考察。他付出了巨大代价,有次冒着掉进深崖的危险,带领另外3个人爬到了天山北坡的雪线上。别夫佐夫写道:"但是,我们在高山上稍躺片刻,当醒来抬头向辽阔空间望去时,眼前展现出了雄伟景象:在东北边我们看到了南部(蒙古)阿尔泰山及其山前地带——在乌伦古河左岸的荒漠戈壁上像一堵墙般高高耸立的台地。东南边这座山,在视野所及的空间慢慢湮没于天界的灰暗烟雾之中。南部阿尔泰山和天山之间,展现的是无限辽阔的好似在东边也漫无边际的广阔平原。"

"朝西,约60俄里是白皑皑的天山之王——雄伟美丽的博格达峰,紧挨着的是同样也非常高大的姊妹山,我们称其为小博格达的高峰;朝我们方向约40俄里处屹立着巨大的雪山屋顶,其周围约为10俄里;在南边约10俄里处能看到无数高山雪峰和无边无际的雪野。"

别夫佐夫所进行的测量表明他所处的高度为海拔3675米,他所看到的博格达峰相对高度应该不低于4700米。

8月7日,考察队离开古城返回。沿着上次路线到达布伦托海途中,别夫佐夫一路核对他所收集到的资料,并对错误之处进行了纠正。到达布伦托海之后,考察队取道萨乌尔山峰以北,向斋桑进发。这样一来,别夫佐夫就有了了解北部准噶尔山区的几乎整个东半部地区的机会。

别夫佐夫准噶尔之行所经过的前半部地段——从斋桑至布伦托海,在他之前其他人也到达过。

尚在1654年,俄国大使费多尔·拜柯夫沿着同一条路线通过了准噶尔。他第一个得到了(说实话是非常简单的)有关萨乌尔、奇里克廷平原和克布谷地的资料。

1871年,З.玛图索夫斯基从斋桑出发到玛纳斯时,越过曼拉克山峰,通过了奇里克廷谷地。随后1872年,他从斋桑到达了乌伦古湖,并沿着原先的路线回到了俄国。

同在1872年,Ю.А.索斯诺夫斯基的考察队返回斋桑的时候,他经过克布和奇里克廷谷地及曼拉克山峰,对乌伦古湖进行了考察。

上述探险家都绘制了对当时来说最好的路线图,包括北部准噶尔地图(尽管难免有错误)。然而,直到上述考察之后,这一地区的地理,

269

尤其是地质资料仍然十分短缺。对准噶尔其他地区,如同我们已提及,当时尚未进行任何考察研究。别夫佐夫准噶尔之行的汇报发表于1879年《俄国地理学会西西伯利亚分会文集》(第1辑),立即引起了许多地理学家和大地测量学家的注意。从此,年轻的探险家一下步入了公认的中央亚细亚研究者的行列。俄国地理学会为此授予别夫佐夫小金质奖章一枚,随后推荐派遣他去蒙古和准噶尔进行考察。

以下简短叙述别夫佐夫对准噶尔考察的基本科学成果。

除上面我们已介绍过的地理描述的有关列举之外,别夫佐夫在自己的汇报提纲中还介绍了大量他考察到的当地居民、植物、动物和地质构造资料。他的民俗概述,尽管在总数上所占篇幅相对不大,但对我们有着双重意义。第一,向我们展示了居住在准噶尔地区的蒙古部落的生活状况及其习俗。第二,证明出现在我们面前的别夫佐夫是一名从多方面仔细考察的观察家和学者。

别夫佐夫的考察汇报除正文部分外还包括了5个附录,其中的一个是《准噶尔动物地理学资料》。在这份附录中列有别夫佐夫进行考察时所遇到的18种哺乳动物和63种鸟类,并附有所采集的标本,同时列举了其分布情况、习性特征以及某些狩猎它们的方法。在考察期间,别夫佐夫从古城到天山所进行的短暂考察研究引起了公众巨大兴趣。他从西坡往上爬山观察了取决于海拔高度的植物带的更替,并报道了天山这一地区针叶林——天山松分布的最高线和最低线的第一手资料,同时报道的还有常年积雪的高度界线。

我们已经提及的别夫佐夫所列附录中,他列举了6个地理位置的描述,其中包括有一条从格林尼治子午线开始的绝对时间长度,四个角度的地磁观察的数据,以及准噶尔的17处高度气压测量的资料。

在俄国地理学会1879年年度总结中,对别夫佐夫这次考察评论中这样写道:不论是从考察本身还是从探险家取得的这些成果中可以证实,他是"非常有经验而且从理论上也非常了解学科的一位观察家"。

借助于亲身进行以及其他探险家所进行的天文观察,别夫佐夫以自己的路线测量资料和当时所掌握的地形资料绘制了准噶尔地图,在绘制蒙古阿尔泰地图时,同时也采用了对当地居民的采访资料。别夫佐夫绘制的地图第一次从制图学角度,比较明确地阐明了准噶尔的许多地区,但他的地图同时也有不少不准确的地方和错误。错误之一(恐怕是一个大错误)是所绘制的"连接"塔尔巴哈台山和谢米斯台山的交叉点(山脉)位置。

1905年,奥勃鲁切夫在这一地区考察证明,别夫佐夫标出的交叉点是一个广阔的盆地。盆地的西边为塔尔巴哈台山脉,北边高高耸立的是萨乌尔山,而有谢米斯台山脚连接的卡朱尔山处在南边。

由此可见,实际上塔尔巴哈台山和萨乌尔山相互之间并不连接,而谢米斯台山和卡朱尔山(别夫佐夫未绘出)由萨乌尔群山山脚相连。

这里值得指出的是,在别夫佐夫同时代的地质学家中,萨乌尔—塔尔巴哈台地区的群山分布的错误概念较为普遍,甚至像经验丰富的、多次考察过这一地区的普尔热瓦尔斯基在其中亚第三次考察概述的所附地图中也犯了大错。

在研究准噶尔考察的成果时,值得一提的是,别夫佐夫进行第一次探险时就特别重视地质观察,随后在其他的考察中他不再如此明显地注意地质学了。对他的这种有其特色的第一次考察,我们感到迷惑不解。众所周知,别夫佐夫并不掌握地质学的专门知识,但是他所收集到的资料以及所阐明的观点和结论,对当时甚至直到现在研究准噶尔北部地区和东部地区的地质构造仍有着相当高的科学价值。

别夫佐夫在考察中进行科学观察的曼拉克山,尽管与斋桑相隔不远,而且也能够做到,但是当时对其地质方面根本未进行过研究。然而,有很长时间不仅曼拉克的命运如此,而且俄国跟中国交界的整个准噶尔边境从北至南的地区都如此。除别夫佐夫之外,在他之前和之后均有不少探险家来往于此地,都做了某种程度的地理描述,但对地质考察方面却几乎没有什么资料。

1905年、1906年和1909年三年考察工作之后,俄国著名的地质学家奥勃鲁切夫创立了关于准噶尔边境地区地质构造及其起因极有价值的现代理论概念。

别夫佐夫在曼拉克山区(同时也在其他地方)所进行的地质考察,作为年轻的探险家带有其经验不足和缺乏专业培训的痕迹,但是正如奥勃鲁切夫所指出,与当时的其他人相比,其对这一地区的地质构造仍然提供了较多的信息。别夫佐夫对高山奇里克廷平原所进行的地质考察成果同样有着巨大意义。

1864年,Г.Н.波塔宁和О.В.斯特鲁维两人对这一平原靠近塔尔巴哈台的南部地区也进行过考察。别夫佐夫经过的是这一平原的东北地区,顺便对填满这谷地的沉积物做了考察。他在进行挖掘时发现沉积层相当厚,并且得出了十分有意思的推论:"很有可能,本描写地区曾经是一个比较低洼的山间盆地,水的冲泻作用将其填充到今天这个程度。在如此厚的冲积层下面难道没有湖泊沉积物吗?"

后来的许多学者,其中也包括奥勃鲁切夫的研究结果证实了别夫佐夫推论的正确性。在由河水和雨水的沉积层和洪积层所形成的新第四纪沉积物厚层下面,在曼拉克山脚下发现了较早的第三纪沉积层。根据这一沉积物层的成分可以推断奇里克廷平原曾经是一个充满着水的湖泊。

当时对乌伦古湖和布伦托海进行12天考察时,别夫佐夫仔细考察了布伦托海盆地。

当别夫佐夫在乌伦古湖岸边进行挖掘时,在离水面4～6米的高处找到了与至今在湖中生存的生物相符合的贝壳和鱼骨。根据这一发现他得出了十分有意思的结论,认为乌伦古湖的水位曾经比现在要高。

别夫佐夫对巴嘎淖尔湖的考察结果以及对整个布伦托海盆地的某些结论更具有意义。

我们曾说过,1872年Ю.А.索斯诺夫斯基到过布伦托海盆地。在此之前关于此地只有一些十分模糊的资料。经索斯诺夫斯基考察之后,弄清了不像过去人们所认为的那样,只有一个乌伦古大湖,而是两个湖——较大的柯孜尔巴什(乌伦古湖)和较小的巴嘎淖尔(蒙古语意为"小湖")。这两个湖由相当高相当宽的地腰互相分开着,不过以索斯诺夫斯基的说法,有一条从一个湖流出又流入另一个湖的小河,穿过这个地峡。

别夫佐夫在详细研究将乌伦古湖和巴嘎淖尔湖相互分开的平坦的高原时并没有发现索斯诺夫斯基所说的那条小河,反而他在自己的《准噶尔游记》中完全肯定地说,乌伦古湖和巴嘎淖尔之间没有任何联系,确定这两湖之间并不存在固定的联系。个别年份,当乌伦古湖大泛滥,流入乌伦古盆地时才溢入巴嘎淖尔湖。然而至今不少现代地图上仍标有这两湖之间并不存在的河流。

别夫佐夫在离巴嘎淖尔湖2000米处的北部地区进行挖掘时,从硬化的泥土中找到了保存完好的狗鱼额骨和河蚌(淡水软体动物)的两块空壳,在其他地方进行的许多挖掘中,同样找到了类似的贝壳和淡水鱼残片。我们已经知道巴嘎淖尔湖的水那么咸,不可能有有机物存在。别夫佐夫从底层找到的贝壳,尽管有着地下泉水淡化作用,但全都是死的。

"根据一切现象分析,"别夫佐夫总结道,"根据今世在其中生存的淡水软体动物和鱼类,可以肯定地说,巴嘎淖尔湖曾经有过宽广的湖面,其周围留下的如此明显的痕迹均不容对此有丝毫质疑。同样毫无疑问的是,巴嘎淖尔湖的水起先是淡水,并且曾经是现今在其宽广的岸边撒满生物残迹的摇篮。如果再加之在巴嘎淖尔湖中灭绝,但至今在乌伦古湖以及乌伦古盆地许多小溪水湖中尚生存的淡水生物的同类,乌伦古湖过去庞大的无可置疑的特征,无数湖泊沼泽地以及覆盖布伦托海盆地表面的盐土层,那么在第三纪时代在这个盆地存在过一个至今无法指出其准确界线的辽阔无比的淡水湖,这一点还能有什么怀疑呢?"

对自然产生如此庞大的水域起源于什么的问题,别夫佐夫回答的推论,是当时存在的能够大量收集自然降水的高大山脉,随着周围山脉高度的降低,盆地水位也降低,从而广大的水体分解为单独较小的湖泊,并且湖水大量蒸发之后引起了湖中有机生物慢慢死亡的盐水浓化。

别夫佐夫的许多其他考察成果,毫无疑问同样也有意义,但较为详细和深入介绍准噶尔考察各项成果及其进展情况,应是专题文章的任务。在此,我们之所以就此次考察多写几笔,仅仅是因为这是别夫佐夫的第一次探险,也就是从这个角度,我们认为有必要简单概述他的一生。

在《俄国地理学会半个世纪以来的活动历史》一书中,评价准噶尔考察的时候,谢苗诺夫·天山斯基这样写道:"别夫佐夫的这一出色考察在相当程度上达到了在过去一段时期内俄国地理学会如此想达到的一切。尤其是对乌伦古湖或柯孜尔巴什湖的详细研究,还有阿尔泰东南端以及将其与天山相隔开的中间地带,最后是第一次认识了天山最著名地理高峰博格达峰,更不必说对博格达峰雪线高度的确定了。别夫佐夫的《准噶尔游记》这一篇优秀作品,为《俄国地理学会西西伯利亚分会文集》(1879年在鄂木斯克出版)一书增光不少,他在文章中表现出了描述所到之处的极大技巧,并一下步入了地理学会著名活动家的行列。"❶

　　1887年,俄国地理学会发生了重要事件:在鄂木斯克成立了称其为西西伯利亚的新分部。此前在伊尔库斯克的俄国地理学会西西伯利亚分会为研究东西伯利亚做了不少工作,但是关于紧挨着俄国欧洲部分的西西伯利亚的特殊自然界、众多不同民族的居民,当时只有一些很不完全的零星资料,而且往往都是缺少可靠性的令人生疑的资料。

　　填补研究西西伯利亚以及临近中部和中央亚细亚空白的任务,就应由新成立的地理学会西西伯利亚分会承担了。

　　1877—1886年,在整整十年的过程中,西西伯利亚分会的一切活动与其第一任长官——从1882年起是管理委员会第一任主席的别夫佐夫,有着不可分割的联系。

　　从第　天起,别夫佐夫就积极热情地参加了分会的科研组织工作,并制定了基本任务和活动范围的工作《条例》。

　　《条例》规定:"西西伯利亚分会既研究本地区,也研究与其相邻的中亚各国和中国西部,特别是其地理、地质、自然博物、民族志、统计、古文献和考古。"

　　为完成上述任务,《条例》继续规定:"1.查询并整理在地方档案和私人手中的关于西西伯利亚和与其相邻的中亚各国和中国西部的档案资料,分析其中有哪些能为科研服务。2.就地进行科学考察,边区的研究考察要侧重于《条例》所指出的地理、自然博物、民族志和统计方面。3.对以学术为目的的西西伯利亚采访以及当地从事本地区研究工作的人员一视同仁,给予协助,总之吸引各方进行对分会有利的边区研究工

　　❶　谢苗诺夫·天山斯基.俄国地理学会半个世纪以来的活动历史.第二册,1895年。

作。4.注意收集和保存与本会研究范围有关的学术著作,如图书、手稿、契据和地图;同时也支持建立地方矿物、自然博物、民族和考古博物馆。"

西西伯利亚分会头十年的工作特点(按分会一个成员的说法),是以别夫佐夫为"主要鼓舞者"的阶段。正是在这个阶段进行了一系列有成效的研究考察,并出了不少成果。在分会文集中登载文章的有Д.克列尼茨、Н.亚德林则夫、А.尼科尔斯基、И.索洛夫索夫和别夫佐夫本人及其他人。在西西伯利亚分会的年鉴上对这一段往事有这样的记载:"西西伯利亚地理分会在其存在过程中,头12年完成了绝大部分考察工作……由此可见,分会的初期,尤其是前10年可称为考察的年代。"❶

别夫佐夫完成准噶尔考察差不多两年之后,又一次偶然的机会使他有可能到遥远的地方去探险。这次长途考察路线要经过的是中国的蒙古和内地北方各省区。

这次地理学分会突然准备出发考察,是因为接到了当时尚不出名的中亚研究学者Г.Н.波塔宁传递的消息。

1878年,波塔宁得知当年夏天当地商人准备组织一个庞大的羚羊角(鹿茸)商队,从科布多城(西蒙古)到归化城或当时蒙古人所称的呼和浩特(绥远省省城)——蓝色的城去。波塔宁给地理分会传递的就是这个消息。

因为这是商队经过的路线,没有一个欧洲人到过,所以分会决定派一名有经验的大地测量和地理学专家"去进行地形测量,确定天文经度和纬度,并在考察路线上进行其他科学探索……"❷

根据俄国地理学会副主席谢苗诺夫·天山斯基的推荐,为达到上述目的派出了在个人探险中已经成功表现出"在地理研究工作中很有才能"的别夫佐夫。❸在此不再详述这次考察经过,只是对其路线做一简

---

❶ 俄国地理学会西西伯利亚分会文集,1902年。
❷ 谢苗诺夫·天山斯基给西西伯利亚总督Н.Г.卡孜那柯夫的信,据К.П.林德《别夫佐夫及其游记》。
❸ К·П·林德.别夫佐夫及其游记.俄国地理学会西西伯利亚分会文集,1902年。

单介绍。

8月初,别夫佐夫、地形绘图员斯克平和楚克林以及6个懂蒙古语的外贝加尔哥萨克人离开乌斯季·卡缅诺戈尔斯克县阿尔泰村,向科布多城进发。他们必须在这里和远征的商队汇合。

经平坦的边境萨伊鲁格木山脉越过乌兰大坂之后,别夫佐夫他们到科布多城所经过的是蒙古阿尔泰和杭爱山脉之间平行的广阔谷地。

从科布多城考察队和商队一起仍沿着山间谷地向东南方向进发。这个谷地较为低洼的地段布满无数湖泊,于是别夫佐夫找到了至今在地理上称其为"湖泊谷地"的根据。

继续往东南进发,经过杭爱山南支脉,考察队和商队走了400余千米的路。随后经过的是广阔的戈壁荒漠,又行进了600千米。

经过令人疲乏的旅途生活,又是在一年四季中最严酷的季节经过蒙古大草原和荒漠,12月初,别夫佐夫终于来到了呼和浩特城。从那边商队到了喀尔哈城,在那里度过了冬季的两个月——1月和2月。

返回路上,探险队员们沿着商道经过明嘎木、伊合乌德和乌伊茨曾向库伦(乌兰巴托)进发。他们从库伦回国时经过了乌里雅苏台城,再往西翻过杭爱山,仍经山间谷地到萨伊鲁格木山脉并越过山脉到了科什阿嘎奇。

到达科什阿嘎奇之后,别夫佐夫完成了其13个月的中国蒙古和内地北方各省之行,总行程路线4000余千米。

回来不久,于1879年8月在鄂木斯克,别夫佐夫向西西伯利亚分会的全体工作人员通报了这一考察情况。"他以平时的谦恭态度一件件一条条地陈述着。他平静而从容不迫地以可靠科学资料和亲身观察为依据的演讲,既不亢奋也不渲染,但很有总结性,演讲时就像一条静静流淌的小河水。"[1]这是一位当时听他报告的西西伯利亚分会同事对别夫佐夫的回忆。

别夫佐夫因忙于工作,只是到1881年才全部完成了这次考察的汇报总结,并发表于1883年的《俄国地理学会西西伯利亚分会文集》第4

　　　❶ К·П·林德.别夫佐夫及其游记.俄国地理学会西西伯利亚分会文集,1902年。

辑,名为《蒙古和中国内地北方省区的考察概述》。

"概述"内容包括对别夫佐夫之前无人到达过地区地理的详细多方面的描述。其中讲到了气候情况、动植物界和该地区的地质构造,同时也列举了许多人文调查资料。

探险家的这部著作与准噶尔之行相比,显得更成熟更有经验,别夫佐夫大胆做的许多假设和总结,均被后来的学者成功地证明是正确的。

别夫佐夫的天文观察有着很高的科学价值,借助这种观测,他在考察途中设立了28个地点确立了高度精确的地理坐标。

《蒙古和中国内地北方诸省旅行记》一书,为别夫佐夫赢得了天才学者的荣誉:俄国地理学会授予其最高成就奖之一的利特克奖章。

很长一段时间内,别夫佐夫的这一著作和波塔宁的《蒙古西北部概述》一书,是研究中国蒙古和北方省区的唯一科学地理资料。

从蒙古回来之后,别夫佐夫在鄂木斯克生活了7年多。在这期间,他的主要任务是大地测量和地形绘图,其他时间在俄国地理学会西西伯利亚分会任职并研究天文学。

别夫佐夫于建立在自己院子内的不大的观测站进行了各种系统天文观测。他就在这里最后完成了根据两颗行星相应高度确定一个地区的地理纬度——这一世界公认的方法,并通过了多次实验。早在1874年俄国著名天文学家Н.Я.则戈尔即提出了两颗行星的相应高度确定时间的原始方法。但是,这一方法并未能立即普及,因为未能同时编制出能够简便快速找出所需观测天体的一览表。当今这种一览表已编制,并在苏联及国外广泛采用这一方法。

别夫佐夫肯定这种方法的优点和方便,并在实际考察观测使用的同时,继续改进,而且制定了根据两颗行星的高度能够确定观测地点地理纬度的公式。他于1888年公布了这个方法,附有星象图星标以及所需要的辅助表格。❶

在高加索、外里海地区及伊朗以其著作闻名的大地测量专家И.И.

斯特布尼斯基评论说:"别夫佐夫在其著作中列出了计算纬度的简便公式,并用亲自观测的许多事例解释了这种方法。别夫佐夫附录的星标和辅助表大大简化了纬度的确立,他的这一方法得到了越来越广泛的应用。"(《1891年度俄国地理学会工作方法》)

由于这种方法的问世,进行考察时再没有必要携带那些复杂笨重的天文仪器设备了;用构造简单得多、体积又小的经纬仪,采用别夫佐夫计算公式,能够取得确定地理纬度相当准确的数据。1912年,大地测量专家 И.谢里维尔斯托夫编写了用别夫佐夫方法(从北纬40°~60°)不用花费很多精力和时间即能选出确立纬度的两个行星的大型表格。

1887年12月底的某日,俄国地理学会西西伯利亚分会全体员工最后送走了即将离开鄂木斯克的别夫佐夫。人们说了许多发自内心的诚挚热情的祝愿,赠送给他的巨大的孔雀石纪念册上贴满了照片,大家将别夫佐夫高高举起抛到等待他的马车上。在西西伯利亚生活了15年之后,探险家重新回到了彼得格勒。

在这15年里,由于俄国地理学会所进行的考察,俄国在研究中亚的自然界和人文方面均取得了巨大成绩。

1873年,普尔热瓦尔斯基完成了其第一次中亚考察。他的考察路线总长为12000千米,包括蒙古的东部和中部、鄂尔多斯北部边远地区、阿拉善、祁连山南山东部、库库淖尔、柴达木和西藏的东北部。普尔热瓦尔斯基在这次考察汇报《蒙古和唐古特》(1875—1876年)一书中,第一次报道了在此前只有一些零星难懂的汉文资料以及中世纪探险家神话般的描述,再好些的就是传教士戈卡和加博编写的没有地图、在华丽夸张的辞藻后面掩盖着贫乏,而且简直靠不住的地理资料的地区基本状况。

1876年,在别夫佐夫进行第一次准噶尔探险时,俄国地理学会在中亚境内工作的有两个考察队——普尔热瓦尔斯基第二次中亚考察和波塔宁的蒙古考察。这是波塔宁的第二次考察,他的第一次考察是1862—1864年在中亚境内进行的,他当时考察了塔尔巴哈台山脉。

　普尔热瓦尔斯基第一次从西边固尔扎城,越过天山东部,经过小裕勒都斯高原,到了塔里木盆地。在这里他发现了神秘的罗布淖尔湖和将塔里木盆地和西藏高原相互分隔开的阿尔金山脉。他是第一个来到罗布淖尔湖的欧洲人,他确定这个湖所处的位置要比中国地图上所表示的地点往南移去了许多。

就在这次探险时,普尔热瓦尔斯基发现并报道了在此之前科学界从未听说过的野骆驼和野马。这次考察汇报——《从固尔扎经天山到罗布泊》第一次发表于《俄国地理学会通报》第 13 卷(1877 年)。

波塔宁的妻子波塔宁娜和后来成为著名人文学家的 A.M. 波孜德涅叶夫也参加了考察队在蒙古西北部所进行的考察研究工作。

1879 年,俄国地理学会根据波塔宁的建议,再度派遣他到蒙古西北部。

波塔宁将这两次考察成果,写成了四卷辑《蒙古西北部概况》(圣彼得堡,1881—1883 年)。

与波塔宁的第二次考察同时,俄国地理学会派遣装备优良的普尔热瓦尔斯基去中亚进行第三次考察。

这次随普尔热瓦尔斯基探险的,有后来也成为著名探险家和中亚探险领导人的罗博洛夫斯基。

在这次考察中,对准噶尔的北部和东部、对哈密荒漠、对阿尔金山脉的新区域、柴达木盆地和西藏进行了考察研究,同时第一次考察了安多高原的广阔地区。普尔热瓦尔斯基将自己的考察成果写成了《从斋桑经哈密和西藏到黄河上游》一书,第一次发表于1883年。

1883 年 11 月,普尔热瓦尔斯基从库伦出发,开始自己的第四次中亚考察。这次除罗博洛夫斯基以外,还有一个助手科兹洛夫。他后来也成为研究中亚大自然的著名学者。在这次考察中,他们对昆仑山、西藏、柴达木和塔里木盆地进行了新的研究,在黄河上游发现了普尔热瓦尔斯基称其为"考察队湖"和"俄罗斯湖"的两个湖泊。

普尔热瓦尔斯基将自己的第四次探险写成名为《从恰克图到黄河源头、西藏北部研究和经罗布淖尔到塔里木盆地的道路》一书,于1888年第一次问世。

1883 年,与普尔热瓦尔斯基同时,波塔宁第三次前往蒙古等地进行考察,成员有地形绘图员 A.И. 斯卡西和动物学家 M.H. 别列索夫斯基等。这次考察了中国北方省区、鄂尔多斯、南山、安多高原、西藏东部边区，以及蒙古阿尔泰和杭爱高原。

波塔宁将这次十分有趣的庞大考察成果写成了两卷辑著作《中国的唐古特——西藏边区和中央蒙古》（圣彼得堡，1883年）。

除上述俄国地理学会派遣的考察队，在这时期到中国进行探险的还有其他俄国人。他们写成的游记为研究中国自然与人文提供了补充资料。

谢苗诺夫·天山斯基在总结俄国地理学会这个时期中亚考察时写道："普尔热瓦尔斯基的四次出色考察，覆盖了长城外大清帝国于天山和昆仑山之间的广阔空间；还有波塔宁及其同事波孜德涅叶夫和别列索夫斯基的两次探险（1883—1885年的考察将稍后提及）以及别夫佐夫的两次考察，总共8次考察。这8次考察就是对阿尔泰——萨彦和天山——阴山山脉之间及天山和昆仑山脉之间辽阔地带的多方位研究，实际上也就实现了当时学会想研究，但从未能有人到过的长城外中国境内的亚洲腹地的研究。"❶

别夫佐夫回到圣彼得堡时，在中亚研究领域所发生的实际变化就是如此。

1888年3月，普尔热瓦尔斯基汇报完第四次中亚考察之后，便向地理学会递交了一份申请报告，申述了考虑已久的庞大的考察西藏的新计划。探险家提议这次研究西藏的西北和东北部并深入西藏高原腹地——到达达赖喇嘛的住地——神秘的拉萨城。

俄国地理学会支持了普尔热瓦尔斯基的这一计划，考察队成员有在以往探险中受过考验的助手罗博洛夫斯基和科兹洛夫及两个翻译：一个是维吾尔语的、另一个是蒙古语的，和22人的护送队。

1888年8月中旬，向往辽阔中亚土地的普尔热瓦尔斯基离开圣彼得堡到了考察队的出发地卡拉科尔城。

离比什凯克（今伏龙芝）不远，探险家狩猎时喝了生水之后得了伤

　　❶　谢苗诺夫·天山斯基.俄国地理学会半世纪以来的活动历史.第二册。

寒,不久便于11月1日(新历)逝世于卡拉科尔城。H.M.普尔热瓦尔斯基安葬于伊塞克湖岸边,即安葬于距离为研究其而献出自己毕生精力的国度边界线不远的地方。

准备远行的考察队好似失去了父母的孤儿一样,失去了自己的好领导。但伟大探险家如此出色准备好的中亚考察研究工作并没有中途停顿下来,到1889年地理学会一下向中亚派遣了3个考察队。其中一个是E.Л.戈罗木布切夫斯基率领的考察队,研究了慕士塔格山脉东坡、拉斯克木河流域并经过西藏高原西北部到了尼雅城的西南地区。另一个是戈卢姆—嘎什麦罗兄弟的探险队。他们考察了东天山,深入到准噶尔腹地,采集到了普氏野马几个标本,发现了东部天山脚下的吐鲁番盆地,同时也考察了北山荒漠、南山中部地区以及西宁城以南的山脉。论其任务的重要性及其已经取得的成果,该队就算是改组的普尔热瓦尔斯基的探险队了。依俄国地理学会的推荐,已经整装待发的探险队的领导由别夫佐夫担任。

普尔热瓦尔斯基计划的西藏考察项目被削减,别夫佐夫工作的重心是重点研究从北边环绕西藏高原的山区,也就是说这一地区应局限于不宽的长条区域,约北纬线35°左右。但因为新考察队除此之外还需要了解已存在的到达西藏的通道,而且其全部活动是为今后西藏高原的研究打好基础,所以他仍保留了原来的西藏称谓。其成员仍由普尔热瓦尔斯基挑选的年轻助手罗博洛夫斯基和科兹洛夫以及派来进行地质研究的地质学家博戈达诺维奇组成。

罗博洛夫斯基在此前,曾在普尔热瓦尔斯基的两次考察中受到了地理研究的训练学习。他在这里第一次深深地被植物学吸引,并将自己今后的大部分精力献给了研究中亚植物的事业。

别夫佐夫的另一同事是科兹洛夫。他后来成了世界知名的研究蒙古和西藏的学者。他参加普尔热瓦尔斯基的第四次中亚考察时已经掌握了不少研究地理的经验。科兹洛夫第一次与普尔热瓦尔斯基认识时,还是一位19岁的青年。伟大探险家的讲述引起了他参加远方考察的热烈愿望。

1883年,科兹洛夫去中央亚细亚时并未掌握自然科学的专门知识,而是第一次在普尔热瓦尔斯基的教导下于实践中学起来的。对他来说,这是座很大的学校,并且这个学生也是一个不愧对其老师的人:他在西藏考察中已能独自出色地完成研究任务。老师对科兹洛夫尤为深的影响是对动物学,尤其是对鸟类学的极大爱好。

根据队员的爱好,别夫佐夫对罗博洛夫斯基和科兹洛夫的考察研究任务进行了分工,前者主要研究植物和收集植物标本,后者研究动物。然而,他们两个人都在漫长的考察中独立完成了配套地理观测的任务。罗博洛夫斯基和科兹洛夫将这次考察路线写成了考察队论文集的第三卷——《西藏探险的回顾》(圣彼得堡,1896年)。

普尔热瓦尔斯基、波塔宁、别夫佐夫以及其他许多人的探险工作,在研究民族、气候、动物和植物,在了解中亚地理总面貌方面均取得了辉煌的成果。然而这些考察所提供的地质资料仍是十分零碎而且贫乏的。"不论是普尔热瓦尔斯基,还是其他同事,均未掌握弄懂在地球上的山脉丘陵和河谷沟壑中所书写的古老的象形文字,因此尽管有他的四次考察,但地球表层的起源和发展历史仍旧停留在初级状态。"[1]

为了填补研究中亚生态的这一空白,俄国地理学会派出博戈达诺维奇加强了西藏考察队的学术力量。

当时 K.И.博戈达诺维奇还是一个年轻的学者,三年前才刚毕业于彼得格勒矿业学院。此后有两年时间,他作为地质员参加了里海铁路的撒马尔罕段的铺设工作。在这里他表现出色,热爱科学,并且显示出了作为俄国著名地质学家、后来成为苏联科学院院长的 A.П.卡尔宾斯基的学生的卓越学风。

博戈达诺维奇在西藏考察中走的基本上是自己的路线,他进行了对当时这些地方的第一次详细的地质考察,采集到了十分有价值的矿物标本。他弄清了部分塔里木盆地及其北部和西部环绕高山的构造,同时还考察了昆仑山极为丰富的玉石和金矿。博戈达诺维奇将自己的探险成果写成了《西藏考察论文集》的第二卷——《新疆的地质研究》(圣彼得堡,1892年)。

---

❶ 奥勃鲁切夫.1846—1896年俄国地理学会派遣亚洲考察队简述.俄国地理学会西西伯利亚分会通报.卷27,1897年。

我们在此不再详谈罗博洛夫斯基、科兹洛夫和博戈达诺维奇在这次考察中的独立工作，因为这毕竟是关于别夫佐夫的文章。对他们的工作，读者可以从书后注释中得到部分补充资料。

在此值得指出的是，所有西藏考察成员的劳动均有着极高科学价值，研究中亚大自然历史著作的最美好篇章将会属于他们。

1891年冬，西藏探险队离开俄国约有两年多时间了。国内已有8个月得不到他们的任何消息，在喀什噶尔和库伦的俄国领事馆也同样有这么长时间不知道他们的命运如何。这引起了极大不安。最后，圣彼得堡得到了别夫佐夫及其同事顺利到达斋桑口岸的消息。

1891年1月3日，斋桑居民热烈欢迎了在中亚艰难地区又开辟了一条道路的勇敢的俄罗斯探险家们。别夫佐夫回忆道："通往我们住处的街道两边站满了人，大家都想亲眼看看从遥远的异国他乡考察而归的自己的同胞。"

第二天开始，祝贺问候的电报纷至沓来，第一封便是从鄂木斯克来的俄国地理学会西西伯利亚分会的贺电。

别夫佐夫的第三次也是最后一次中亚考察结束了。

1891年10月2日，地理学会副主席在全体员工大会上致欢迎词之后，别夫佐夫简短汇报了考察成果；而到了1895年恰逢俄国地理学会成立50周年之际，学会出版发行了《西藏考察成果论文集》第一卷——别夫佐夫的成果汇报。

这次考察为地理学增加了什么新内容？

关于中央亚细亚提供了些什么新消息？

有些地理学家（包括别夫佐夫的同时代人甚至是当今的人）不顾其所取得的成果，偏向于认为别夫佐夫的考察仅仅是普尔热瓦尔斯基计划的压缩项目，甚至认为别夫佐夫的过错是"他将自己的任务局限于仅仅补充考察新疆和西藏西部的个别地区"。❶然而，对此我们是不能同意的。

---

❶ 帕夫罗夫.探险家及地理学家彼得·库孜米奇·科兹洛夫.莫斯科,1940年。

的确,计划中最初规定的西藏东部项目被削减,我们同时也知道相应改变了研究的主要对象,于是西藏考察也制定了些不同版本的研究方法。这种变化的主要原因是当时已经要求对新疆进行高水平的考察研究。因此不能将西藏考察仅仅看成或是机械改组了的"偶然"把别夫佐夫排到领头地位的普尔热瓦尔斯基的考察队。这是一支有着自己计划、任务和方法的新的考察队,其结果是,别夫佐夫、罗博洛夫斯基、科兹洛夫、博戈达诺维奇的考察工作都取得了在别的情况下未必有可能产生的成果。

　　普尔热瓦尔斯基第一个大胆地铺平了深入中亚腹地的道路,是他打消了当时全世界所有学者都认为这个地区是不可能到达的这一观点。

　　普尔热瓦尔斯基果断地一页接一页地翻阅着中亚地理书籍,但他一页也没有仔细看。渴望新的地理发现的他,急着奔向那些尚未拉下"无人知道的"帷幕的地方。"同时,地理学会包括普尔热瓦尔斯基本人,看着其大胆的旅程,对无人去过地区的预期考察计划(均由探险家个人很高的品德和天才所决定),还得坦然承认,在探险家勇敢开通道路之后,尚有不少工作还需补充。"❶

　　别夫佐夫以其思维方法和个性,是属于另一类型的探险家。无人去过的地方对他没有像对普尔热瓦尔斯基的那种吸引力,他对旅行过程本身也没有多么强烈的愿望。在这方面别夫佐夫有点像波塔宁——他们两个主要着重于对某一地区的深入细致的研究,取得较为准确的经过多次检验的数据资料。

　　普尔热瓦尔斯基的探险之后,别夫佐夫在西藏考察中采用的是种地理学研究中下一个阶段才采用的过渡方法,也就是说这个方法在现今考察中才得到了广泛应用。如果在空间方面将普尔热瓦尔斯基的考察称为"线形的",那么别夫佐夫的考察在某种程度上可谓是"平面性的";如果当时前者是"临时考察",那么后者已具备了某种"固定性"。

　　最后,西藏考察方面还有一个特点。普尔热瓦尔斯基认为"其事业

　　❶　谢苗诺夫·天山斯基.俄国地理学会半个世纪以来的活动历史.第二册。

成功的唯一保障是对一种刚毅决心的毫无条件地服从，并对同事采取兄弟般人道态度，同时要求他们严格服从纪律"。较为重要的研究工作，普尔热瓦尔斯基均力争亲自完成，让同事们只做一些次要的事。别夫佐夫在西藏的考察中恰恰相反，将主要项目在队员之间平均分配的同时，他自己负责地理的系统研究，尤其侧重于天文和气象观察。在某一地方的或长或短时间的经常停留和在整个考察活动中，他都有机会派出自己的助手去较长时间独立完成任务。"这就是别夫佐夫领导艺术优点所在，这也使科兹洛夫积累了不少经验，提高了技能，能够调整独立或完全一人外出活动。"❶在别夫佐夫手下，罗博洛夫斯基也受到了这种独立进行研究的培养。这种培养方法的结果，是使西藏考察大大扩展了其研究领域覆盖的总体范围。

于是，别夫佐夫对塔里木和昆仑山之行不仅考察了没有人去过的地区，而且在那些普尔热瓦尔斯基已经到过的地方也取得了新的多方面的科学资料——在同一个地方进行或长或短时间观测的准确详细资料。

现在，让我们来直接谈谈西藏考察所取得的重要科学成果。

别夫佐夫还在前往自己考察的主要目的地——昆仑山脉的路上就在地图上标出并说明了，从阿克苏至牙卡库都克大路再往南沿着喀什噶尔地区叶尔羌河河谷大路沿线，至今无人研究过的辽阔地域。别夫佐夫在撰写这份考察路途的文章中，同样也第一次提到了非常有价值的古代佛教古城"塔克拉玛干"遗址。根据当地人说，这个遗址的位置在离叶尔羌城往东的同名荒漠边缘上。

别夫佐夫的初期固定观测，是在海拔2832米高的昆仑山北部山脚景区托合塔阿洪进行的，共45天。

其结果十分准确地测出所处地点的经纬度、磁倾斜和磁偏角，用28的气压测量确定了海拔高度。除此之外，别夫佐夫第一次划分了托合塔阿洪景区昆仑山松树分布的上线和下线的高度。与此同时，考察队的地质学家博戈达诺维奇继续进行了对叶尔羌河西面的考察；科兹洛夫到了霍罗斯坦河谷地；而罗博洛夫斯基从在俄国的纬度上标为雪

❶ 帕夫罗夫.探险家及地理学家彼得·库孜米奇·科兹洛夫.莫斯科，1940年。

线的高山上采集到了很有意义的植物标本。在这一区域的较长时间的滞留,使别夫佐夫有了更贴近当地居民的机会,他将自己了解到的情况融入到工作报告中。

在尼雅绿洲5个月的考察中,考察队取得了极为珍贵的科学资料。在这里,别夫佐夫建起了一座气象站,并从1889年1月1日起开始进行全循环气象观测。

这是在中亚腹地的高山区,在西藏高原脚下初次开展的系统气象观察和固定仪器设备的测量工作。俄国著名的气象学家沃叶依克夫在其很有影响的《论中亚气候》一文中几乎全篇应用了这些观测资料及别夫佐夫所提供的对喀什噶尔地区气候的数据。沃叶依克夫同时指出:"众所周知,他(别夫佐夫)领导下的考察研究工作大大丰富了关于新疆及其紧邻地区的学术资料。"

别夫佐夫将自己在尼雅城以及中国西部地区其他地方的大量气象和气候资料,均写到了一篇出色的文章《喀什噶尔气候》中。我们在下面还会详细谈到这篇文章。

别夫佐夫在汇报著作中还专门写了一篇民族调查,恐怕这也不能不算是在尼雅地区考察的主要成果之一吧。

于此,必须说几句有关别夫佐夫的民族调查情况了。这些调查资料,毫无疑问是现代民族学很有价值的珍贵资料,但其不少部分已过时,需以最新掌握情况加以补充。读者须记:当别夫佐夫开始,怎么说呢,开始实物写生,开始报道实地调查时表现出了其多方细心观察和描写日常生活的才能,但作者一旦开始涉及社会现实问题或政治问题时,马上就暴露出了其资产阶级的局限性和对人类社会发展规律的无知。

长久与喀什噶尔人的接触使别夫佐夫跟他们建立起了最诚挚的友好关系。这些关系为其提供了勾画喀什噶尔人的生活、习俗、服饰以及从业情况,勾勒出了极为丰富生动的实际生活。

与民族习俗资料同时,在别夫佐夫著作中我们还找到了对喀什噶尔地区农业的详细概述:土地使用方式、耕地方式、各种农作物生长期的数据以及喀什噶尔四个地区的收获情况。别夫佐夫也简要介绍了该地区的工业和手工业以及与内地通商的情况。

　由于别夫佐夫的这些经济地理方面的研究,其著作在众多的同类中亚考察报告中位居特殊的地位。

在尼雅,别夫佐夫跟科兹洛夫和博戈达诺维奇一起深入塔克拉玛干腹地北部的札法拉萨迪克玛扎进行了考察,首次确定了这一地区的地理位置,并大大丰富了荒漠南部边远地带和尼雅河谷地的有关资料。从尼雅开始,科兹洛夫和博戈达诺维奇分开单独进行了考察:前者沿着昆仑山脚北部考察;后者经车尔臣城到车尔臣河上游的东北部并继续到通向西藏高原的固尔扎大坂山口。

考察队的下一个"交叉点"是喀拉萨依景区。从这里,别夫佐夫的助手们为了寻找通往西藏的便道进行了两次考察。罗博洛夫斯基从萨勒克图孜山口翻过昆仑山沿着西藏高原往南走了约85千米。科兹洛夫沿着博斯坦托格拉克河谷地到了塔什库里湖,从这里又沿着流入此湖的河向其上游东北方向行进约100千米。

别夫佐夫在喀拉萨依进行了系统的天文、磁性和气压观测,并对其周围地区进行了各种地理考察。

别夫佐夫对从塔克拉玛干大沙漠炎热旷野吹过来的冷风所进行的研究成果,更具有特殊意义。这种离奇现象引起了细心的探险家的注意,他便利用在喀拉萨依停留的机会进行了研究。别夫佐夫详细描述刮风的同时,在其报告中提出了对这一自然现象原则上正确的解释。

除罗博洛夫斯基和科兹洛夫的单独考察之外,别夫佐夫还跟他们一起考察了根本无人研究过的塔什库里湖一带。在这里,别夫佐夫在中亚内陆地区研究的探险家中第一个采用三角大地测量法,非常准确地测定了阿克塔格山脉的相对高度。

同样有价值的是,别夫佐夫在塔什库里湖附近所进行的海拔4000米高的稀薄空气中声波传播速度的测量。

别夫佐夫后来的十分重要的地理研究,是在昆仑山支脉阿尔金山进行的。进行这些考察之后,西藏北边广阔地域在地理图上有了完全不同的描述。

与这些考察同时,罗博洛夫斯基个人单独探险到了普尔热瓦尔斯基最后一次考察时所发现的不冻湖,并就在昆仑山的这个地方将自己和别夫佐夫的路线连接了起来。

西藏考察队在辽阔的吐鲁番盆地西部发现并研究过的托克逊盆

地,也有着无可争辩的意义。

　　大约在别夫佐夫考察之前,1889 年 10 月,戈卢姆—嘎什麦罗兄弟的考察队也发现了低于海拔的吐鲁番东部地区的鲁克沁盆地。1893年,罗博洛夫斯基受俄国地理学会的派遣详细调查了整个吐鲁番盆地,在鲁克沁建立了气象站并进行了两年系统的观测。

　　几乎处于亚洲正中的辽阔盆地的发现和考察,有着极大的科学意义。这一发现为至今无法解释的吐鲁番绿洲的许多气候特点的研究带来了光明,而最重要的是为在整个中亚高原进行更准确的气象观察提供了新的可能性。

　　在此前,为了取得在高度影响下温度变化的数据进行比较,必须到海边的指定点(自然是有着完全不同的气候特点)去采集数据,而现在"海拔"的气象观测可以在几乎是亚洲的正中——吐鲁番进行了。

　　在此,我们只是简要介绍了在我们看来西藏考察的某些重要成果。这次考察的详细内容均收于我们提及过的别夫佐夫的考察报告——《1889—1890 年塔里木、昆仑山、北部西藏高原和准噶尔游记》(圣彼得堡,1895 年)。

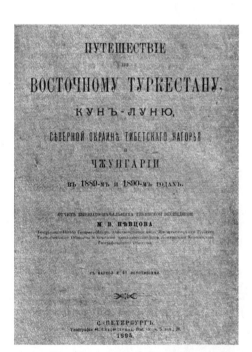

　　别夫佐夫的这份汇报尚未写完,标本的分类和整理工作也尚未结束时,俄国著名的大地测量专家 И.И. 斯特布尼斯基高度评价别夫佐夫西藏考察工作的文章已经问世了,"不能不作出结论,俄国地理学会授予其最高奖励——康斯坦丁纪念章,这是学者和勤劳勇敢的探险地理学家应得的殊荣"(1891年度俄国地理学会总结)。

　　别夫佐夫的身体很好地对抗了中亚高原的炎热和严

　　　　● 《西藏考察论文集》第一卷封面

寒,也经受住了长期旅途各种艰难和劳累的考验,但却承受不了圣彼得堡的冬天。他从西藏回来后开始经常得病。

"我这已是第三个冬天患流行性感冒了。"1897年3月20日,别夫佐夫在一封信中这样写道:"没有什么办法和制剂能够医治……只有一点,要尽早离开这里,想必今春就应该这样做。"

然而,种种原因使别夫佐夫未能实现自己的意愿,直到自己一生的最后一天仍待在了圣彼得堡。

别夫佐夫完成自己的考察总结报告之后,依旧利用全部空余时间来从事自己所喜欢的大地测量、地理和天文科学的研究工作。

1894年,在《天文学通报》上刊登了别夫佐夫的论文《喀什噶尔气候》。探险家所列举的有趣的资料至今也是评论中亚这一地区气候的、几乎是唯一依据。尤其有意思的是不仅仅在塔里木,而且在中亚的许多地方(俄领中亚和乌克兰)也经常刮的沙尘暴。

别夫佐夫写道:"尘雾在喀什噶尔是非常常见的现象。这种现象完全是由大风引起的,所以多风的月份,尤其是2月份,多数时间为干燥浮尘天气。每刮一次大风,不可避免总伴有浓厚的尘雾,有时大白天院子里都无法看书,随后尽管是完全平静的天气,但浮尘仍有两三天停留在空中。这时细微的粉尘开始非常缓慢而且不知不觉地降落,有时会将地面覆盖两条到四条线那么厚,人或动物从上面走过后会留下深深的印记。"

在文中同样也提到了肆虐一时的大风的方向,测量温度和空气湿度的数据,河川和湖泊的结冰期以及喀什噶尔的降水量的大概情况。

别夫佐夫将自己在考察中所积累的高度气压测量的丰富经验,编写成论文《论气压水准测量法》,发表于《俄国地理学会文集》第29卷(1896年)。之后,别夫佐夫又发表了另一篇论文《中亚内陆用气压表确定高度地点的目录》(《俄国地理学会文集》第31卷)。这些论文至今仍是研究中亚地理和编制地图的十分珍贵的指南。

与此同时,别夫佐夫还研究了天文领域的许多其他问题。

1901年,他在俄国天文学会会刊上发表了一篇题为《就地预算日月食掩盖星星的简单方法》的论文。

这是别夫佐夫生前发表的最后一篇文章。年复一年地发病,而且 289

时间一次比一次长,耗尽了探险家的气力。1902年2月25日,得病不久——但因病情严重——米哈伊尔·瓦西里耶维奇·别夫佐夫与世长辞了。

在结束这篇对别夫佐夫生平和地理考察活动的概述时,想举出俄国科学院院士奥勃鲁切夫对三位中亚研究学者对比评论的精彩片段:

当写完一部19世纪下半叶亚洲内陆的地理发现和研究史的时候,其光辉篇章将会属于三位并列的俄国旅行家——Г.Н.波塔宁、Н.М.普尔热瓦尔斯基和M.B.别夫佐夫。

如果将他们三位学者考察的路线绘到同一张地图上,那么我们将看到的是一幅纵横交错的亚洲内陆图,除西藏南部地区以外,没有一个地方是他们中的某一个人没有到达过的。

很难决定他们谁比谁做得更多,作为亚洲内陆研究学者谁是第一,谁是第二,谁是第三。正确的答案应该是这样的:在某一地区波塔宁做得多一些,如在蒙古、鄂尔多斯、西藏东部;在另一个地方是普尔热瓦尔斯基,如在阿拉善、柴达木和西藏西部;在第三个地方是别夫佐夫,如在准噶尔、昆仑山西部。但是波塔宁和普尔热瓦尔斯基同样也都收集了不少准噶尔的资料,普尔热瓦尔斯基收集的是鄂尔多斯的,别夫佐夫是西藏西部的,等等。

三位开路先锋的旅行汇报,是现代研究中亚内陆自然界和民族的自然科学家——不仅是地理学家和民族学家,而且是地质学家、动物学家、植物学家,甚至是气象学家和考古学家的座右铭。

这里郑重向读者推荐的这本书是别夫佐夫1889—1891年对喀什噶尔和昆仑山考察纪实的第二版。

再版时,编辑删除了与作者旅行无直接关系的讲述新疆历史概况的第一部分,认为这部分内容已过时,而且往往依据的是些不十分可靠的史料。被删减的还有少部分不是别夫佐夫亲自调查,而是听别人说的与现实社会生活不符合的个别描述。

在别夫佐夫从事探险的那些年代,现今中亚一词所连接的地区尚无完全固定的称谓,所以他在著作中称"内陆亚洲""中央亚细亚",有时也称"中亚"。

"中央亚细亚"这一地理名称的区域范围确定的变化,受到了对亚洲内陆地区研究深度的影响。19世纪下半叶,在俄国地理学会进行考察之前,这一称谓以其地质历史和现在地理概貌连接着亚洲南半部分基本体系十分宽广的地域,只是其沿海区域和半岛地带除外。

苏联地理学的"中央亚细亚"这一专有名词,与奥勃鲁切夫的解释相一致,是指在北边和西边以苏联边界为限,在东边以大兴安岭为分界,在南边是中国的长城到兰州(甘肃省)直至昆仑山脚下的地区。

作者所做的说明以及少量标为编辑注和看来是这本书第一版由谢苗诺夫·天山斯基所做的注释,均保留在正文下方。

我们做的注释编号为1~47附于书后,并与文中数码相符。我们力争以现在地理学概念说明或补充作者提供的学术资料。

我们这次的出版目的之一,是向苏联地理学界以及对中亚自然界感兴趣的其他专业的广大读者,较为详细地介绍别夫佐夫的考察实况。

这部著作——也许可以将其称为俄国科学地理文献的经典作品——较为全面和完整地展现出了别夫佐夫作为多面细心观察的地理学家、旅行家和作家的天赋。

读者从这本书中不仅了解了中亚实况,而且会以极大的兴趣读到借助朴素明了的语言陈述的至今仍有学术价值的广博知识。

编译说明

　　本书系俄国探险家米哈伊尔·瓦西里耶维奇·别夫佐夫率领的探险队于1889年5月至1891年1月,在新疆喀什、莎车、和田、库尔勒、罗布泊及北疆部分地区考察、探险之记录,1949年以后以《喀什噶利亚和昆仑山游记》为名由苏联国家地理出版社(莫斯科)出版。汉译本根据所述实际内容,特改为现名,并收录到"新疆探索发现系列丛书"。

　　为便于读者参考,本版还译出了编者所写的俄文原版导语《别夫佐夫与俄罗斯的中亚探险》、本书作者的附录文章和原书附注。

　　值得一提的是,鉴于作者西方探险家的身份,其所著作品的观点难免存在局限性。在编译过程中,对原书中一些不恰当的提法和地域概念作了适当修正;根据中国正史和新疆地方史资料,对诸多标音不准确的地名做了核实和更正。